中等职业教育教材

化工单元操作与技能实训

李 伟　栾庆宇　主编

化学工业出版社
·北京·

内 容 简 介

《化工单元操作与技能实训》主要内容包括绪论、流体流动、流体输送、传热、干燥、非均相物系分离、吸附、蒸馏、化工机械基础、化工仪表基础、过程控制基础、化工厂安全知识和事故应急演练十三个模块。

本书注重理论和实际相结合，所介绍的化工单元过程及操作、化工机械基础和仪表基础都附有详细的产品生产工艺流程图，可作为化工、石油化工、材料化学、安全工程等专业中职学生的教材，也可作为相关企业职工的培训教材。

图书在版编目（CIP）数据

化工单元操作与技能实训/李伟，栾庆宇主编. —北京：化学工业出版社，2021.9（2023.7重印）
ISBN 978-7-122-39462-0

Ⅰ.①化… Ⅱ.①李… ②栾… Ⅲ.①化工单元操作-教材 Ⅳ.①TQ02

中国版本图书馆CIP数据核字（2021）第130723号

责任编辑：王　芳　蔡洪伟　　　装帧设计：王晓宇
责任校对：张雨彤

出版发行：化学工业出版社（北京市东城区青年湖南街13号　邮政编码100011）
印　　装：天津盛通数码科技有限公司
787mm×1092mm　1/16　印张15½　字数382千字　2023年7月北京第1版第3次印刷

购书咨询：010-64518888　　　售后服务：010-64518899
网　　址：http://www.cip.com.cn
凡购买本书，如有缺损质量问题，本社销售中心负责调换。

定　　价：46.00元

前言

《化工单元操作与技能实训》根据中职教育的特点、要求和教学实际，按照“工作过程系统化”课程开发，打破传统教材常规，将化工单元、化工设备、化工仪表和化工安全等相关知识有机融合，精简理论，删除复杂的公式推导过程和纯理论计算，让学生更快地从认知转到实际操作。

全书共设有绪论、流体流动、流体输送、传热、干燥、非均相物系分离、吸附、蒸馏、化工机械基础、化工仪表基础、过程控制基础、化工厂安全知识和事故应急演练十三个模块；每个模块主要包含单元操作的原理、设备、流程认知、操作步骤、故障处理、化工安全及事故紧急演练等内容，突出学生实践操作能力的培养，融理论、仿真、实操为一体，让理论和实践结合更为紧密。

参与本书编写的有李伟（第九章、第十章、第十一章）、栾庆宇（第二章、第三章、第四章、第五章）、张艳君（第一章、第十二章）、刘中华（第六章、第七章）、黎丽（第八章、第十三章）。本书最后由李伟统稿审定。

本书的编写参考了有关专著、论文等资料，同时本书的编审也得到了化学工业出版社的大力支持，一并表示衷心感谢！限于编者水平，书中不妥之处在所难免，恳请专家及使用本书的师生提出宝贵意见。

编　者

2021年5月

目录

第一章

绪 论

一、化工原理的研究对象

化工生产中具有共同物理变化特点和相同目的的基本操作过程称为化工单元操作，简称单元操作。

将若干单元操作与化学反应过程有机组合即可构成产品的生产工艺流程。单元操作在生产流程中起到为化学反应提供必要的反应条件、进行原料预处理及粗产品提纯等作用。单元操作占有着企业的大部分设备费用和操作费用。由此可见，单元操作在化学工业生产过程中占有重要的地位。

二、本课程的性质、内容和任务

1. 性质

本课程属于技术基础课。它是将基础学科中的一些基本原理，用来研究化学工业生产过程中，内在本质规律问题的一门综合性的工程技术课程。

2. 内容

① 讨论流体流动及流体与其相接触的固相发生相对运动时的基本规律，以及主要受这些基本规律支配的单元操作，如流体输送、非均相物系的分离。

② 讨论传热的基本规律，以及受这些基本规律支配的单元操作，如传热、蒸发。

③ 讨论物质透过相界面迁移过程的基本规律，以及受这些基本规律支配的单元操作，如液体的蒸馏、气体的吸收、液-液萃取。

④ 讨论同时遵循传热、传质规律的单元操作，如干燥、结晶。

3. 任务

掌握各个单元操作的基本规律，熟悉其操作原理及有关典型设备的构造、性能和基本计算方法等，并能用以分析和解决工程技术中的一般问题。以便对现行的化学工业生产过程进行管理，使设备能正常运转，进而对现行的生产过程及设备做各种改进，以提高其效率，从而使生产获得最大限度的经济效益。

三、基本概念

1. 物料衡算

根据质量守恒定律

输入的物料质量＝输出的物料质量＋积累的物料质量

对于操作参数不随时间变化的连续稳定过程，积累的物料质量为零，上式可简化为

输入的物料质量＝输出的物料质量

上述关系可对总物料或其中某一组分列出物料衡算式，进行求解。物料衡算对于设备尺寸的设计和生产过程中的计算具有重要意义。

2. 能量衡算

根据能量守恒定律

输入的能量＝输出的能量＋损失的能量

通过能量衡算，可以了解在生产操作中能量的利用和损失情况，在生产过程与设备设计时，利用能量衡算可以确定是否需要从外界引入能量或向外界输出能量的问题。显然，能量损失越少，经济效益越好。

3. 平衡关系

物系在自然发生变化时，其变化必趋向于一定的方向，如任其发展，结果必达到平衡状态为止。例如热量从较热的物体传向较冷的物体时，将一直进行到两个物体的温度相等为止；再如盐在水中溶解时，将一直进行到饱和为止等。平衡状态表示的就是各种自然发生的过程可能达到的极限程度，除非影响物系的情况有变化，否则其变化的极限是不会改变的。

一般平衡关系则为各种定律所表明，如亨利定律、拉乌尔定律等。在化工生产中，可以从物系平衡关系来推知过程能否进行以及进行到何种程度。

4. 过程速率

任何一个物系，如果不是处于平衡状态，就必然发生使物系趋向平衡的过程，但过程以怎样的速率趋向平衡，这不决定于平衡关系，而是被多方面因素所影响。过程速率就表示了过程进行的快慢。目前过程速率是近似地采用推动力除以阻力来表示，即

$$\text{过程速率}=\frac{\text{过程推动力}}{\text{过程阻力}}$$

过程速率与过程推动力成正比，与过程阻力成反比。在化工生产中，为了提高过程的速率以提高设备的生产能力，应设法增加过程的推动力和减少过程的阻力。

四、单位及单位换算

1. 国际单位制单元

国际单位制（英文缩写 SI）是 1960 年 10 月第十一届国际计量大会通过的一种新的单位制度。在这种单位制中规定了七个基本单位和两个辅助单位。

由这七个基本单位和两个辅助单位构成不同科学技术领域中所需要的全部单位。其用于

构成十进倍数和分数单位的词头。

SI 制还规定了具有专门名称的导出单位，可以用它们和基本单位一起表示其他的导出单位。

2. 法定计量单位

中国法定计量单位包括：

① 国际单位制的基本单位；

② 国际单位制的辅助单位；

③ 国际单位制中具有专门名称的导出单位；

④ 国家选定的非国际单位制单位；

⑤ 由以上这些单位构成的组合形式的单位；

⑥ 由词头和以上这些单位构成的十进倍数和分数单位。

3. 单位换算

同一物理量若用不同的单位度量时，量本身并无变化，但是在数字上要改变，这种换算称为单位换算。在进行单位换算时要乘以两单位间的换算因数。

五、学习本课程的主要方法

本课程是工程性、实践性较强的课程，强调理论联系实际。通过课堂教学，掌握基本理论；通过实践教学，巩固和加深对理论的理解，并得到化工设备操作的基本训练。此外，还需注意以下几点。

（1）树立工程观念。所谓工程观念，就是同时具备四种观念，即：

① 理论上的正确性。

② 技术上的可行性；

③ 操作上的安全性；

④ 经济上的合理性。

这四种观念中，经济是核心，并且是相互联系、相互促进形成一个有机的统一体，确定工程问题，必须全面考虑。

（2）理解和掌握基本理论。要理解各章的基本概念、基本理论和基本公式，这是学习好本课程的基础。在这个基础上联系实际，逐步深入，才能灵活应用，并正确操作设备。

（3）熟悉工程计算方法，培养基本计算能力

① 正确应用和掌握工程图表、手册的使用方法；

② 计算结果要准确无误，并能分析计算结果的合理性；

③ 要注意公式的应用条件和适用范围；

④ 对公式中各物理量要理解，并注意其单位。

第二章

流体流动

流体是指具有流动性的物体，包括液体和气体。

在化学工业生产过程中所处理的物料，包括原料、半成品和成品等，大多都是流体。按照生产工艺的要求，制造产品时往往把它们依次输送到各设备内，进行化学反应或物理变化；制成的产品又常需要输送到贮罐内贮存。上述过程进行得好坏、操作费用及设备的投资都与流体的流动状态有密切的关系。

第一节　流体静力学

一、流体的物理性质

流体静止是流体流动的一种特殊形式，流体静力学主要研究静止流体内部压强变化的规律。下面先介绍流体的一些主要物理性质。

1. 密度

单位体积流体所具有的质量，称为流体密度，以 ρ 表示，单位为 kg/m^3。若以 m 代表体积为 V 的流体的质量，则

$$\rho=\frac{m}{V} \tag{2-1}$$

2. 相对密度

一定温度下，某液体的密度 ρ 与 4℃（277K）时纯水的密度 $\rho_{水}$ 的比值称为该液体的相对密度，以 d_{277K}^{T} 表示，无单位。即

$$d_{277K}^{T}=\frac{\rho}{\rho_{水}} \tag{2-2}$$

因为水在 4℃时的密度为 $1000kg/m^3$，所以由式（2-2）知 $\rho_{水}=1000kg/m^3$，即将相对密度乘以 1000 即得该液体的密度 ρ，单位是 kg/m^3。

密度的求取有以下两种方法：

（1）查手册　流体的密度一般可在有关手册中查得。

任何流体的密度，都随它的温度和压强而变化。但压强对液体的密度影响很小，可忽略不计，故常称液体为不可压缩的流体。温度对液体的密度有一定的影响，如纯水的密度在4℃时为1000kg/m^3，而在20℃时则为998.2kg/m^3。因此，在查取液体密度数据时，要注意该液体的温度。

气体具有可压缩性及热膨胀性，其密度随压强和温度的不同有较大的变化，因此在查取气体的密度时必须注意温度和压强。

(2) 计算法　当查不到某一流体的密度时，可用公式进行计算。

① 气体的密度　在一般的温度和压强下，气体密度可近似用理想气体状态方程式计算，即

$$\rho=\frac{pM}{RT} \tag{2-3}$$

式中　ρ——气体的绝对压强，kPa；

T——气体的热力学温度，K；

M——气体的摩尔质量，kg/kmol；

R——气体通用常数，其值为8.314kJ/(kmol·K)。

$$\rho=\frac{M}{22.4}\times\frac{T_0 p}{T p_0} \tag{2-4}$$

式中，下标0表示标准状态。

② 液体混合物　对于液体混合物，组分的浓度常用质量分数 w 表示。现以1kg混合液体为基准，设各组分在混合前后其体积不变，则1kg混合液体的体积应等于各组分单独存在时的体积之和，即

$$\frac{1}{\rho_m}=\frac{w_1}{\rho_1}+\frac{w_2}{\rho_2}+\cdots+\frac{w_n}{\rho_n} \tag{2-5}$$

③ 气体混合物　对于气体混合物，各组分的浓度常用体积分数（等于摩尔分数 y）来表示。现以1m^{3}混合气体为基准，若各组分在混合前后的质量不变，则1m^{3}混合气体的质量等于各组分的质量之和。

气体混合物的平均密度 ρ_m 也可按式（2-3）计算，此时应以气体混合物的平均摩尔质量 M_{m} 代替式中气体摩尔质量 M。气体混合物的平均摩尔质量 M_{m} 可按下式求算。

$$M=\frac{m_{总}}{n_{总}}=\frac{M(\mathrm{A})\cdot n(\mathrm{A})+M(\mathrm{B})\cdot n(\mathrm{B})+\cdots\cdots}{n(\mathrm{A})+n(\mathrm{B})+\cdots\cdots} \tag{2-6}$$

3. 比体积

单位质量流体所具有的体积，称为流体的比体积，也称为比容，用 v 表示，单位为m^3/kg。显然，它与密度互为倒数，即

$$v=\frac{V}{m}=\frac{1}{\rho} \tag{2-7}$$

4. 压强

(1) 流体静压强　流体垂直作用于单位面积上的力称为流体的静压强，简称为压强或压力，以符号 p 表示。若以 F（单位为N）表示流体垂直作用在面积 A（单位为m^2）上的力，则

$$p=\frac{F}{A} \tag{2-8}$$

按压强的定义，压强的单位是 N/m^2，也称为帕斯卡（Pa），简称帕。

化工生产中经常用到帕的倍数单位，如：MPa（兆帕）、kPa（千帕）、mPa（毫帕），它们的换算关系为

$$1MPa=10^3 kPa=10^6 Pa=10^9 mPa$$

工程上压强的大小也常以流体柱高度表示，如米水柱（mH_2O）和毫米汞柱（mmHg）等。若流体的密度为 ρ，则液柱高度 h 与压强 p 的关系为

$$p=h\rho g$$

$$或\ h=\frac{p}{\rho g}$$

用液柱高度表示压强时，必须注明流体的名称，如 $10mH_2O$、760mmHg 等。

流体静压强的单位，除采用法定计量单位制中规定的压强单位 Pa 外，有时还采用历史上沿用的 atm（标准大气压）、at（工程大气压）、kgf/cm^2 等压强单位，它们之间的换算关系为：

$1atm=1.033kgf/cm^2=760mmHg=10.33mH_2O=1.0133\times10^5 Pa$

$1at=1kgf/cm^2=735.6mmHg=10mH_2O=9.807\times10^4 Pa$

（2）绝对压强、表压强和真空度

以绝对真空为基准测得的压强称为绝对压强，简称绝压，它是流体的真实压强。

被测流体的绝对压强比大气压强高出的数值，称为表压强，简称表压。因此

绝对压强＝大气压强＋表压强

或　　表压强＝绝对压强－大气压强

被测流体的绝对压强低于大气压强的数值，称为真空度。因此

绝对压强＝大气压强－真空度

或　　真空度＝大气压强－绝对压强

显然，设备内流体的绝对压强愈低，则它的真空度就愈高，真空度的最大值等于大气压。

绝对压强、表压强与真空度之间的关系，可以用图 2-1 表示。

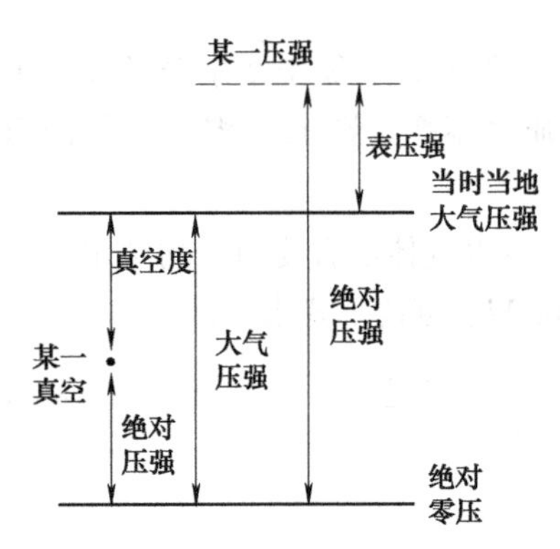

图 2-1　绝对压强、表压强与真空度之间的关系图

应当指出，大气压强不是固定不变的，它随大气的温度、湿度和所在地区的海拔高度而变化，计算时应以当时当地气压计上的读数为准。另外为了避免绝对压强、表压强和真空度三者相互混淆，在以后的讨论中规定，对表压强和真空度均加以标注，如 200kPa（表压）、53kPa（真空度）等。

二、流体静力学基本方程

1. 流体静力学基本方程的推导

流体静力学基本方程的推导如图 2-2。

如图 2-2，设液柱上、下底与基准面的垂直距离分别为 Z_1 和 Z_2，则作用在上、下端面上并指向此两端面的压强分别为 P_1 和 P_2。

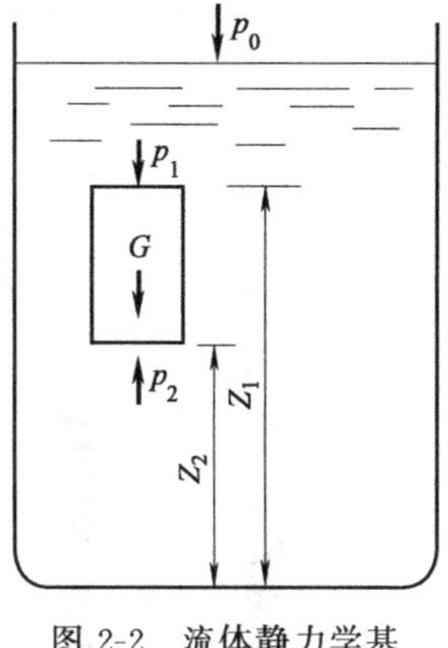

图 2-2　流体静力学基本方程式的推导

（1）作用在液柱上端面上的总压力 P_1

$$P_1 = p_1 A \quad \text{（方向向下）}$$

（2）作用在液柱下端面上的总压力 P_2

$$P_2 = p_2 A \quad \text{（方向向上）}$$

（3）作用于整个液柱的重力 G

$$G = \rho g A(Z_1 - Z_2) \quad \text{（方向向下）}$$

由于液柱处于静止状态，在垂直方向上的三个作用力的合力为零，即

$$p_1 A + \rho g A(Z_1 - Z_2) - p_2 A = 0$$

整理上式得

$$p_2 = p_1 + h\rho g \tag{2-9}$$

式中 $h=(Z_1-Z_2)$，为液柱高度，单位为 m。

若将液柱上端面取在液面上，则式（1-8）可改写为

$$p = p_0 + h\rho g \tag{2-10}$$

式（2-9）和式（2-10）均称为流体静力学基本方程式，它表明了静止流体内部压强变化的规律。

2. 流体静力学基本方程的讨论

① 在静止的液体中，液体任一点的压强与液体的密度和深度有关。液体密度越大，深度越大，则该点的压强越大。

② 在静止的、连续的同一种液体内，处于同一水平面上各点的压强均相等。此压强相等的面称为等压面。

③ 当液面上方的压强或液体内部任一点的压强有变化时，液体内部各点的压强也发生同样大小的变化。

静力学基本方程式是以液体为例推导出来的，也适用于气体。

静力学基本方程式只能用于静止的连通着的同一种流体内部，因为他们是根据静止的同一种连续的液柱导出的。

三、流体静力学基本方程的应用举例

1. 流体静压强的测量

流体静压强不仅可以用流体静力学基本方程来计算，而且还可以用各种仪表直接测定。

U 形管压差计是液柱式测压计中最普通的一种，其结构如图 2-3 所示。

设在图 2-4 中所示的 U 形管底部装有指示液 A，其密度为 ρ_A，而在 U 形管两臂上部及连接管内均充满待测流体 B，其密度为 ρ_B。依流体静力学基本方程式可得由读数 R 计算压强差（p_1-p_2）的公式为

$$p_1 - p_2 = (\rho_A - \rho_B) g R \tag{2-11}$$

若被测流体是气体，由于气体的密度要比液体的密度小得多，即 $\rho_A-\rho_B\approx\rho_A$。于是，式（2-11）可简化为

$$p_1-p_2\approx\rho_A gR \tag{2-12}$$

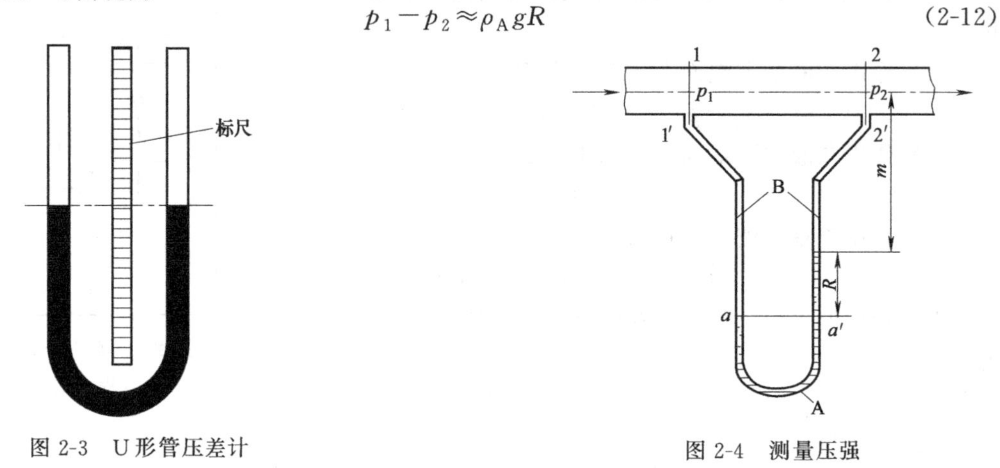

图 2-3　U 形管压差计

图 2-4　测量压强

U 形管压差计也可用来测量流体的表压强和真空度。

2. 液位的测量

如图 2-5 所示，用一根玻璃管与贮槽上下相连通，玻璃管内液面的高度便反映贮槽内的液面高度。因为按液体静力学基本方程，相连通的同一种流体在同一水平面上的 1 点和 2 点的静压强相等，即

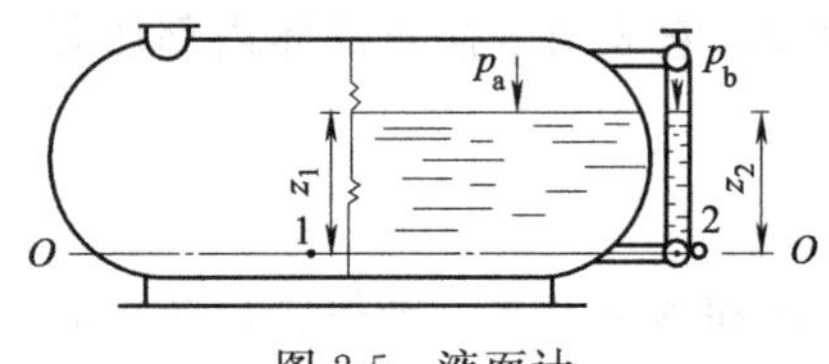

图 2-5　液面计

$$p_1=p_2$$

而　　$p_1=p_a+\rho g z_1$　$p_2=p_b+\rho g z_2$

于是　　$p_a+\rho g z_1=p_b+\rho g z_2$

由于贮槽上部与液面计相连通，且贮槽与大气相连通，故

$p_a=p_b=p_{大气}$，所以 $z_1=z_2$

3. 液封高度的计算

在化工生产中为了保证安全正常生产，经常要用液柱产生的压强把气体封在设备中，以防止气体泄漏、倒流或有毒气体逸出而污染环境；有时则是为防止压强过高而起泄压作用，以保护设备等。通常使用的液体是水，因此常称水封或安全水封。计算如式（2-13）

$$h=\frac{p_{表}}{\rho_{H_2O} g} \tag{2-13}$$

第二节　流体动力学

一、流量与流速

1. 流量

单位时间内流经管道任一截面的流体量，称为流量。若流量用体积来计量，则称为体积

流量，以 q_V 表示，其单位为 m^3/s。若流量用质量来计量，则称为质量流量，以 q_m 表示，其单位为 kg/s 。体积流量和质量流量的关系为

$$q_m=q_V\rho \tag{2-14}$$

2. 流速

单位时间内流体在流动方向上所流过的距离，称为流速，以 u 表示，其单位为 m/s。在工程上一般以流体的体积流量除以管路的截面积所得的值来表示。此种速度称为平均速度，简称流速。其表达式为

$$u=\frac{q_V}{A}=\frac{q_m}{\rho A} \tag{2-15}$$

由于气体的体积流量随温度和压强而变化，显然气体的流速亦随之而变。因此，对气体的计算采用质量流速就较为方便。质量流速的定义是单位时间内流体流过管道单位截面积的质量，用 G 表示，单位为 $kg/(m^2 \cdot s)$，其表达式为

$$G=\frac{q_m}{A}=\frac{q_V\rho}{A}=u\rho \tag{2-16}$$

3. 流量方程式

式（2-13）可改写为

$$q_V=uA \tag{2-17}$$

或

$$q_m=q_V\rho=uA\rho \tag{2-18}$$

式（2-17)、式（2-18）称为流量方程式。根据流量方程式可以计算流体在管路中的流量、流速或管路直径。

4. 管路直径的估算

一般管路的截面为圆形，若以 d 表示管道的内径，由流量方程式，得

$$d=\sqrt{\frac{4q_V}{\pi u}}=\sqrt{\frac{4q_m}{\pi u\rho}} \tag{2-19}$$

由式（2-19）可知，当流量一定时要确定管径，必须选定流速。流速越大，则管径越小，可以节省设备费用，但流体流动时的阻力增大，会消耗更多的动力，增加了日常操作费用。反之，流速越小，则管径越大，可以减少日常操作费用，但增加了设备费用。所以流速不宜过大或过小。最适宜的流速应使设备费用和操作费用之和最小。适宜的流速可从手册中查取，表 2-1 列出了一些流体在管道中的适宜流速范围，可供参考。

表 2-1　流体在管道中的适宜流速范围

流体种类及状况	流速范围/(m/s)	流体种类及状况	流速范围/(m/s)
自来水(3×10^5Pa)	1～1.5	锅炉供水(8×10^5Pa 以上)	>3.0
水及低黏度液体	1.5～3.0	饱和蒸汽	10～20
高黏度液体	0.5～1.0	过热蒸汽	30～50
工业用水(8×10^5Pa 以下)	15～25	一般气体	20～40

二、稳定流动和不稳定流动

如图 2-6 所示，流体在流动系统中，若任一截面上流体的流速、压强、密度等与流动有

关的物理量，仅随位置改变而不随时间变化，这种流动称为稳定流动；若流体在流动时，任一截面上的流速以及其他和流动有关的物理量中，只要有一项不仅随位置而变，又随时间而变的流动称为不稳定流动。化工生产中正常连续生产时，均属于稳定流动。

三、流体稳定流动时的物料衡算——连续性方程

如图 2-7 所示的稳定流动系统，流体连续不断地从 1—1′截面流入，从 2—2′截面流出，在两截面间既不向管中添加流体，也不发生漏损，根据质量守恒定律，则物料衡算式为

$$q_{m1}=q_{m2}$$

因为 $q_m=uA\rho$，故上式可写成

$$q_m=u_1A_1\rho_1=u_2A_2\rho_2=\text{常数} \tag{2-20}$$

若流体为不可压缩的流体，即 ρ=常数，则式（2-20）可改写为

$$q_V=u_1A_1=u_2A_2=\text{常数} \tag{2-21}$$

式（2-21）说明不可压缩流体不仅流经各截面的质量流量相等，它们的体积流量也相等。同时也表明不可压缩流体的流速与管道截面积成反比。

对于圆形管道，式（2-21）可改写为

$$\frac{u_1}{u_2}=\left(\frac{d_2}{d_1}\right)^2 \tag{2-22}$$

式（2-22）表明体积流量一定时，流速与管径的平方成反比。

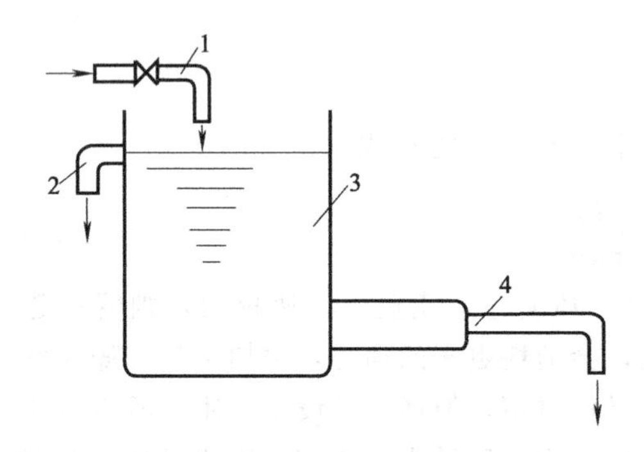

图 2-6 流动情况示意图

1—进水管；2—溢流管；3—水箱；4—排水管

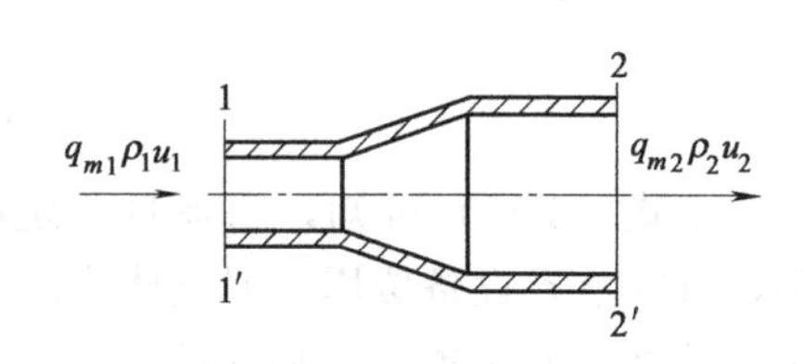

图 2-7 稳定流动系统

四、流体稳定流动时的能量衡算——伯努利方程

1. 流体流动时所具有的机械能

（1）位能 m kg 流体的位能 $=mgz$ J；1kg 流体的位能 $=gz$ J/kg；1N 流体的位能 $=z$ J/N 或 m，称为位压头。

（2）动能 m kg 流体的动能 $=\frac{mu^2}{2}$J；1kg 流体的动能 $=\frac{u^2}{2}$J/kg；1N 流体的动能 $=\frac{u^2}{2g}$J/N 或 m，称为动压头。

(3) 静压能　m　kg 流体的静压能$=\frac{mp}{\rho}$J；1kg 流体的静压能$=\frac{p}{\rho}$J/kg；

1N 流体的静压能$=\frac{p}{\rho g}$J/N 或 m，称为静压头。

2. 外加能量

1kg 流体从流体输送机械获得的能量称为外加功，用 W_e表示，其单位为 J/kg；1N 流体从流体输送机械获得的能量称为外加压头，用 H_e 表示，其单位为 m。

3. 损失能量

1kg 流体在流动过程中损失的能量用符号 $\sum h_f$ 表示，单位为 J/kg；1N 流体在流动过程中损失的能量称为压头损失，用符号 H_f 表示，单位为 m。

4. 伯努利方程

(1) 以 1kg 流体为衡算基准：

$$gz_1+\frac{u_1^2}{2}+\frac{p_1}{\rho}+W_e=gz_2+\frac{u_2^2}{2}+\frac{p_2}{\rho}+\sum h_f \tag{2-23}$$

(2) 以 1N 流体为衡算基准：

$$z_1+\frac{u_1^2}{2g}+\frac{p_1}{\rho g}+H_e=z_2+\frac{u_2^2}{2g}+\frac{p_2}{\rho g}+H_f \tag{2-24}$$

5. 伯努利方程的讨论

(1) 若流体流动时不产生流动阻力，即$\sum h_f=0$，这种流体称为理想流体。

对于理想流体流动而无外功加入时，则式 (2-23) 便可简化为

$$gz_1+\frac{u_1^2}{2}+\frac{p_1}{\rho}=gz_2+\frac{u_2^2}{2}+\frac{p_2}{\rho} \tag{2-25}$$

式 (2-25) 称为理想流体伯努利方程。它表示理想流体在管道内做稳定流动而又没有外功加入时，任一截面上流体所具有位能、动能与静压能之和相等，但各截面上相同形式的机械能不一定相等，它们是可以相互转换的。故常用式 (2-25) 分析两截面间的能量转化关系。

(2) 依式 (2-23) 中 W_e 可以确定输送设备的有效功率 N_e，即

$$N_e=W_e q_m \tag{2-26}$$

(3) 伯努利方程只用于液体。对于气体，若所取系统两截面间的绝对压强变化小于原来绝对压强的 20%时，仍可用式 (2-23) 与式 (2-24) 进行计算，但此时式中的流体密度 ρ 应以两截面间流体的平均密度来代替。

(4) 如果所讨论的系统没有外功加入，则 $W_e=0$；同时系统里的流体是静止的，则 $u=0$；没有运动，自然没有阻力产生，即$\sum h_f=0$。于是式 (2-23) 可写为

$$gz_1+\frac{p_1}{\rho}=gz_2+\frac{p_2}{\rho}$$

上式为流体静力学基本方程式的另一种表达式。它表明静止流体内任一点的机械能之和为常数。

6. 伯努利方程的应用

(1) 根据伯努利方程可以解决流体流动中的很多实际问题，如：

① 确定管道中流体的流量。

② 确定容器间的相对位置。

③ 确定流体输送设备的有效功率。

④ 确定用压缩空气输送液体时压缩空气的压强。

（2）应用伯努利方程的注意要点：

① 根据题意画出流动系统的示意图。

② 选取的截面应与流动方向垂直，并且两截面间的流体必须连续。待求的未知数应在两截面之间或在某一截面上，所选截面除待求的未知数外，其余物理量应已知或能用其他关系计算。

③ 选取的基准面必须是水平面，为简化计算，应选在两个截面中较低的一个截面处。如果位置较低的截面不与地面平行，应选通过截面中心的水平面为基准面。

④ 式中各物理量的单位必须一致。

⑤ 式中的压强可以用绝压也可以用表压，但要一致。

⑥ 截面很大时，可取截面处的流速为零。

第三节　流体在管内的流动阻力

一、流体阻力的来源

流体流动时必须克服内摩擦力而做功，将流体的一部分机械能转变为热能而损失掉，这就是流体运动时造成能量损失的根本原因。

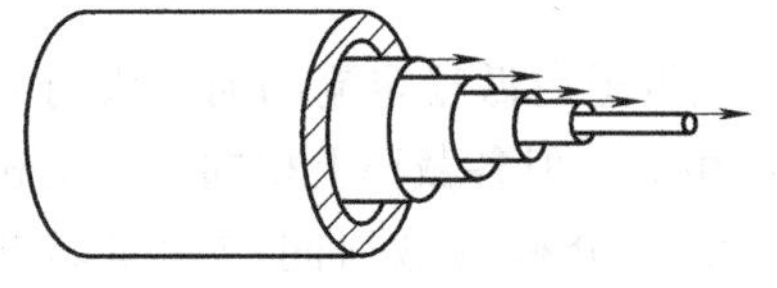

图 2-8　流体在圆管内分层流动示意图

当流体流动激烈呈紊乱状态时，流体质点流速的大小与方向发生急剧的变化，质点之间相互激烈地交换位置，也会损耗机械能，而使流体阻力增大，此外，管壁的粗糙程度、管子的长度和管径的大小也对流体阻力有一定的影响。如图 2-8 所示。

二、流体的黏度

流体流动时产生内摩擦力的性质称为黏性，衡量流体黏性大小的物理量称为动力黏度或绝对黏度，简称黏度，用符号 μ 表示，是流体的物理性质之一。黏度的大小实际上反映了流体流动时内摩擦力的大小，流体的黏度越大，流体流动时内摩擦力越大，流体的流动阻力越大。

液体的黏度随温度升高而减小，气体的黏度则随温度升高而增大。压强变化时，液体的黏度基本不变；气体的黏度随压强的增加而增加得很少，在一般工程计算中可忽略。

流体的黏度可从有关手册中查得。在 SI 单位制中，黏度的单位是 Pa·s，在物理单位制中常用 P（泊）或 cP（厘泊）表示，它们的换算关系为

$$1\text{Pa}\cdot\text{s}=10\text{P}=1000\text{cP}=1000\text{mPa}\cdot\text{s}$$

三、 流体的流动类型

英国物理学家雷诺在1883年发表的论著中，不仅通过实验确定了层流和紊流两种流动状态，而且测定了流动损失与这两种流动状态的关系。雷诺实验装置如图2-9所示。当管4中的水流速度较低时，如拧开颜色水瓶1下的阀门，便可看到一条明晰的细小的着色流束，此流束不与周围的水相混，如图2-10（a）所示。如果将细管2的出口移至管4进口的其他位置，看到的仍然是一条明晰的细小的着色流束。由此可以判断，管4内的整个流场呈一簇互相平行的流线，这种流动状态称为层流（或滞流）。当管4内的流速逐渐增大时，开始着色流束仍呈清晰的细线，当流速增大到一定数值，着色流束开始振荡，处于不稳定状态，如图2-10（b）所示。如果流速再稍增加，振荡的流束便会突然破裂，着色流束在进口段的一定距离内完全消失，而与周围的流体相混，颜色扩散至整个玻璃管内，如图2-10（c）所示。这时流体质点作复杂的无规则的运动，这种流动状态称为紊流（或湍流）。

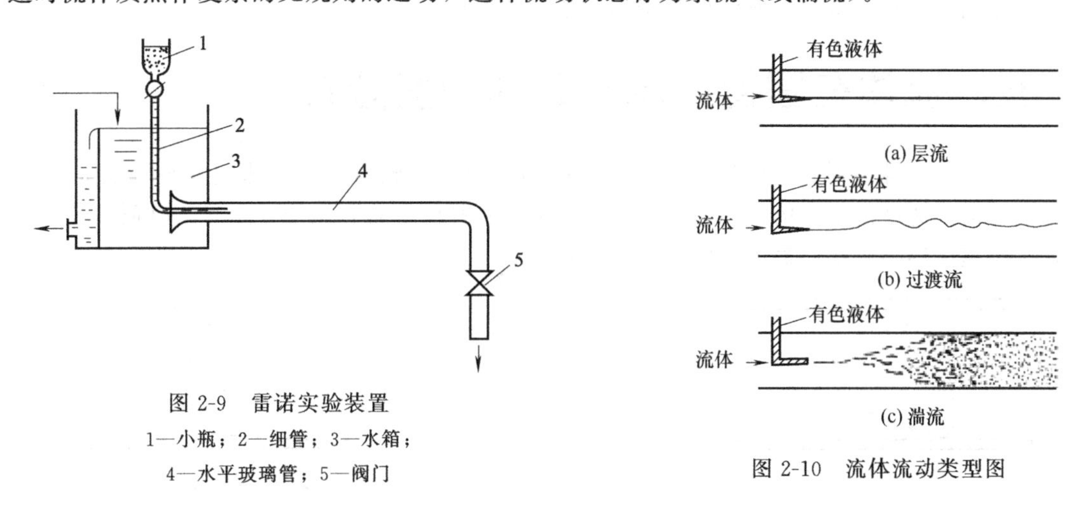

图2-9　雷诺实验装置

1—小瓶；2—细管；3—水箱；4—水平玻璃管；5—阀门

图2-10　流体流动类型图

（1）层流（滞流）流体质点沿管轴的方向做直线运动，不具有径向速度。

（2）湍流（紊流）流体质点除沿管道向前流动外，还做不规则的杂乱运动，具有径向速度。

四、流动型态的判据——雷诺数

1. 根据雷诺数（Re）数值的大小进行判据

$$Re=\frac{du\rho}{\mu} \tag{2-27}$$

式中　Re——雷诺数，量纲为1；

d——管子的内径，m；

u——管内流体的流速，m/s；

ρ——流体的密度，kg/m^3；

μ——流体的黏度，Pa·s。

$Re\leqslant2000$时为层流；$Re\geqslant4000$时为湍流；Re在2000～4000的范围内为过渡区。

2. 非圆形管道流动类型的判据

对非圆形管道，计算 Re 数值时，需要用一个与圆形管直径 d 相当的“直径”来代替，这个直径，称为当量直径，用 d_e 表示，可用式（2-28）计算

$$d_e = 4 \times \frac{\text{流通截面积}}{\text{润湿周边长度}} \tag{2-28}$$

对于边长为 a 和 b 的矩形截面 d_e 为

$$d_e = 4 \times \frac{ab}{2(a+b)} = \frac{2ab}{a+b}$$

对于套管环隙，若外管的内径为 d_1，内管的外径为 d_2，则 d_e 为

$$d_e = 4 \times \frac{\frac{\pi}{4}(d_1^2 - d_2^2)}{\pi(d_1 + d_2)} = d_1 - d_2$$

不能用当量直径来计算非圆形管子或设备的截面积。

五、流体在圆管内流动时的速度分布

如图 2-11，滞流时各点的速度沿管径呈抛物线分布，截面上各点速度的平均值 u 等于管中心处最大速度的 0.5 倍，湍流时各点的速度沿管径的分布和抛物线相似，但顶端较为平坦，平均速度约为管中心最大速度的 0.82 倍。

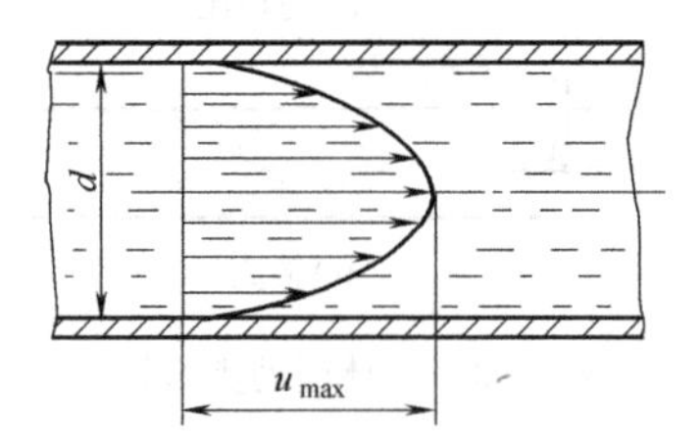

图 2-11　滞流时速度分布

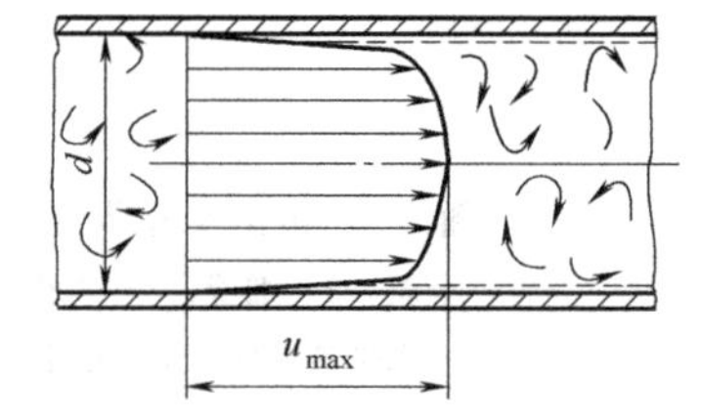

图 2-12　湍流时速度分布

如图 2-12，在湍流时无论流体主体湍动的如何剧烈，紧靠管壁处总有一层作层流流动的流体薄层，称为层流内层。层流内层的存在，对传热与传质过程影响很大。层流内层的厚度与 Re 值有关，Re 值越大，厚度越薄；反之越厚。

六、流动阻力的计算

1. 直管阻力的计算

（1）圆形直管

$$h_f = \lambda \frac{l}{d} \times \frac{u^2}{2} \tag{2-29}$$

式中　h_f——流体在圆形直管内流动时的损失能量，J/kg；

l——直管长度，m；

d——直管内径，m；

$\frac{u^2}{2}$——流体的动能，J/kg；

λ——摩擦系数，无单位，其值与 Re 和管壁粗糙程度有关。计算直管阻力的关键是求取 λ 值。

λ 值求取方法：

① 用公式计算　层流时，对于圆形管通过理论推导得

$$\lambda=\frac{64}{Re} \tag{2-30}$$

湍流时，由于流体质点运动的复杂性，目前还不能完全用理论分析法得到 λ 的计算式，而是通过实验研究，获得一些半理论、半经验的公式，可参考有关资料，选用合适的公式计算。

② 查 λ-Re 关系图

摩擦系数 λ 与雷诺数 Re 的关系图见图 2-13。

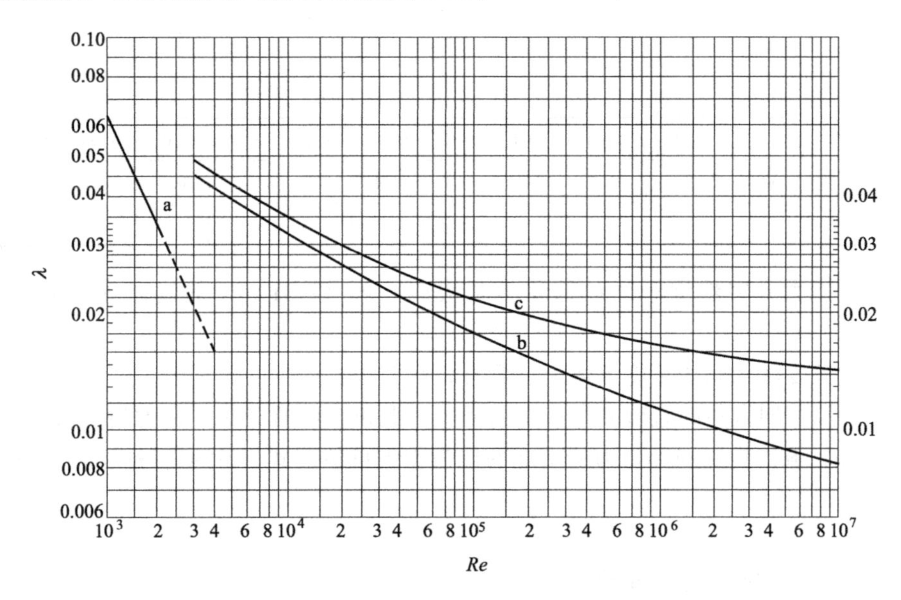

图 2-13　摩擦系数 λ 与雷诺数 Re 的关系图

a. 层流时　摩擦系数 λ 与管壁粗糙度无关，只与 Re 有关。

不论是光滑管还是粗糙管，λ 值均由图中 a 线查取，表达这一直线的方程即为式(2-30)。

b. 湍流时　λ 不但与 Re 有关，还与管壁粗糙度有关。对于光滑管，λ 值可根据 Re 从图中 b 线查取。对于粗糙管，λ 值可根据 Re 从图中 c 线查取。

c. 过渡区　对于阻力计算，考虑到留有余地，λ 值可按湍流曲线的延伸线查取。

(2) 非圆形直管　当流体流经非圆形直管时，流体阻力仍可用式（2-29）计算。但式中的 d 和 Re 中的 d，均应用当量直径 d_e 代替。流速仍按实际流道截面计算。

2. 局部阻力的计算

(1) 阻力系数法　此法是将流体克服局部阻力所引起的能量损失表示为动能的某一倍数，即

$$h'_f=\zeta\frac{u^2}{2} \tag{2-31}$$

式中　h'_f——流体克服局部阻力损失的能量，J/kg；

ζ——阻力系数，无单位。阻力系数由实验测定，常见管件和阀门的阻力系数见表2-2。

表2-2　常见管件和阀门的阻力系数

<table>
<tr><td>常见管件和阀门</td><td colspan="12">ζ</td></tr>
<tr><td>标准弯头</td><td colspan="6">45°,0.35</td><td colspan="6">90°,0.75</td></tr>
<tr><td>90°方形弯头</td><td colspan="12">1.3</td></tr>
<tr><td>180°回转头</td><td colspan="12">1.5</td></tr>
<tr><td>活接管</td><td colspan="12">0.4</td></tr>
<tr><td>弯管</td><td>φ / R/d</td><td colspan="2">30°</td><td>45°</td><td colspan="2">60°</td><td>75°</td><td colspan="2">90°</td><td>105°</td><td colspan="2">120°</td></tr>
<tr><td></td><td>1.5</td><td colspan="2">0.08</td><td>0.11</td><td colspan="2">0.14</td><td>0.16</td><td colspan="2">0.175</td><td>0.19</td><td colspan="2">0.20</td></tr>
<tr><td></td><td>2.0</td><td colspan="2">0.7</td><td>0.10</td><td colspan="2">0.12</td><td>0.14</td><td colspan="2">0.15</td><td>0.16</td><td colspan="2">0.17</td></tr>
<tr><td rowspan="2">突然扩大</td><td>A_1/A_2</td><td>0</td><td>0.1</td><td>0.2</td><td>0.3</td><td>0.4</td><td>0.5</td><td>0.6</td><td>0.7</td><td>0.8</td><td>0.9</td><td>1.0</td></tr>
<tr><td>ζ</td><td>1</td><td>0.81</td><td>0.64</td><td>0.49</td><td>0.36</td><td>0.25</td><td>0.16</td><td>0.09</td><td>0.04</td><td>0.01</td><td>1</td></tr>
<tr><td rowspan="2">突然缩小</td><td>A_1/A_2</td><td>0</td><td>0.1</td><td>0.2</td><td>0.3</td><td>0.4</td><td>0.5</td><td>0.6</td><td>0.7</td><td>0.8</td><td>0.9</td><td>1.0</td></tr>
<tr><td>ζ</td><td>0.5</td><td>0.47</td><td>0.45</td><td>0.38</td><td>0.34</td><td>0.3</td><td>0.25</td><td>0.20</td><td>0.15</td><td>0.09</td><td>0</td></tr>
</table>

计算突然扩大或突然缩小的局部阻力损失时，式（2-31）中的流速 u 均以小管的流速计。

（2）当量长度法　此法是将流体流过管件、阀门等所产生的局部阻力，折合成相当于流体流过一定长度的同直径的直管时所产生的阻力。此折合的直管长度称为当量长度，用符号 l_e 表示。这样，流体克服局部阻力所引起的能量损失可仿照式（2-29）写成如下形式，即

$$h'_f=\lambda\frac{l_e}{d}\times\frac{u^2}{2} \tag{2-32}$$

式中，l_e 值由实验测定，单位为m。

表2-3列出了部分管件、阀门等以管径计的当量长度。例如，45°标准弯头的 l_e/d 值为15，若这种弯头配置在 φ108mm×4 mm的管路上，则它的当量长度为 $l_e=15\times(108-2\times4)=1500$（mm）=1.5（m）。

如果局部阻力都按当量长度法计算，则管路的总能量损失为

$$\sum h_f=\lambda\frac{l+\sum l_e}{d}\times\frac{u^2}{2} \tag{2-33}$$

式中，$\sum l_e$ 为管路中所有管件与阀门等的当量长度之和。

如果局部阻力都按阻力系数法计算，则管路的总能量损失为

$$\sum h_f=\left(\lambda\frac{l}{d}+\sum\zeta\right)\frac{u^2}{2} \tag{2-34}$$

式中，$\sum\zeta$ 为管路中所有管件与阀门等的局部阻力系数之和。

式（2-33）和式（2-34）适用于等径管路总阻力的计算，当管路由直径不同的管段组成时，应分段计算，然后再加和。

表 2-3　部分管件、阀门等以管径计的当量长度

名称	l_e/d	名称	l_e/d
45°标准弯头	15	闸阀(全开)	7
90°标准弯头	30～40	闸阀(3/4 开)	40
90°方形弯头	60	闸阀(1/2 开)	200
180°弯头	50～75	闸阀(1/4 开)	800
三通管(标准)		带有滤水器的底阀(全开)	420
流向		止回阀(旋启式、全开)	135
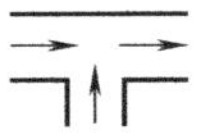	40	蝶阀(6″以上、全开)	20
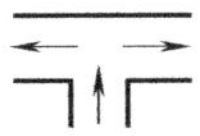	60	盘式流量计(水表)	400
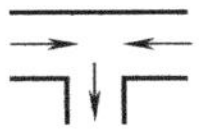	90	文丘里流量计	12
截止阀(标准式、全开)	300	转子流量计	200～300
角阀(标准式、全开)	145	由容器入管口	20

3. 降低流体阻力的途径

流体阻力越大，输送流体时所消耗的动力越大，能耗和生产成本就越高，因此，要设法降低流体阻力。由总阻力计算式分析可知，降低流体阻力可采取如下措施：

合理布置管路，尽量减少管长，走直线，少拐弯；

减少不必要的管件、阀门，避免管路直径的突变；

适当加大管径，尽量选用光滑管。

第三章

流体输送

第一节 化工管路

一、管子、管件与阀门

1. 管子

（1）钢管

① 有缝钢管　又称为焊接钢管，一般由碳素钢制成。有缝钢管分水煤气钢管、直缝电焊管和螺旋缝焊管三种，使用最广泛的是水煤气钢管。

② 无缝钢管　其特点是质地均匀、强度高、韧性好，可用于输送有压强的物料，如水蒸气、高压水及高压气体等。

（2）铸铁管

① 普通铸铁管　由灰铸铁铸造而成。常用作埋入地下的给、排水管，煤气管道等。

② 硅铁铸管　具有很好的耐腐蚀性能，特别是耐多种强酸的腐蚀。

（3）有色金属管

① 铜管　适用于制造换热器的管子，也常用于油压系统、润滑系统传送有压的液体。

② 铅管　主要用来输送浓度在70%以下的冷硫酸，浓度40%以下的热硫酸和浓度10%以下的冷盐酸。

③ 铝管　广泛用作浓硝酸和浓硫酸管路，也常用来制造换热设备。

（4）非金属管

① 陶瓷管　耐腐蚀性强，除氢氟酸和高温碱、磷酸外，几乎对所有的酸类、氯化物、有机溶剂均具有抗腐蚀作用。

② 塑料管　塑料管的特点是抗腐蚀性好、质轻、加工容易，其中热塑性塑料可任意弯曲或延伸以制成各种形状。

（5）复合管　最常见的形式是衬里管，它是为了满足降低成本、增加强度和防腐的需要，在一些管子的内层衬以适当的材料，如金属、橡胶、塑料、陶瓷等而形成的。

2. 管件

（1）改变管路的方向，如图 3-1 中的 1、3、6、13 各种管件。

（2）连接管路支管如图 3-1 中的 2、4、5、7、12 各种管件；

（3）改变管道的直径，如图 3-1 中的 10、11。

（4）堵塞管路，如图 3-1 中的 8 及 14。

（5）连接两管，如图 3-1 中的 9 及 15。

3. 阀门

（1）闸阀　结构如图 3-2。闸阀形体较大，造价较高，但当全开时，流体阻力小，常用作大型管路的开关阀，不适用于控制流量的大小及有悬浮物液体管路上。

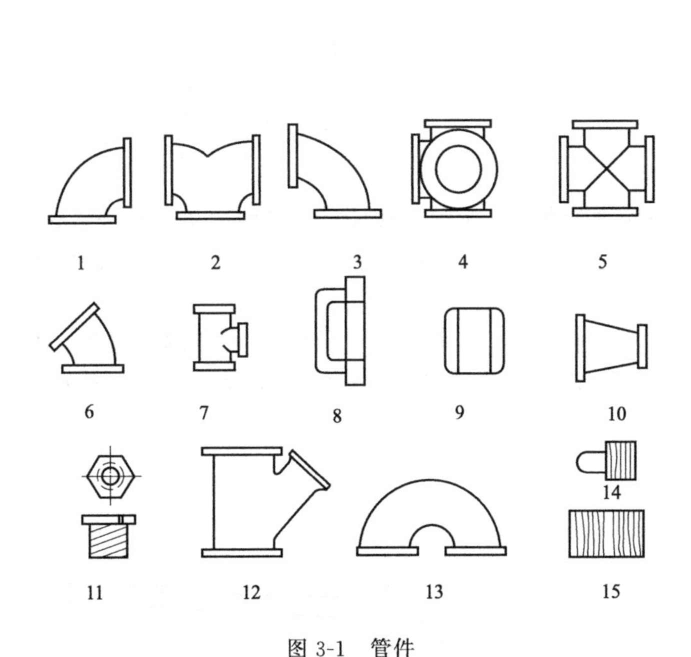

图 3-1　管件

1—90°肘管或弯头；2—双曲肘管；3—长颈肘管；4—偏面四通管；5—四通管；6—45°肘管或弯头；7—三通管；8—管帽；9—轴节或内牙管；10—缩小连接管；11—内外牙；12—Y 型管；13—回弯头；14—管塞或丝堵；15—外牙管

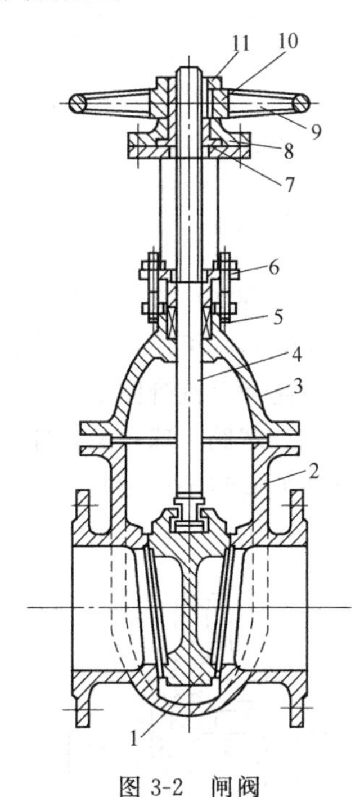

图 3-2　闸阀

1—楔式闸板；2—阀体；3—阀盖；4—阀杆；5—填料；6—填料压盖；7—套筒螺母；8—压紧环；9—手轮；10—键；11—压紧螺母

（2）截止阀　又称球心阀，结构如图 3-3。它是利用圆形阀盘在阀杆的升降时，改变其与阀座间的距离，以开关管路和调节流量。

截止阀对流体的阻力比闸阀要大得多，但比较严密可靠。可用于水、蒸汽、压缩空气等管路，但不宜用于黏度大及有悬浮物的流体管路。流体的流动方向应该是从下向上通过阀座。

（3）节流阀（调节阀）　它是属于截止阀的一种，如图 3-4 所示。它的结构和截止阀相似，所不同的是阀座口径小，同时用一个圆锥或流线形的阀头代替图 3-3 中的圆形阀盘，可以较好地控制、调节流体的流量，或进行节流调压等。该阀制作精度要求较高，密封性能好。主要用于仪表、控制以及取样等管路中。

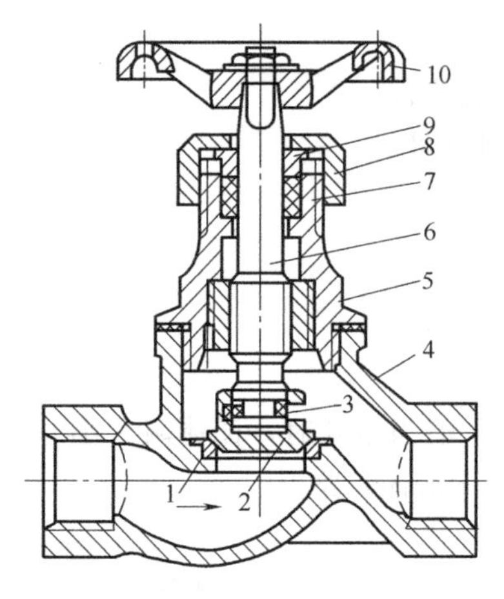

图 3-3　截止阀

1—阀座；2—阀盘；3—铁丝圈；4—阀体；5—阀盖；6—阀杆；7—填料；8—填料压盖螺帽；9—填料压盖；10—手轮

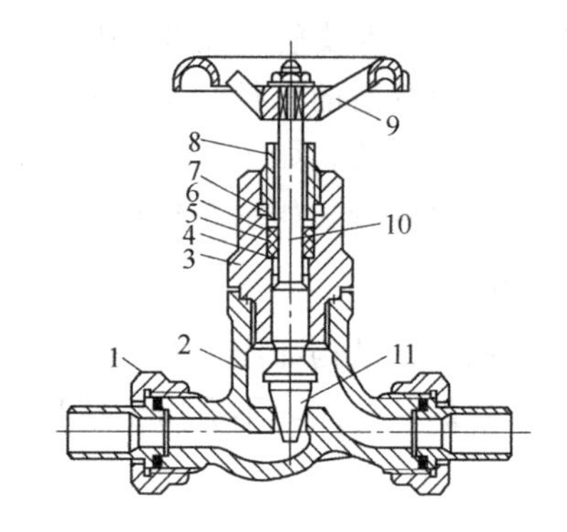

图 3-4　节流阀

1—活管接；2—阀体；3—阀盖；4—填料座；5—中填料；6—上填料；7—填料垫；8—填料压紧螺母；9—手轮；10—阀杆；11—阀芯

(4) 旋塞　旋塞也叫考克，其结构原理如图 3-5 所示。其优点为结构简单，开关迅速，流体阻力小，可用于有悬浮物的液体，但不适用于调节流量，亦不宜用于压强较高、温度较高的管路和蒸汽管路中。

(5) 球阀　球阀又称球心阀，如图 3-6 所示。它是利用一个中间开孔的球体作阀芯，依靠球体的旋转来控制阀门的开关。它和旋塞相仿，但比旋塞的密封面小，结构紧凑，开关省力，远比旋塞应用广泛。

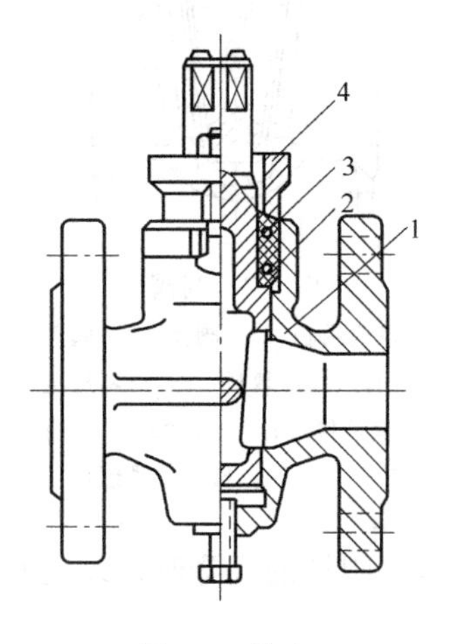

图 3-5　旋塞

1—阀体；2—栓塞；3—填料；4—填料压盖

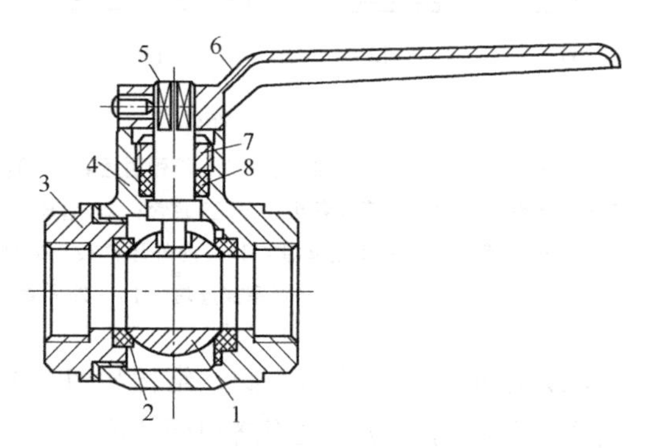

图 3-6　球阀

1—浮动球；2—固定密封阀座；3—阀盖；4—阀体；5—阀杆；6—手柄；7—填料压盖；8—填料

(6) 隔膜阀　常见的有胶膜阀，如图 3-7 所示。这种阀门的启闭密封是一块特制的橡胶膜片，膜片夹置在阀体与阀盖之间。关闭时阀杆下的圆盘把膜片压紧在阀体上达到密封。

这种阀门结构简单，密封可靠，便于检修，流体阻力小，适用于输送酸性介质和带悬浮物质流体的管路中。

（7）止回阀　止回阀又称单向阀，如图 3-8 所示，其作用是只允许流体向一个方向流动，一旦流体倒流就自动关闭。

止回阀按结构不同，分为升降式和旋启式两类。升降式止回阀的阀盘是垂直于阀体通道作升降运动的，一般安装在水平管道上，立式的升降式止回阀则应安装在垂直管道上；旋启式止回阀的摇板是围绕密封面做旋转运动，一般安装在水平管道上。止回阀一般适用于清净介质的管路中，对含有固体颗粒和黏度较大的介质管路中，不宜采用。

（8）安全阀　安全阀是一种截断装置，当超过规定的工作压强时，它便自动开启，而当恢复到原来压强时，则又自动地关闭。其用于预防蒸汽锅炉、容器和管道内压强升高到规定的压强范围以外。

安全阀可分为两种类型，即重锤式和弹簧式，如图 3-9 所示。

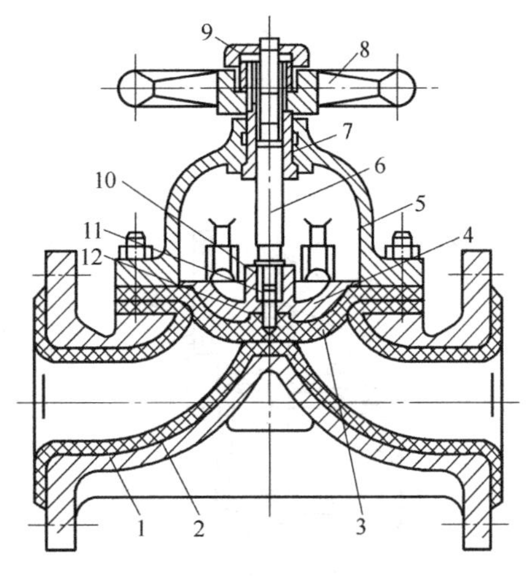

图 3-7　隔膜阀

1—阀体；2—衬胶层；3—橡胶隔膜；4—阀盘；5—阀盖；6—阀杆；7—套筒螺母；8—手轮；9—锁母；10—圆柱销；11—螺母；12—螺钉

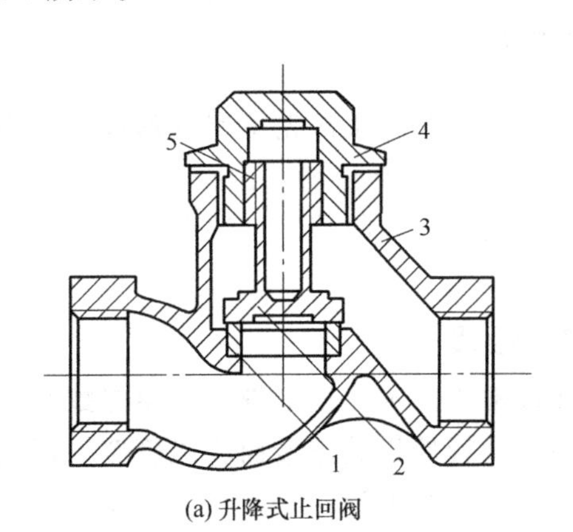

(a) 升降式止回阀

1—阀座；2—阀盘；3—阀体；4—阀盖；5—导向套筒

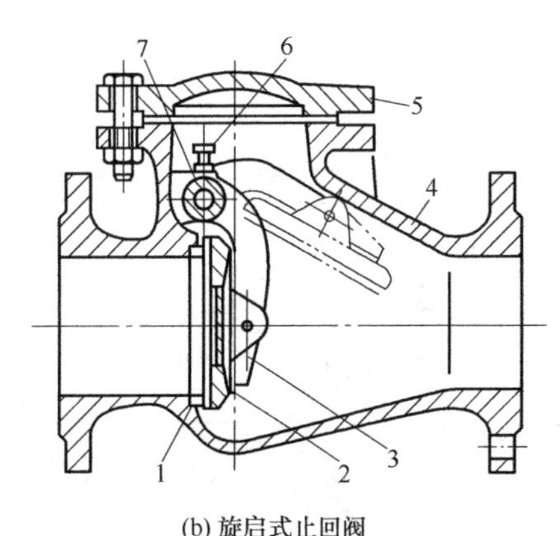

(b) 旋启式止回阀

1—阀座密封圈；2—摇板；3—摇杆；4—阀体；5—阀盖；6—定位紧固螺钉与锁母；7—枢轴

图 3-8　止回阀

（9）疏水阀　疏水阀又称冷凝水排除阀，俗称疏水器，用于蒸汽管路中，能自动间歇排除冷凝液，并能阻止蒸汽泄漏。疏水阀的种类很多，目前广泛使用的是热动力式疏水阀，如图 3-10 所示。

二、管路的连接

管路的连接包括管子与管子，管子与各种管件、阀门及设备接口等处的连接。目前比较普遍采用的有：承插式连接、螺纹连接、法兰连接及焊接连接。

1. 承插式连接

铸铁管、耐酸陶瓷管、水泥管常用承插式连接。管子的一头扩大成钟形，使一根管子的

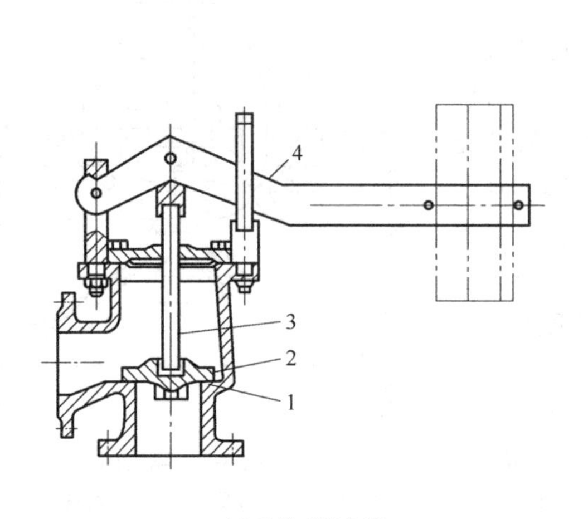

(a) 重锤式安全阀

1—阀座；2—阀芯；3—阀杆；4—附有重锤的杠杆

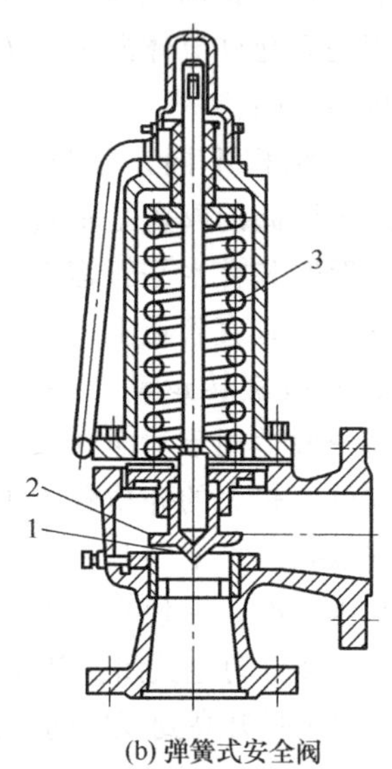

(b) 弹簧式安全阀

1—阀座；2—阀芯；3—弹簧

图 3-9　安全阀

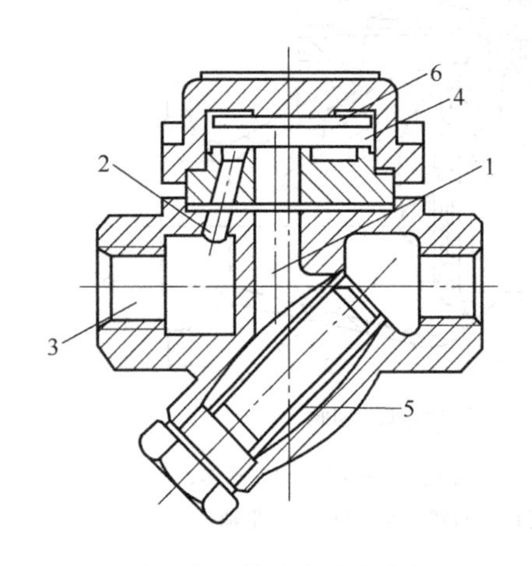

图 3-10　热动力式疏水阀

1—冷凝水入口；2—冷凝水出口；3—排出管；4—背压室；5—滤网；6—阀片

平头可以插入。环隙内通常先填塞麻丝或石棉绳，然后塞入水泥、沥青等胶合剂。它的优点是安装方便，允许两管中心线有较大的偏差，缺点是难于拆除，高压时不可靠。

2. 螺纹连接

螺纹连接常用于水、煤气管。管端有螺纹，可用各种现成的螺纹管件将其连接而构成管路。螺纹连接通常仅用于小直径的水管、压缩空气管路、煤气管路及低压蒸汽管路。

用以连接直管的管件常用的有管箍和活络管接头。

3. 法兰连接

法兰连接是常用的连接方法。优点是装拆方便，密封可靠，适用的压强、温度与管径范围很大。缺点是费用较高。铸铁管法兰是与管身同时铸成，钢管的法兰可以用螺纹接合，但最方便还是用焊接法固定。法兰连接时，两法兰间需放置垫圈起密封作用。垫圈的材料有石棉板、橡胶、软金属等，随介质的温度、压强而定。

4. 焊接连接

焊接法较上述任何连接法都经济、方便、严密。无论是钢管、有色金属管、聚氯乙烯管均可焊接，故焊接连接管路在化工厂中已被广泛采用，且特别适宜于长管路。但对经常拆除的管路和对焊缝有腐蚀性的物料管路，以及不允许动火的车间中安装管路时，不得使用焊接。焊接管路中仅在与阀件连接处要使用法兰连接。

三、管路的热补偿

管路两端固定，当温度变化较大时，就会受到拉伸或压缩，严重时可使管子弯曲、断裂或接头松脱。因此，承受温度变化较大的管路，要采用热膨胀补偿器。一般温度变化在32℃以上，便要考虑热补偿，但管路转弯处有自动补偿的能力，只要两固定点间两臂的长度足够，便可不用补偿器。

化工厂中常用的补偿器有凸面式补偿器和回折管补偿器。

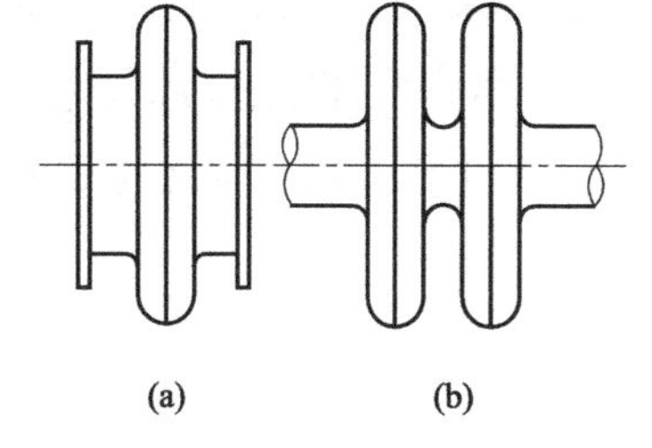

图 3-11　凸面式补偿器

1. 凸面式补偿器

凸面式补偿器可以用钢、铜、铝等韧性金属薄板制成。图 3-11 表示两种简单的形式。管路伸、缩时，凸出部分发生变形而进行补偿。此种补偿器只适用于低压的气体管路（由真空到表压为 196kPa）。

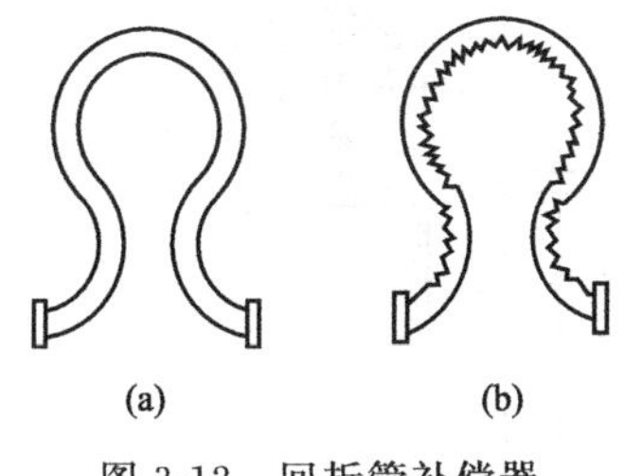

图 3-12　回折管补偿器

2. 回折管补偿器

回折管补偿器的形状如图 3-12 所示。此种补偿器制造简便，补偿能力大，在化工厂中应用最广。回折管可以是外表光滑的如图 3-12（a）所示，也可以是有折皱的如图 3-12（b）所示。前者用于管径小于 250mm 的管路，后者用于直径大于 250mm 的管路。回折管和管路间可以用法兰或焊接连接。

四、管路布置的基本原则

化工厂的管路为了便于安装、检修和操作管理，多数是明线敷设的。管路布置应考虑到减少基建投资、保证生产操作安全，便于安装和检修，节约动力消耗，美观整齐等。

考虑管路的走向时，应使管路阻力损失达到最小。

在确定管路的具体位置时，必须考虑操作、检查、检修工作的顺利进行。

要按管路内输送介质的特性确定管路的结构特点。

管路的管件、阀门应减少非标准的特殊结构，尽量采用标准件，以利于管路的安装和维修。

第二节　液体输送机械

化工厂中所用的液体输送机械（泵）种类很多，若以工作原理不同可分为速度式和容积式两大类。

速度式液体输送机械主要是通过高速旋转的叶轮，或高速喷射的工作流体传递能量，其中有离心泵、轴流泵和喷射泵。

容积式液体输送机械则依靠改变容积来压送与吸取液体，容积式泵按其结构的不同可分为往复活塞式和回转活塞式，其中有往复泵、计量泵和齿轮泵等。

一、离心泵

离心泵（图 3-13）是化工生产中应用最广泛的液体输送机械。

1. 离心泵的工作原理和主要部件

（1）工作原理　离心泵是一种叶片式泵。图 3-14 所示为一台离心泵的装置简图。

图 3-13　离心泵

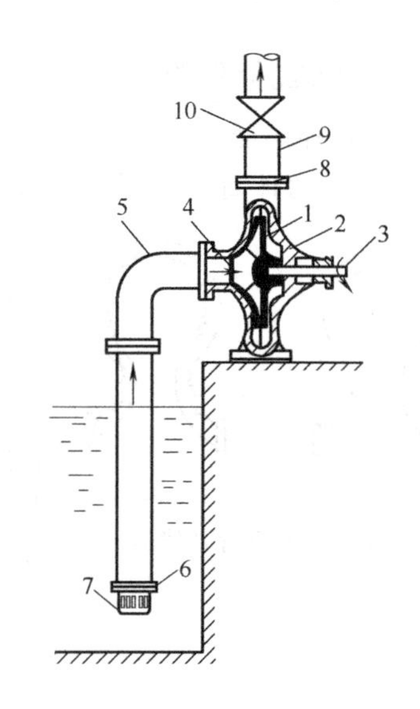

图 3-14　离心泵的装置简图
1—叶轮；2—泵壳；3—泵轴；4—吸入口；5—吸入管；6—单向底阀；7—滤网；8—排出口；9—排出管；10—调节阀

① 离心泵排液过程的工作原理　在启动前，须先向泵壳内灌满被输送的液体，否则发生“气缚”现象。在启动后，泵轴就带动叶轮一起旋转。此时，处在叶片间的液体在叶片的推动下也旋转起来，因而液体便获得了离心力。在离心力的作用下，液体以极高的速度从叶轮中心抛向外缘，获得很高的动能，液体离开叶轮进入泵壳后，由于泵壳中流道逐渐加宽，液体的流速逐渐降低，又将部分动能转变为静压能，使泵出口处液体的压强进一步提高，而从泵的排出口进入排出管路。

② 离心泵吸液过程的工作原理　当泵内液体从叶轮中心被抛向外缘时，在中心处形成低压区，这时贮槽液面上方在大气压强的作用下，液体便经过滤网 7 和底阀 6 沿吸入管 5 而进入泵壳内。

只要叶轮不断的转动，液体便不断地被吸入和排出。

（2）离心泵的主要部件

① 叶轮　叶轮的作用是将原动机的机械能传给液体，提高液体的动能和静压能。叶轮按其机械结构可分为闭式、半闭式和开式三种，如图 3-15 所示。

按吸液方式的不同，叶轮可分为单吸式和双吸式两种。单吸式叶轮的结构简单，如图

3-16（a）所示，液体只能从叶轮一侧被吸入。双吸式叶轮如图 3-16（b）所示，液体可同时从叶轮两侧吸入。

② 泵壳　离心泵的泵壳又称蜗壳，因为壳内壁与叶轮的外缘之间形成了一个截面积逐渐扩大的蜗牛壳形通道，如图 3-17 所示。

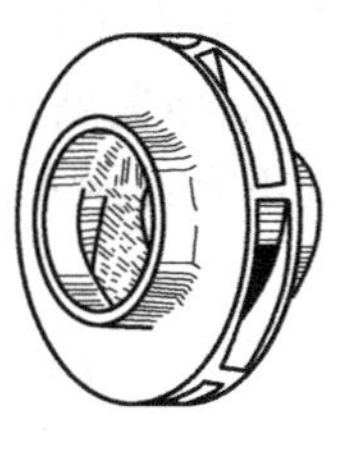
(a) 闭式

(b) 半闭式

(c) 开式

图 3-15　叶轮的类型

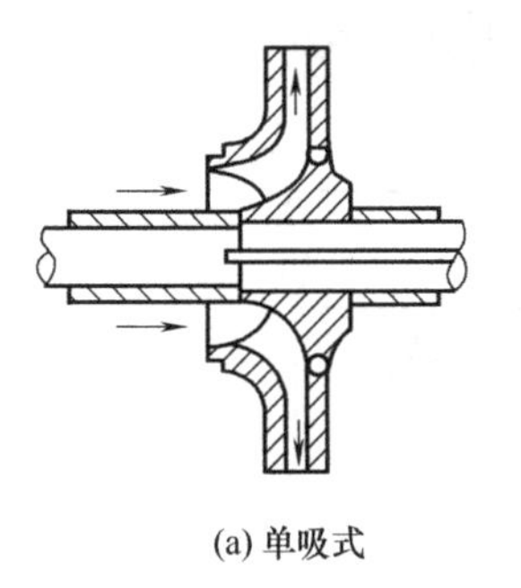
(a) 单吸式

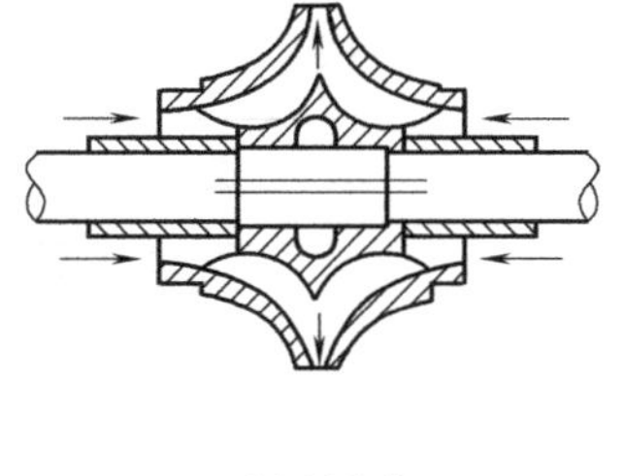
(b) 双吸式

图 3-16　吸液方式

图 3-17　泵壳及泵壳内液体流动情况

泵壳不仅是一个汇集和导出液体的部件，而且本身还是一个转能装置。同时，在此通道内逐渐减速，减少了能量损失。

对于较大的泵，为了减少液体直接进入蜗壳时的碰撞，在叶轮与泵壳之间还装有一个固定不动而带有叶片的圆盘称为导轮，如图 3-18 所示，由于导轮具有很多逐渐转向的流道，使高速液体流过时能均匀而和缓地将动能转变为静压能，以减少能量损失。

③ 轴封装置　泵轴与壳之间的密封称为轴封，轴封的作用是防止泵内高压液体从泵壳内沿轴的四周漏出，或者外界空气沿轴漏入泵壳内。常用的轴封装置有填料密封和机械密封两种。

a. 填料密封　填料密封的装置称作填料函，俗称盘根箱，如图 3-19 所示。填料密封是利用填料的变形来达到密封的目的。

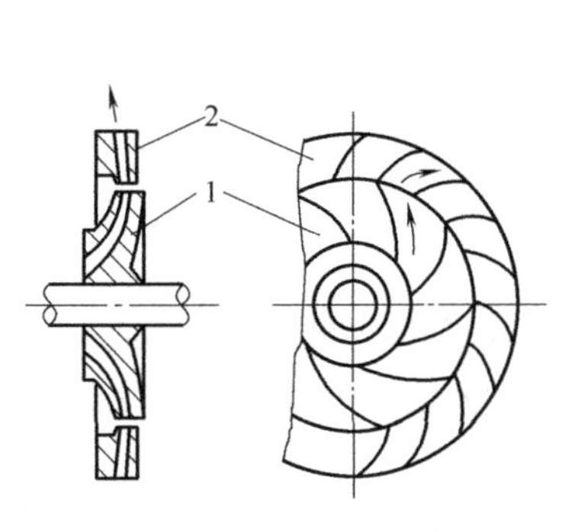

图 3-18　离心泵的导轮

1—叶轮；2—导轮

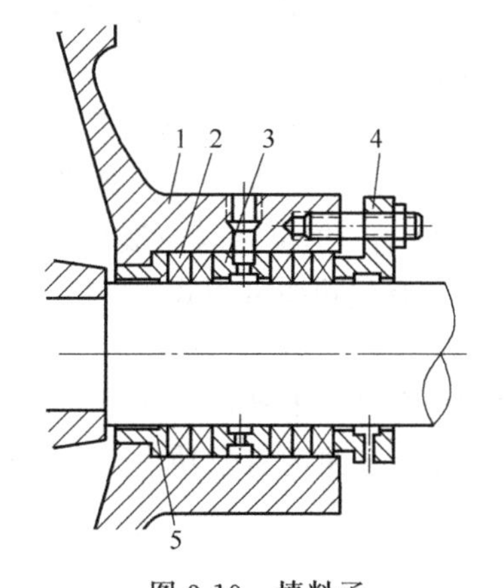

图 3-19　填料函

1—填料函壳；2—软填料；3—液封圈；4—填料压盖；5—内衬套

当填料函用于与泵吸入口相通时，泵壳与转轴接触处则是泵内的低压区，这时为了更好地防止空气从填料函不严密处漏入泵内，故在填料函内装有液封圈3，如图3-20所示。

b. 机械密封　机械密封是利用两个端面紧贴达到密封。对于输送酸、碱以及易燃、易爆、有毒的液体，密封要求比较高，既不允许漏入空气，又力求不让液体渗出。近年来已多采用机械密封装置，如图3-21所示。

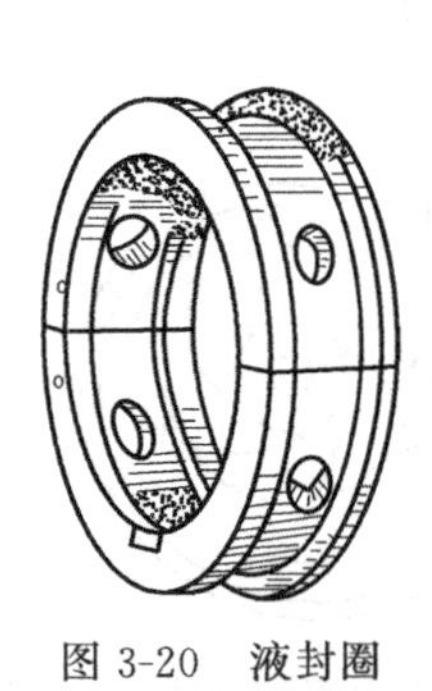

图3-20　液封圈

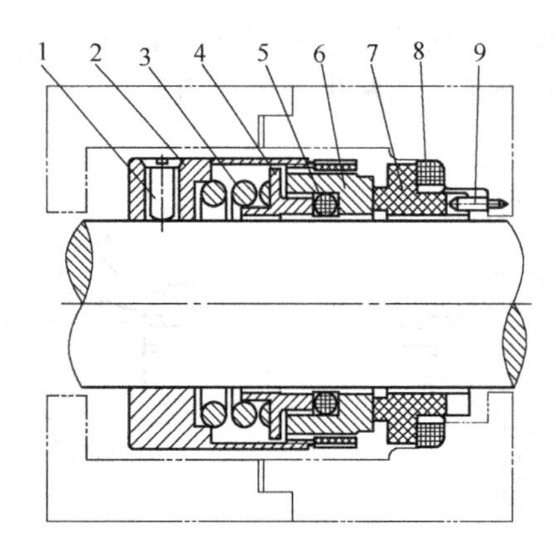

图3-21　机械密封装置

1—螺钉；2—传动座；3—弹簧；4—推环；5—动环密封圈；6—动环；7—静环；8—静环密封圈；9—防转销

机械密封与填料密封比较，有以下优点：密封性能好，使用寿命长，轴不易被磨损，功率消耗小。其缺点是零件加工精度高，机械加工复杂，对安装的技术条件要求比较严格，装卸和更换零件也比较麻烦，价格也比填料函高得多。

2. 离心泵的主要性能参数与特性曲线

针对具体的液体输送任务，要选择合适规格的离心泵并使之安全高效运行，就需要了解泵的性能及其相互之间的关系。离心泵的主要性能参数有流量、扬程、轴功率和效率等，而它们之间的关系则用特性曲线来表示。

(1) 离心泵的主要性能参数

① 流量　是指在单位时间内泵能排入到管路系统内的液体体积，以 q_V 表示，其单位为 L/s、m^3/s 或 m^3/h。离心泵流量与泵的结构、尺寸和转速有关。

② 扬程（压头）是指泵对单位重量（1N）液体所提供的有效能量，以 H 表示，其单位为 J/N 或 m。扬程的大小取决于泵的结构、尺寸、转速和流量。

③ 功率和效率　单位时间内液体从泵所获得的能量，称为有效功率，以 N_e 表示，单位为 J/s 或 W。有效功率可用式（3-1）计算

$$N_e = q_V H \rho g \tag{3-1}$$

单位时间内泵轴从电动机所获得的能量，称为轴功率，以 N 表示，单位为 J/s 或 W。

泵的轴功率大于泵的有效功率。有效功率和轴功率之比，称为泵的效率，以 η 表示，即

$$\eta = \frac{N_e}{N} \tag{3-2}$$

若式（3-1）中 N_e 以 kW 为单位，则泵的轴功率 N（kW）为

$$N = \frac{q_V H \rho}{102\eta} \tag{3-3}$$

（2）离心泵的特性曲线　为了便于了解泵的性能，泵的制造厂通过实测而得出一组表明 H-q_V、N-q_V 和 η-q_V 关系的曲线，标绘在一张图上，称为离心泵的特性曲线或工作性能曲线，将此图附于泵样本或说明书中，供使用部门选用和操作时参考。

特性曲线一般都是在一定转速和常压下，以常温的清水为工质做实验测得的。图 3-22 为 IS100-80-125 型离心式水泵的特性曲线。

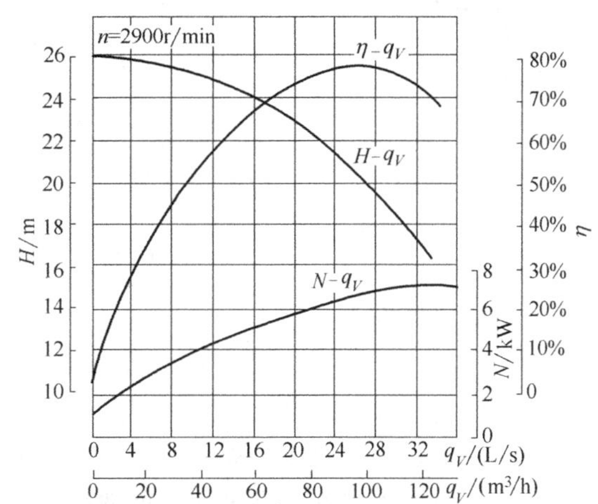

图 3-22　IS100-80-125 型离心式水泵的特性曲线

① H-q_V 曲线　表示泵的流量与扬程的关系，离心泵的扬程随流量的增加而下降（在流量极小时有例外）。

② N-q_V 曲线　表示泵的流量与轴功率的关系，离心泵的轴功率随流量的增大而上升，流量为零时轴功率最小。所以离心泵启动时，应关闭泵的出口阀门，使启动功率减少，以保护电机。

③ η-q_V 曲线　表示泵的流量与效率的关系，当 $q_V=0$ 时 $\eta=0$，随着流量的增大，效率随之而上升达到一个最大值，而后流量再增大，效率便下降。

上述关系表明离心泵在某一定转速下，有一个最高效率点，称为设计点。泵在最高效率点相对应的流量及扬程下工作最为经济。与最高效率点对应的 q_V、H、N 值称为最佳工况参数，离心泵的铭牌上标出的性能参数就是上述的最佳工况参数。

根据生产任务选用离心泵时，应尽可能地使泵在最高效率点附近运转，一般以泵的工作效率不低于最高效率的 92%为合理。

3. 影响离心泵特性的因素

影响离心泵特性的因素为：液体的密度、黏度、离心泵的转速和叶轮的直径。

（1）泵的流量、扬程、轴功率与转速的近似关系符合比例定律，即

$$\frac{q_{V1}}{q_{V2}}=\frac{n_1}{n_2}\quad \frac{H_1}{H_2}=\left(\frac{n_1}{n_2}\right)^2\quad \frac{N_1}{N_2}=\left(\frac{n_1}{n_2}\right)^3$$

（2）泵的流量、扬程、轴功率与叶轮直径之间的近似关系符合切割定律，即

$$\frac{q_{V1}}{q_{V2}}=\frac{d_1}{d_2}\quad \frac{H_1}{H_2}=\left(\frac{d_1}{d_2}\right)^2\quad \frac{N_1}{N_2}=\left(\frac{d_1}{d_2}\right)^3$$

4. 离心泵的工作点和流量调节

（1）管路特性曲线　是表示一定的管路系统所需的外加压头（或扬程）H_e 与流量 q_{Ve} 之间关系的曲线。表示该曲线的方程称为管路特性方程。管路特性方程的推导：

如图 3-23 所示的输送系统内，若贮液槽与受液槽的液面均维持恒定，且输送管路的直径不变。则液体流过管路系统所必需的压头（即要求泵提供的压头），可在图中所示截面 1—1′与 2—2′间列伯努利方程式得：

$$H_e=\Delta z+\frac{\Delta p}{\rho g}+\frac{\Delta u^2}{2g}+H_f$$

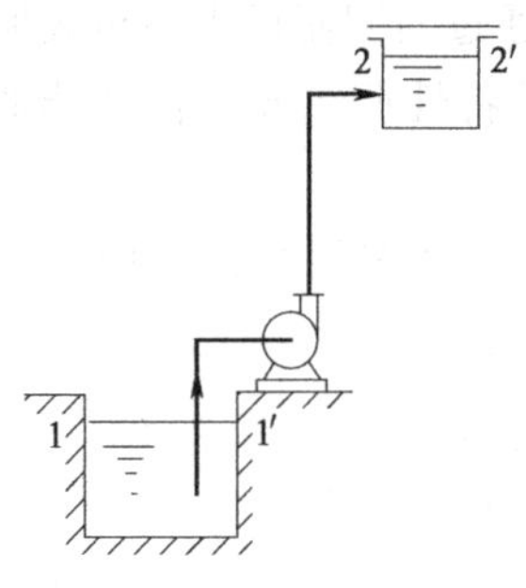

图 3-23 输送系统示意图

令 $A=\Delta z+\frac{\Delta p}{\rho g}$，若贮液槽与受液槽的截面积都很大，两个截面处的流速都很小可以忽略不计，则 $\frac{\Delta u^2}{2g}\approx 0$。管路系统的压头损失为：

$$H_f=\lambda\frac{l+\sum l_e}{d}\times\frac{u^2}{2g}=\left(\frac{8\lambda}{\pi^2 g}\times\frac{l+\sum l_e}{d^5}\right)q_{Ve}^2$$

而对于特定的管路，l、$\sum l_e$、d 均为定值，湍流时摩擦因数 λ 的变化很小，于是令

$$B=\frac{8\lambda}{\pi^2 g}\times\frac{l+\sum l_e}{d^5}$$

所以上式可以变成

$$H_e=A+Bq_{Ve}^2 \tag{3-4}$$

式（3-4）就是管路特性方程。将式（3-4）在压头与流量的坐标图上进行标绘，即得如图 3-24 所示的 H_e-q_{Ve} 曲线，称为管路特性曲线。

（2）离心泵的工作点　将泵的性能曲线 H-q_V 与其所在管路的特性曲线 H_e-q_{Ve}，用同样的比例尺绘在同一张坐标图上，如图 3-25 所示，两线交点 M 所对应的流量和扬程，既能满足管路系统的要求，又为离心泵所提供，即 $q_V=q_{Ve}$，$H=H_e$。换句话说，离心泵以一定的转速在此特定管路系统中运转时，只能在这一点工作，因为此点 M 表明：流量 q_{Ve} 的液体流经该管路时所需的外加压头 H_e 与泵在 $q_V=q_{Ve}$ 时所提供的扬程 H，正好在这一点上统一起来。所以，M 点即是泵在此管路中的工作点。

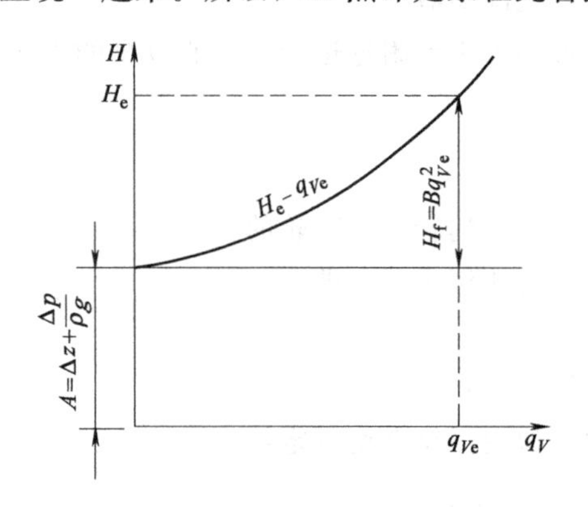

图 3-24 管路特性曲线

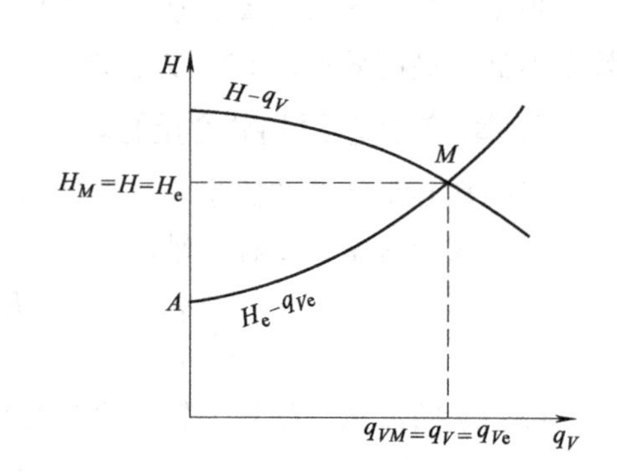

图 3-25 离心泵的工作点

（3）离心泵的流量调节　当离心泵在指定的管路上工作时，若工作点的流量与生产上要求的流量不一致时，就要对泵进行流量调节，实质上就是设法改变离心泵的工作点。既然泵的工作点由管路特性曲线和泵的性能曲线所决定，所以，改变两曲线之一均能达到调节流量的目的。

① 改变管路特性曲线　改变管路特性曲线最简单的方法是改变泵出口阀的开启程度，以改变管路中流体的阻力，从而达到调节流量的目的，如图 3-26 所示。

② 改变泵的性能曲线

a. 改变泵的转速　根据离心泵的比例定律可知，如果泵的转速改变，其性能曲线也发生改变。如图 3-27 所示。

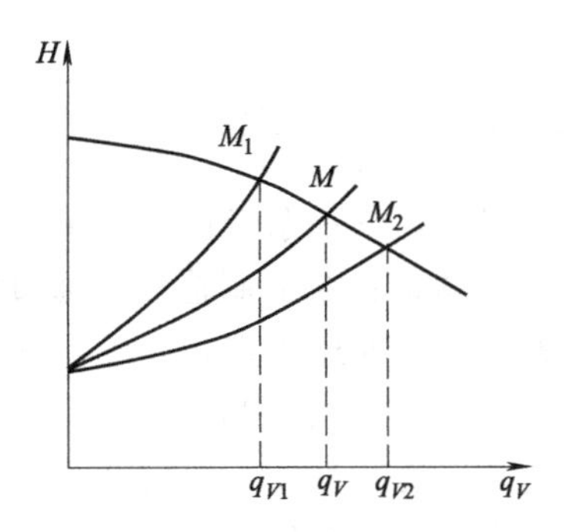

图 3-26　改变阀门开度时流量变化示意图

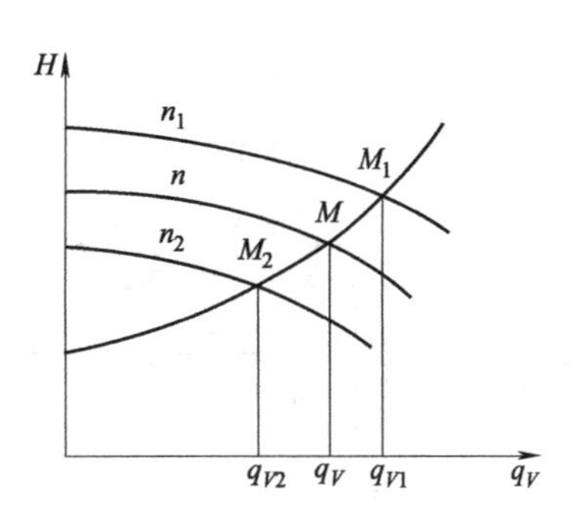

图 3-27　改变转速时流量变化示意图

b. 改变叶轮直径　根据离心泵的切割定律可知，改变叶轮直径，泵的性能曲线也将改变，其规律与改变泵的转速类似，如图 3-28 所示。

5. 离心泵的并联与串联操作

(1) 并联操作　如图 3-29 所示。两台泵并联以后所获得的流量增加，但小于两台泵单独操作时的流量之和，即 $q_{V并}<2q_{V单}$。

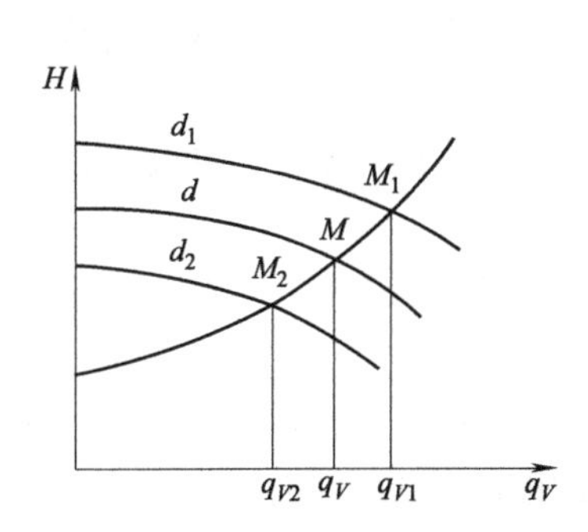

图 3-28　改变叶轮直径时流量变化示意图

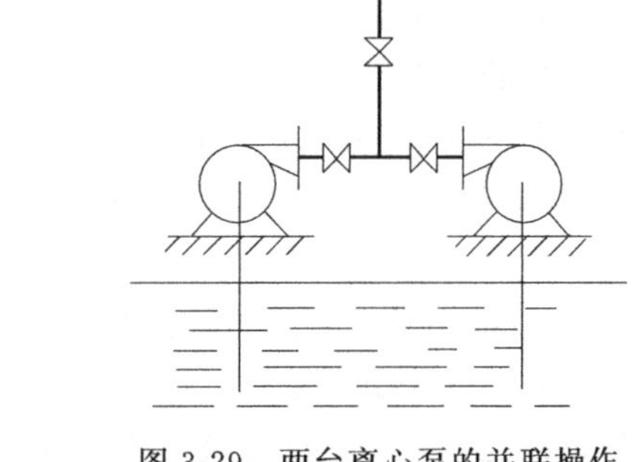
图 3-29　两台离心泵的并联操作

(2) 串联操作　如图 3-30 所示。两台泵串联后的扬程增加，但小于两台泵单独操作时的扬程之和，即 $H_{串}<2H_{单}$。

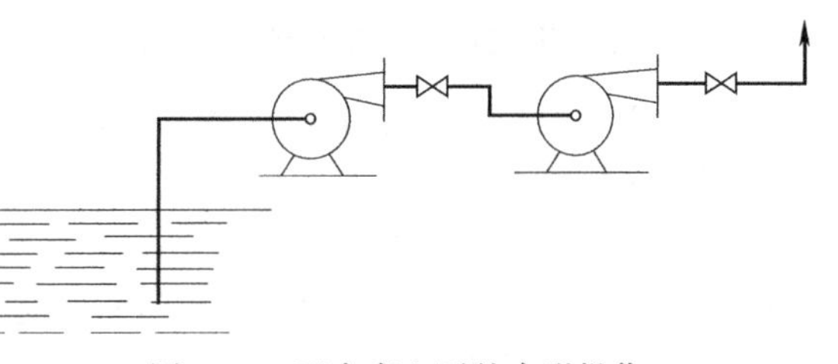
图 3-30　两台离心泵的串联操作

6. 离心泵的汽蚀现象与安装高度

(1) 离心泵的汽蚀现象　由离心泵的工作原理可知，在图 3-31 所示的输液装置中，离心泵能够吸上液体是靠吸入贮槽液面与泵入口处的压强差作用。

① 产生汽蚀的原因　泵入口处的压强小于操作条件下被输送液体的饱和蒸气压。

② 汽蚀的危害　使泵体产生振动与噪音；泵的流量、扬程和效率下降；叶轮受到剥蚀而破坏。

③ 避免方法　限制泵的安装高度。

(2) 离心泵的汽蚀余量　为防止汽蚀现象的发生，在离心泵的入口处，液体的静压头和动压头之和，必须大于液体在操作温度下的饱和蒸气压头，并将它们之间的差值定义为离心

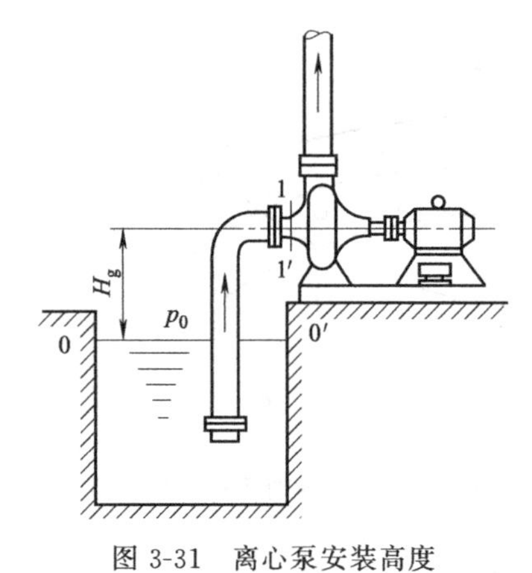

图 3-31　离心泵安装高度

泵的汽蚀余量，即

$$\mathrm{NPSH}=\frac{p_1}{\rho g}+\frac{u_1^2}{2g}-\frac{p_V}{\rho g} \tag{3-5}$$

为保证不发生汽蚀现象，汽蚀余量的最小值称为必需汽蚀余量（NPSH）r，该值由泵的制造厂家通过实验确定，并列入泵性能表中。标准还规定，实际汽蚀余量NPSH比（NPSH）r还要加大0.5m以上。

（3）离心泵的最大允许安装高度　对图3-31，在贮槽液面0—0′和泵入口处1—1′两截面间列伯努利方程式，可得

$$H_g=\frac{p_0-p_1}{\rho g}-\frac{u_1^2}{2g}-H_{f,0-1} \tag{3-6}$$

若已知离心泵的必需汽蚀余量，则由式（3-5）和式（3-6），并考虑到NPSH比（NPSH）r加大0.5m。可得离心泵最大允许安装高度的计算式为

$$H_{g,\max}=\frac{p_0-p_V}{\rho g}-[(\mathrm{NPSH})_r+0.5]-H_{f,0-1} \tag{3-7}$$

由式（3-7）可知，当p_0一定时，p_V、（NPSH）r和$H_{f,0-1}$越大，泵的允许安装高度越低，为此在确定泵的安装高度时，应注意以下几点：

离心泵的必需汽蚀余量与流量有关，流量增加时（NPSH）r增大，所以在计算时应选取最大流量下的（NPSH）r值。

① 当输送液体的温度较高或其沸点较低时，因液体的饱和蒸气压较大，会使泵的允许安装高度降低。

② 尽量减小吸入管路的压头损失，可选用较大的吸入管径，缩短管子长度，减少不必要的管件和阀件。由此也可以理解，调节流量为什么使用泵的出口阀而不用泵的入口阀。

当条件允许时，尽量将泵安装在液面以下，使液体自动灌入泵内，既可避免汽蚀现象发生，又可避免启动泵时的灌液操作。

7. 化工厂常用离心泵的类型与选用

（1）离心泵的类型　化工厂使用的离心泵种类繁多，按所输送液体的性质可以分为水泵、耐腐蚀泵、油泵、杂质泵等。各种类型离心泵按照其结构特点各自成为一个系列，同一系列中又有各种规格。泵样本中列有各类离心泵的性能和规格。

① 清水泵（IS型、D型、S型）　清水泵是应用广泛的离心泵，用于输送各种工业用水以及物理、化学性质类似于水的其他液体。最普遍使用的是单级单吸悬臂式离心水泵，系列代号为“IS”，其结构如图3-32所示。全系列扬程范围为5～125m，流量范围为6.3～400$\mathrm{m^3/h}$。

泵的型号由字母和数字表示，如型号IS100-80-125，“IS”表示泵的类型，为单级单吸悬臂式离心水泵；“100”表示泵的吸入管内径，mm；“80”表示泵的排出管内径，mm；“125”表示泵的叶轮直径，mm。

若所要求流量下其扬程高于单级泵所能提供的扬程时，可采用多级离心泵。中国生产的多级泵系列代号为“D”。全系列的扬程范围为14～351m，流量范围为10.8～850$\mathrm{m^3/h}$。

若输送液体的流量较大而所需要的扬程并不高时，则可采用双吸泵，其特点是从叶轮两

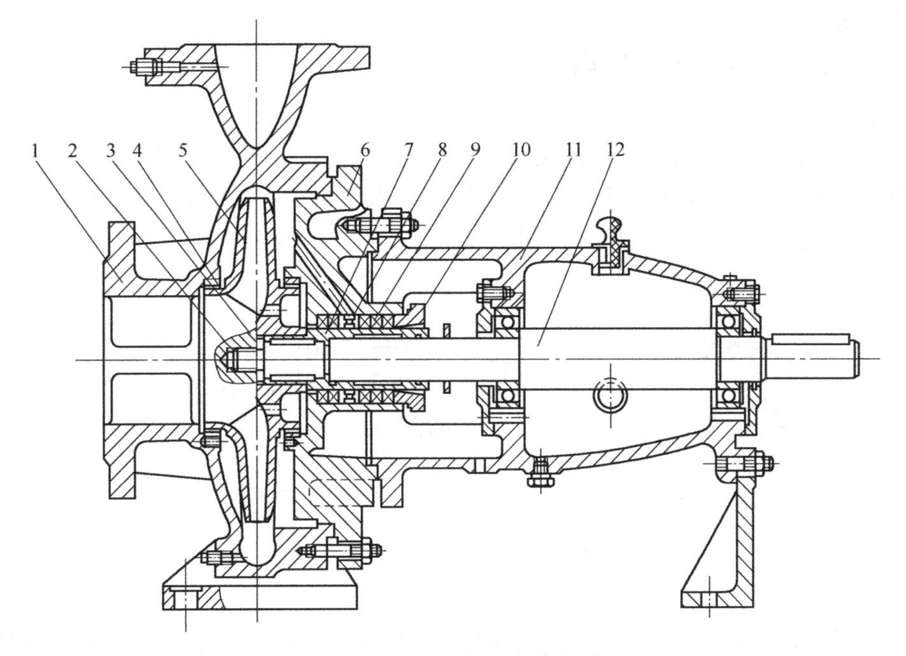

图 3-32　IS 型离心泵结构图

1—泵体；2—叶轮螺母；3—止动垫圈；4—密封环；5—叶轮；6—泵盖；7—轴盖；
8—填料环；9—填料；10—填料压盖；11—悬架轴承部件；12—泵轴

侧同时吸液。中国生产的双吸泵系列代号为“S”。全系列扬程范围为 9～140m，流量范围为 120～12500m^3/h。

② 耐腐蚀泵（F 型）　F 型泵是单级单吸悬臂式耐腐蚀离心泵，输送酸、碱等不含颗粒的腐蚀性液体时，应选用耐腐蚀泵。

此类泵的主要特点是与液体接触的部件用耐腐蚀材料制成，在“F”后面再加上一个字母表示材料代号以作区别。例如：灰口铸铁——材料代号为 H，用于输送浓硫酸。耐腐蚀泵的另一个特点是密封要求高，所以 F 型泵多采用机械密封装置。F 型泵全系列扬程范围为 15～105m，流量范围为 2～400m^3/h。

③ 油泵（Y 型）　输送石油产品的泵称为油泵　因为油品的特点是易燃易爆，因此要求油泵必须有良好的密封性能。当输送 200℃以上的热油时，要求对轴封和轴承等进行冷却。

油泵有单吸和双吸，单级与多级之分。油泵的系列代号为“Y”，双吸式为“YS”。全系列的扬程范围为 60～600m，流量范围为 6.25～500m^3/h。

④ 杂质泵（P 型）用于输送悬浮液及稠厚的浆液时用杂质泵。系列代号为“P”。根据其用途又可细分为污水泵“PW ”、砂泵“PS”、泥浆泵“PN”等。对这类泵的要求是：不易堵塞、耐磨、容易清洗。这类泵的特点是叶轮流道宽，叶片数目少，常采用半闭式或开式叶轮。有些泵壳内衬以耐磨的铸钢护板，泵的效率低。

(2) 离心泵的选择　在满足工艺要求的前提下，力求做到经济合理。选泵步骤为：

① 确定离心泵的类型。

② 确定输送系统的流量与压头。按最大流量和压头考虑。

③ 选择泵的型号。要使泵所提供的流量和扬程稍大于管路所要求的流量和压头，并使泵在高效率区进行工作。

④ 核算泵的轴功率。

8. 离心泵的安装和操作要点

（1）安装要点

① 限制安装高度，避免发生汽蚀现象。

② 吸入管路连接处应严密不漏气；吸入管直径大于泵的入口直径时，变径连接处要避免存气，以免发生气缚现象。如图 3-33 所示，图 3-33（a）不正确，图 3-33（b）正确。

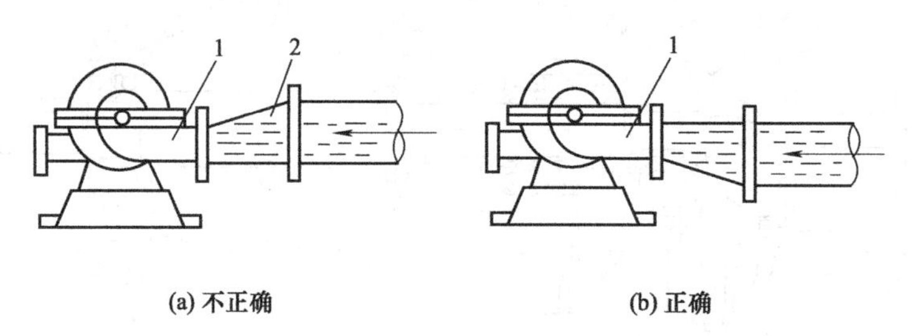

图 3-33 吸入口变径连接法

1—吸入口；2—空气囊

③ 安装要牢固，避免泵发生振动；泵轴与电机轴应严格保持水平，以确保运转正常，提高泵的使用寿命。

（2）操作要点

① 盘车。检查泵轴有无摩擦和卡死现象。

② 灌泵。启动前，向泵内灌液，防止发生气缚现象。启动时，要先关闭泵的出口阀，再启动电机。但要注意，关闭出口阀泵运转的时间不能太长，以免泵内液体因摩擦发热，而发生汽蚀现象。运转时，要经常检查轴承温度、润滑和轴封泄漏等情况，随时观察真空表和压强表指示是否正常，并注意有无不正常的噪音。停泵时，要先关闭泵的出口阀，再停电机，以免管路内高压液体倒流，使叶轮反转造成事故。停车时间较长时，应放掉泵和管路中的液体，以免锈蚀和冬季冻结。

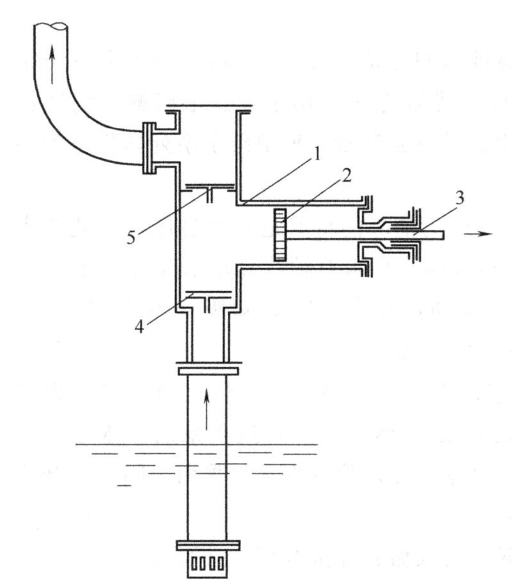

图 3-34 往复泵装置简图

1—泵缸；2—活塞；3—活塞杆；4—吸入阀；5—排出阀

二、其他类型泵

1. 往复泵

（1）操作原理　往复泵是一种容积式泵。图 3-34 所示为往复泵装置简图。其主要部件有泵缸、活塞、活塞杆、吸入阀和排出阀。

往复泵靠活塞在泵内往复运动，使泵缸容积增大和减小形成低压和高压，达到吸液和排液的目的。

单动泵当活塞往复一次，吸液一次排液一次，排液不连续，流量曲线如图 3-35 所示。

双动泵活柱（柱塞）往复一次，吸液和排液各两次，使吸入管路和排出管路总有液体流过，送液是连续的，但流量曲线仍有起落，如图 3-36 所示。

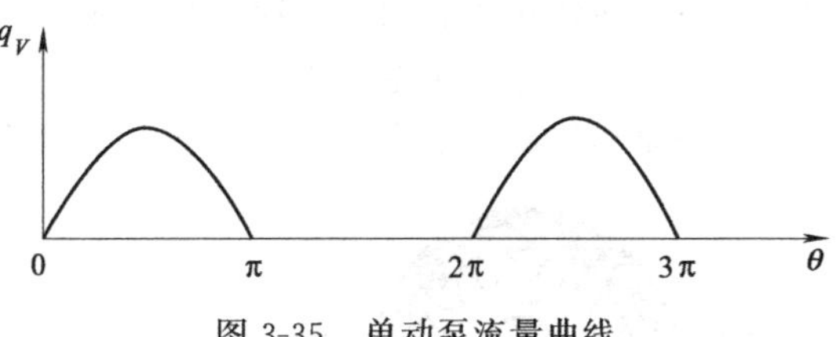

图 3-35　单动泵流量曲线

三联泵是由三台单动泵并联构成，即泵的曲柄轴三者互成 120°，曲轴每转一圈，三个单动泵的活柱分别进行一次吸入和排出液体，其流量曲线如图 3-37 所示。由于一个泵还未停止送液，另一个泵就已经开始排液，所以使流量更加均匀。

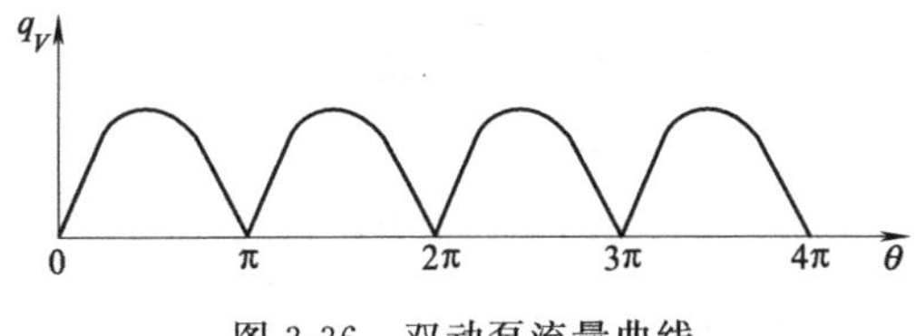

图 3-36　双动泵流量曲线

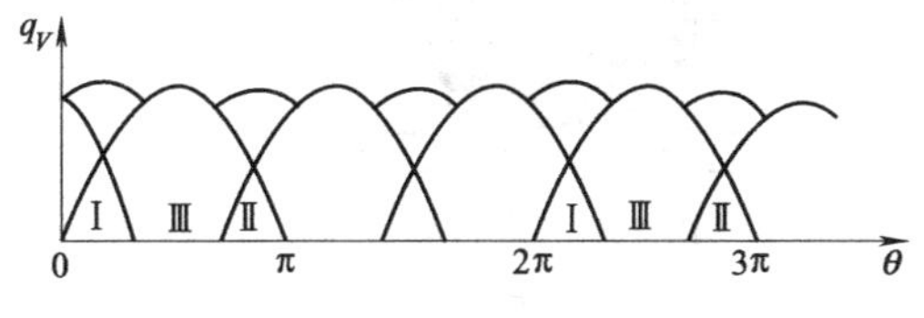

图 3-37　三联泵流量曲线

（2）往复泵的主要特点

① 往复泵的流量只与本身的几何尺寸和活塞或活柱的往复次数有关，而与泵的扬程无关，所以往复泵是一种典型的容积式泵。

往复泵的理论流量计算方法如下：

单动泵　$$Q_T = Asn_r \tag{3-8}$$

双动泵　$$Q_T = (2A - a)sn_r \tag{3-9}$$

式中　Q_T——往复泵理论流量，m^3/s；

A——活塞截面积，m^2；

a——活塞杆截面积，m^2；

s——活塞的冲程（在泵缸内移动的距离），m；

n_r——曲轴转速，r/min。

② 往复泵的扬程与泵的几何尺寸无关，即理论上其扬程与流量无关，只要泵的机械强度及原动机的功率允许，输送系统要求多高的压头，往复泵都能提供。实际流量随扬程的增加而略有降低。

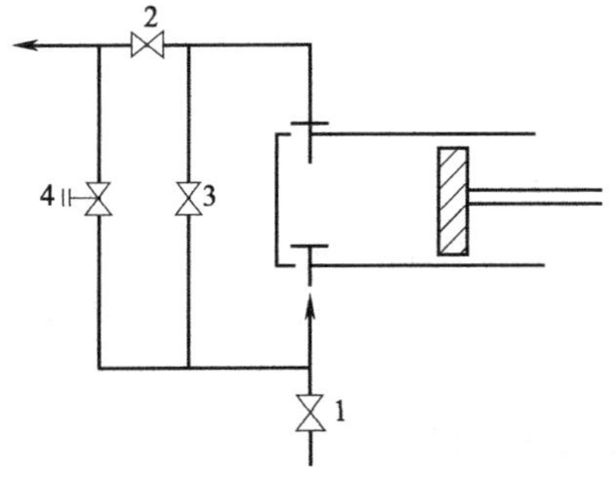

图 3-38　往复泵旁路调节流量示意图

1—吸入管路上的阀；2—排出管路上的阀；3—支路阀；4—安全阀

③ 往复泵的允许吸上高度也有一定限制。往复泵有自吸能力。

④ 往复泵不能简单地用排出管路阀门来调节流量，生产上一般采用如图 3-38 所示的旁路调节。

2. 回转泵

回转泵是依靠泵内一个或一个以上的转子旋转来吸入与排出液体的，又称转子泵。回转泵的形式很多，操作原理却大同小异，属于容积式泵。

（1）齿轮泵　图 3-39 为齿轮泵的结构示意图。齿轮泵的扬程较高而流量小，可用于输送黏稠液体和膏状物料，但不能输送含有固体颗粒的悬浮液。

（2）螺杆泵　螺杆泵主要由泵壳与一个或一个以上的螺杆所构成。图 3-40 所示为双螺杆泵，螺杆泵扬程高、效率高、无噪音、流量均匀，特别适于输送黏稠液体。

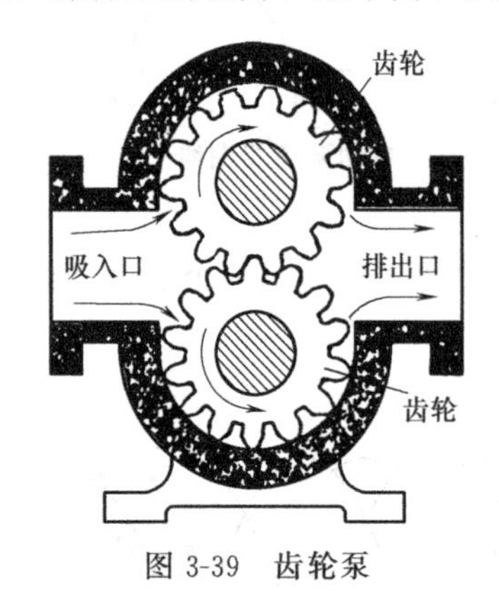

图 3-39　齿轮泵

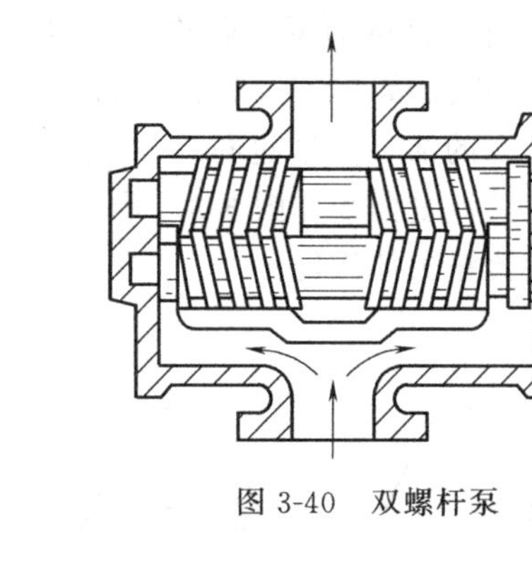

图 3-40　双螺杆泵

3. 旋涡泵

旋涡泵是一种特殊类型的离心泵，如图 3-41 所示。旋涡泵的特性曲线中，其 H-q_V 和 η-q_V 曲线与离心泵相似，但 N-q_V 曲线与离心泵相反，q_V 越小，则 N 越大。因此，旋涡泵开车时，应打开出口阀，以减小电机的启动功率。调节流量时，不能用调节出口阀开度的方法，只能用安装回流支路的方法。旋涡泵在启动前也要向泵内充满液体。旋涡泵属于流量小、扬程高的泵，虽然效率（不超过 40%）较低，但由于体积小，结构简单，故在化工生产中应用较多。

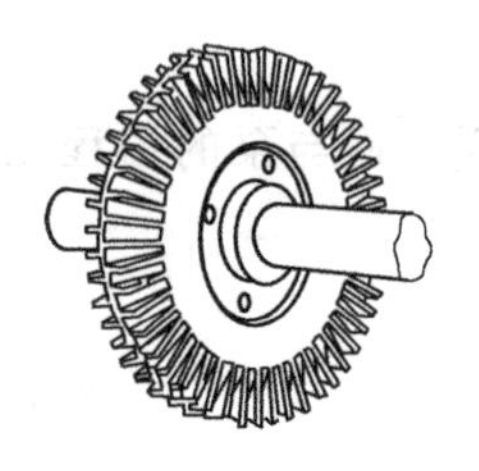

(a) 叶轮形状

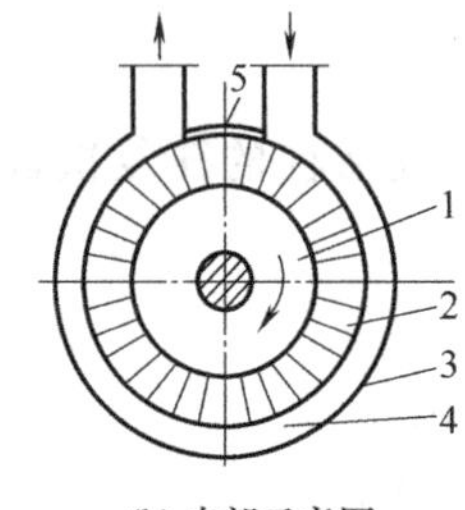

(b) 内部示意图

图 3-41　旋涡泵

1—叶轮；2—叶片；3—泵壳；4—引水道；5—吸入口与排出口的间壁

第三节　气体输送与压缩机械

气体输送与压缩机械的基本型式及其操作原理，与液体输送机械类似，亦可分为速度式和容积式两大类。

但由于气体具有可缩性，因此气体输送与压缩机械除上述按其结构和操作原理进行分类外，还根据它所能产生的终压（出口压强）或压缩比（即气体出口压强与进口压强之比）进行分类，以便于选用。

（1）通风机　　终压不大于 15kPa（表压），压缩比为 1～1.15。

（2）鼓风机　　终压为 15～300kPa（表压），压缩比小于 4。

（3）压缩机　　终压在 300kPa（表压）以上，压缩比大于 4。

（4）真空泵　　终压为当时当地的大气压，其压缩比根据所造成的真空度决定，但一般较大。

一、离心通风机、鼓风机与压缩机

离心通风机、鼓风机与压缩机的工作原理和离心泵相似，依靠叶轮的旋转运动产生离心力，以提高气体压强。通风机通常是单级的，对气体起输送作用。鼓风机有单级亦有多级，而压缩机是多级的，两者对气体都起压缩作用。

1. 离心通风机

按离心通风机所产生的出口气体压强不同，可分为：

低压离心通风机，出口气体压强低于 1kPa（表压）；中压离心通风机，出口气体压强为 1～3kPa（表压）；高压离心通风机，出口气体压强为 3～15kPa（表压）。

（1）离心通风机的基本结构　离心通风机基本结构和单级离心泵相似。机壳是蜗牛形，但机壳断面有方形和圆形两种，一般低、中压通风机多为方形，高压的多为圆形。

叶轮上叶片数目多且短。低压通风机的叶片常是平直的。中、高压通风机的叶片是弯曲的，有后弯的和前弯的。

（2）离心通风机的性能参数

① 风量　单位时间内从风机出口排出的气体体积，并以风机进口处的气体状态计，以 q_V 表示，单位为 m^3/s 或 m^3/h。

② 风压　单位体积的气体流过风机时所获得的能量，以 p_t 表示，单位为 $J/m^3=Pa$。

离心通风机的风压可在风机进口和出口两截面间列伯努利方程求得，即

$$p_t=(p_2-p_1)+\frac{\rho u_2^2}{2}=p_s+p_k \tag{3-10}$$

式中，(p_2-p_1) 称为静风压 p_s；$\frac{\rho u_2^2}{2}$称为动风压 p_k。

离心通风机的风压为静风压与动风压之和，又称为全风压。通风机性能表上所列的风压，如果不加说明，通常指的是全风压。

2. 离心鼓风机与压缩机

单级离心鼓风机其基本结构和操作原理与离心通风机相似，如图 3-42 所示为一台单级离心鼓风机。

多级离心鼓风机其基本结构和操作原理和多级离心泵相似，如图 3-43 所示为一台三级离心鼓风机。

要达到更高的出口压强，则需用离心压缩机。离心压缩机都是多级的，其结构和工作原理与多级离心鼓风机相似，只是离心压缩机的级数多，可在 10 级以上，且转速较高，因此能产生较高压强。

离心压缩机流量大，供气均匀、体积小、重量轻、机体内易损部件少、运行率高、机体内无润滑油污染气体，运转平稳，维修方便，但在流量偏离设计点时效率较低，制造加工难度大，近年来离心压缩机应用日趋广泛，并已

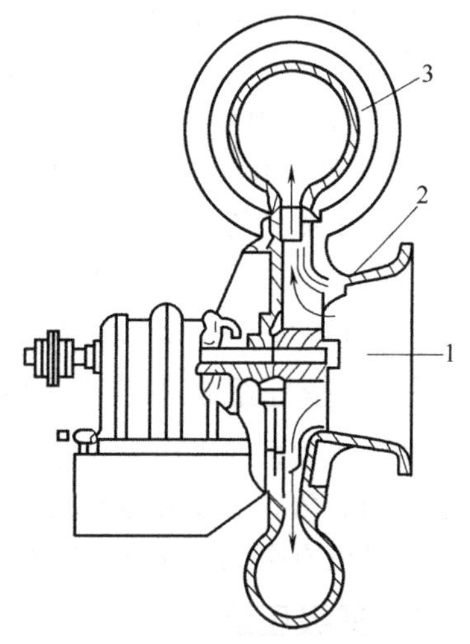

图 3-42　单级离心鼓风机
1—进口；2—叶轮；3—蜗形壳

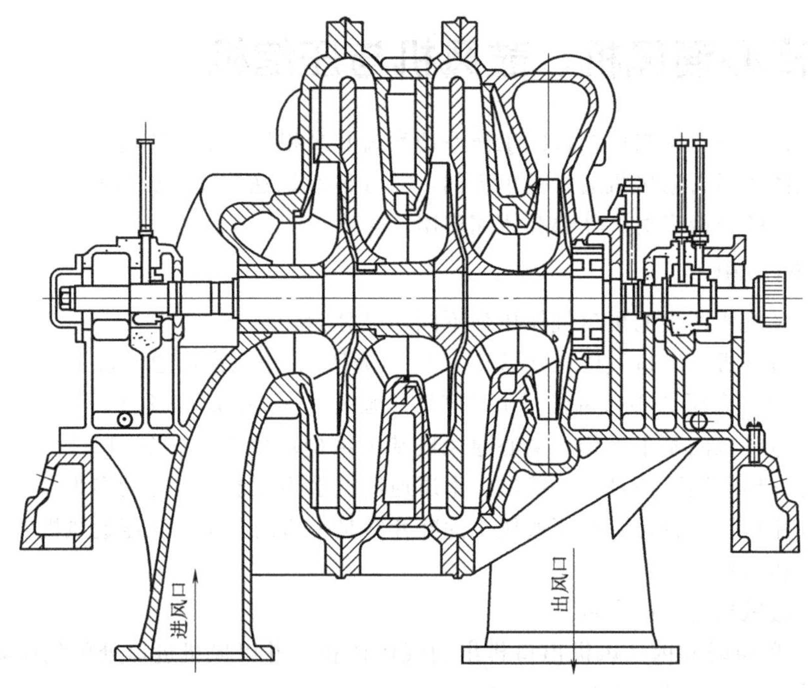

图 3-43　三级离心鼓风机

跨入高压领域，其出口压强可达 3.4×10^{4} kPa。

二、往复压缩机

1. 往复压缩机的构造和工作过程

往复压缩机的基本结构与往复泵相似，主要由气缸、活塞、吸入阀、排出阀和传动构造等组成。但因气体的密度小，可压缩，所以在结构上与往复泵有如下不同之处：

① 必须有冷却装置。

② 必须控制活塞与气缸端盖之间的间隙。

③ 气缸必须有润滑装置。

④ 对吸入阀和排出阀要求更高，开启方便，密封性好。

往复压缩机的工作原理与往复泵相似，是通过气缸内往复运动的活塞对气体做功。

但由于气体的可压缩性，其工作过程与往复泵有所不同。活塞每往复一次，由吸气、压缩、排气和膨胀四个过程组成。

2. 往复压缩机的生产能力

往复压缩机的生产能力即排气量，是将压缩机在单位时间内排出的气体体积换算成吸入状态下的数值，所以又称为压缩机的输气量。

假设没有余隙，往复压缩机理论吸气量的计算与往复泵类似。

3. 多级压缩

多级压缩就是使气体通过多个气缸经多次压缩才达到所需要的终压。

在压缩比很高的情况下，采用多级压缩可以避免气体温度过高，减少功耗，提高气缸的容积利用率，并使压缩机的结构更为合理。

压缩机的级数越多，则所需外功越少，即越接近于等温压缩过程。但是级数越多使整个压缩机系统结构越复杂，冷却器、油水分离器等辅助设备也相应增多，克服系统的流动阻力的能耗也增加，因此，必须根据具体情况确定适当的级数。生产上常用的多为 2～6 级，每级的压缩比为 3～5。

4. 往复压缩机的类型与选用

往复压缩机的分类方法，通常有以下几种：

(1) 按压缩机在活塞一侧吸、排气还是在两侧都吸、排气体，可分为单动和双动压缩机。

(2) 按气体受压缩的次数，分为单级、双级和多级压缩机。

(3) 按压缩机所产生的终压大小而分为低压（980kPa 以下）、中压（980～9800kPa）、高压（9800～98000kPa）和超高压（98000kPa 以上）压缩机。

(4) 按压缩机生产能力的大小而分为小型（$10m^3/min$ 以下）、中型（$10\sim30m^3/min$）、大型（$30m^3/min$ 以上）。

(5) 按所压缩气体种类可分为空气压缩机、氧压缩机、氢压缩机、氮氢压缩机、氨压缩机和石油气压缩机等。

决定往复压缩机型式的主要根据是气缸在空间的位置，气缸垂直放置的称为立式，水平放置的称为卧式，由几个气缸相互配置成 L 形、V 形和 W 形的称为角度式。

5. 往复压缩机选用步骤

① 根据压缩气体的性质，确定压缩机的种类。

② 根据生产任务及厂房的具体情况确定压缩机的结构型式。

③ 根据生产上所需的排气量和出口的排气压强选择合适的型号。

6. 往复压缩机的安装与操作要点

① 压缩机气体入口前要安装过滤器，以免吸入灰尘、铁屑等固体杂物，造成对活塞、气缸的磨损。

② 往复压缩机的出口处要安装缓冲罐，以使排气管中气体的流量稳定，同时也能使气体中夹带的水沫和油沫在此得到沉降而分离下来，灌底的油和水可定期排放。为确保操作安全，缓冲罐上应安装安全阀和压力表。

③ 压缩机在运行中，必须注意各部分的润滑和冷却。不允许关闭出口阀。要防止气体带液。要经常检查压缩机各运行部件是否正常，若发现异常声响及噪音，应立即停车检查。

④ 冬季停车时，应放掉气缸夹套、中间冷却器内的冷却水，防止因结冰破坏设备和造成管路堵塞。

三、回转式鼓风机与压缩机

回转式鼓风机与压缩机和回转泵相似，机壳内有一个或两个旋转的转子，没有活塞和阀门等装置。回转式设备的特点是：构造简单、紧凑，体积小，排气连续而均匀，适用于压强不大而流量较大的情况。

1. 罗茨鼓风机

罗茨鼓风机属容积式机械，即转速一定时，风量可保持大体不变。风量和转速成正比，而且几乎不受出口压强变化的影响。其风量范围是 2～500m^3/min，最大可达 1400m^3/min。其流量调节采用回流支路的方法。操作温度应在 85℃以下，以防转子受热膨胀，发生碰撞。

2. 液环压缩机

液环压缩机气体在机内只和叶轮接触，与外壳不接触，因此在输送腐蚀性气体时，只需将叶轮用耐腐蚀材料制造。所选液体应与输送气体不起化学反应。由于在运转中，机壳内液体必然会有部分随气体带出，故操作中应经常向泵壳内补充部分液体。液环压缩机所产生的表压强可达 500～600kPa，但在 150～180kPa（表压）间效率较高。

四、真空泵

从设备中抽出气体使其中的绝对压强低于大气压，这种抽气机械称为真空泵。在真空技术中通常把真空状态按绝对压强高低划分为低真空（10^3～10^5Pa）、中真空（10^{-1}～10^3Pa）、高真空（10^{-6}～10^{-1}Pa）、超高真空（10^{-10}～10^{-6}Pa）及极高真空（<10^{-10}Pa）五个真空区域。

1. 往复真空泵

往复真空泵的构造和工作原理与往复压缩机基本相同，但是往复真空泵的压缩比很高，例如，要使设备内的绝对压强降为 5kPa 时，则压缩比为 20 左右。

因此，余隙中残留气体对真空泵的生产能力影响颇大，必须在结构上采取降低余隙的措施。

往复真空泵和往复压缩机一样，在气缸外壁也需采用冷却装置，以除去气体压缩和机件摩擦所产生的热量。此外，往复真空泵属于干式真空泵，操作时必须采取有效措施，防止抽吸气体中带有液体。

2. 水环真空泵

水环真空泵属于湿式真空泵，适用于抽吸含有液体的气体，尤其用于抽吸有腐蚀性或爆炸性的气体更为合适，但效率低，为 30%～50%所造成的真空度受泵内水的温度所限制，可以造成的最大真空度为 85%。

当被抽吸的气体不宜与水接触时，泵内可以充其他液体，称为液环真空泵。

3. 喷射式真空泵

喷射泵是利用流体流动时的动能与静压能相互转化的原理来吸送液体的，既可用于吸送气体，也可用于吸送液体。在化工生产中喷射泵常用于抽真空，所以又称为喷射式真空泵。喷射泵的工作流体可以是蒸汽，也可以是液体。

（1）蒸汽喷射泵　蒸汽喷射泵构造简单、紧凑、没有活动部分，制造时可采用各种材料，适应性强。但是效率低，蒸汽耗量大。

单级蒸汽喷射泵仅可得到 90%的真空度，若要得到更高的真空度，则可采用多级蒸汽喷射泵。

（2）水喷射真空泵　在化工生产中，当要求的真空度不太高时，也可以用一定压强的水作为工作流体的水喷射泵，它属于粗真空设备。

水喷射真空泵结构简单，能源普遍，虽比蒸汽喷射泵所产生的真空度低，一般只能达到93.3kPa左右的真空度，但由于它有产生真空和冷凝蒸汽的双重作用，故应用甚广。现在广泛用于真空蒸发设备，既作冷凝器又作真空泵，所以也常称它为水喷射冷凝器。

第四节 技能实训

一、知识背景

化工生产中所处理的原料及产品，大多是流体。按照生产工艺的要求，制造产品时往往把它们依次输送到各设备内，进行化学反应或物理变化；制成的产品又常需要输送到贮罐内贮存，显然，流体输送技术是化工生产中比较重要的技术之一。

为了能根据生产要求，将所需流体从一个设备输送到另一个设备，从一个车间输送到另一个车间，在流体输送岗位必须具有岗位操作技能：泵、压缩机、真空系统的开车、正常运行和停车的操作，流量的调节，液位的控制等技能。

作为化工工艺技术人员，在化工生产中需要根据生产过程的具体情况，进行设备、仪表的选用，分析和处理流体输送过程可能出现的常见故障，因此，流体输送岗位除必要的操作技能外，更重要的是应用流体输送的基本原理及其规律，进行分析问题和处理问题的技术应用能力。具体表现为：

（1）管径的选择与管路布置　通常用管路来输送流体。因此，我们就必须选用管材、管径，并按一定的要求布置管路。

（2）流体的输送　欲把流体按所规定的条件，从一个设备送到另一个设备，通常设备之间是用管道连接的，这就需要选用适宜的流动速度，以确定输送管路的直径。

（3）压强、液位和流量的测量　为了了解和控制生产过程，需要对管路或设备内的压强、液位和流量等一系列进行测定，以便合理选用和安装测量仪表，而这些测量仪表的操作原理又多以流体的静止或流动规律为依据。

1. 贮罐

（1）贮罐的基本结构　贮罐一般由筒体、封头、密封装置、支座、法兰及各种开孔接管所组成。

① 筒体　筒体是化工设备用以储存物料或完成传质、传热或化学反应所需要的工作空间，是化工容器最主要的受压元件之一，其内直径和容积往往需由工艺计算确定。圆柱形筒体（即圆筒）和球形筒体是工程中最常用的筒体结构。

② 封头　根据几何形状的不同，封头可以分为球形、椭圆形、碟形、球冠形、锥壳和平盖等，其中以椭圆形封头应用最多。封头与筒体的连接方式有可拆连接与不可拆连接（焊接）两种，可拆连接一般采用法兰连接方式。

③ 密封装置　贮罐上需要有许多密封装置，如封头和筒体间的可拆式连接，容器接管与外管道间的可拆连接以及人孔、手孔盖的连接等，可以说化工容器能否正常安全地运行在很大程度上取决于密封装置的可靠性。

④ 开孔与接管　由于工艺要求和检修及监测的需要，常在筒体或封头上开设各种大小的孔或安装接管，如人孔、手孔、视镜孔、物料进出口接管，以及安装压力表、液位计、安全阀、测温仪表等接管开孔。

⑤ 支座　贮罐靠支座支承并固定在基础上。随安装位置不同，支座分为立式贮罐支座和卧式贮罐支座两类，其中立式贮罐支座又有腿式支座、支承式支座、耳式支座和裙式支座四种。

⑥ 安全附件　由于贮罐的使用特点及其内部介质的化学工艺特性，往往需要在贮罐上设置一些安全装置和测量、控制仪表来监控工作介质的参数，以保证压力容器的使用安全和工艺过程的正常进行。贮罐的安全装置主要有安全阀、爆破片、紧急切断阀、安全联锁装置、压力表、液位计、测温仪表等。

(2) 贮罐的分类　从不同的角度对贮罐有各种不同的分类方法，常用的分类方法有以下几种。

① 按几何形状分类　分为立式圆筒贮罐、卧式圆筒贮罐、球形贮罐。

② 按材料分类　当容器由金属材料制成时叫金属容器；用非金属材料制成时，叫非金属容器。

③ 按承压方式和压力等级分类　贮罐可分为内压容器与外压容器。内压容器又可按设计压力大小分为四个压力等级，具体划分如下：低压（代号 L）容器，0.1MPa$\leqslant p<$ 1.6MPa；中压（代号 M）容器，1.6MPa$\leqslant p<$10.0MPa；高压（代号 H）容器，10MPa$\leqslant$ $p<$100MPa；超高压（代号 U）容器，$p\geqslant$100MPa。

另外，当容器的内压小于一个绝对大气压（约 0.1MPa）时又称为真空容器。

④ 按安全技术管理分类　分为第三类压力容器、第二类压力容器和第一类压力容器，上面所述的几种分类方法不能综合反映压力容器面临的整体危害水平。压力容器的危害性还与其设计压力 p 和全容积 V 的乘积有关，pV 值越大，则容器破裂时爆炸能量越大，危害性也越大，对容器的设计、制造、检验、使用和管理的要求越高。为此，《压力容器安全技术监察规程》采用既考虑容器压力与容积乘积大小，又考虑介质危害程度以及容器品种的综合分类方法，有利于安全技术监督和管理。

2. 内压容器的压力试验

压力容器在制成以后或经检修以后，在交付使用以前，需按图样规定进行高于工作压力条件的压力试验或增加气密性试验。

压力试验有两种，液压试验和气压试验。压力试验必须用两个量程相同的并经过校正的压力表。压力表的量程在试验压力的 2 倍左右为宜，但不应低于 1.5 倍和高于 4 倍的试验压力。

(1) 内压容器的液压试验

① 试验介质　一般采用水，需要时也可采用不会导致发生危险的其他液体。试验时液体的温度应低于其闪点或沸点。奥氏体不锈钢制容器用水进行液压试验后应将水渍清除干净。当无法达到这一要求时，应控制水的氯离子含量不超过 25mg/L。

② 试验压力

$$p_T=1.25p\ \frac{[\sigma]}{[\sigma]^t}$$

式中　p_T——试验压力，MPa；

p——设计压力，MPa；

$[\sigma]$——容器元件材料在试验温度下的许用应力，MPa；

$[\sigma]^t$——容器元件材料在设计温度下的许用应力，MPa。

a. 容器铭牌上规定有最大允许工作压力时，公式中应以最大允许工作压力代替设计压力。

b. 容器各元件（圆筒、封头、接管、法兰及紧固件等）所用材料不同时，应取各元件材料的 $[\sigma]/[\sigma]^t$ 比值中最小者。

③ 试验温度

a. 碳素钢、16MnR 和正火 15MnVR 钢容器液压试验时，液体温度不得低于 5℃；其他低合金钢容器，液压试验时液体温度不得低于 15℃。如果由于板厚等因素造成材料无延性转变温度升高，则需相应提高试验液体温度。

b. 其他钢种容器液压试验温度按图样规定。

④ 试验方法

a. 试验时容器顶部应设排气口，充液时应将容器内的空气排尽。试验过程中，应保持容器观察表面的干燥。

b. 试验时压力应缓慢上升，达到规定试验压力后，保压时间一般不少于 30min。然后将压力降至规定试验压力的 80%，并保持足够长的时间以对所有焊接接头和连接部位进行检查。如有渗漏，修补后重新试验。

c. 对于夹套容器，先进行内筒液压试验，合格后再焊夹套，然后进行夹套内的液压试验。

d. 液压试验完毕后，应将液体排尽并用压缩空气将内部吹干。

（2）内压容器的气压试验　一般容器的试压应首先考虑液压试验，因为液体的可压缩性极小，液压试验是安全的，即使容器爆破，也没有巨大声响和碎片，不会伤人。对于不适合作液压试验的容器，例如容器内不允许有微量残留液体，或由于结构原因不能充满液体的容器，可采用气压试验。

气压试验比较危险，试验时应有可靠的安全措施，该安全措施需经试验单位技术总负责人批准，并经本单位安全部门检查监督。

① 试验介质　试验所用气体应为干燥、洁净的空气，氮气或其他惰性气体。

② 试验压力

$$p_T=1.15p\frac{[\sigma]}{[\sigma]^t}$$

③ 试验温度

a. 碳素钢和低合金钢容器，气压试验时介质温度不得低于 15℃。

b. 其他钢种容器气压试验温度按图样规定。

④ 试验方法

试验时压力应缓慢上升，至规定试验压力的 10%，且不超过 0.05MPa 时，保压 5min，然后对所有焊接接头和连接部位进行初次泄漏检查，如有泄漏，修补后重新试验。初次泄漏检查合格后，再继续缓慢升压至规定试验压力的 50%，其后按每级为规定试验压力的 10% 的级差逐级增至规定的试验压力。保压 10min 后将压力降至规定试验压力的 87%，并保持足够长的时间后再次进行泄漏检查。如有泄漏，修补后再按上述规定重新试验。

（3）致密性试验　符合下列情况时，容器应考虑进行致密性试验：a. 介质易燃、易爆时；b. 介质为极度危害或高度危害时；c. 对真空有较严格要求时；d. 如有泄漏将危及容器的安全性（如衬里等）和正常操作者。

致密性试验时，补强板和垫板上的讯号孔应打开，密封用垫片应采用正常操作时采用的同种材料。致密性试验方法有气密性试验、煤油渗漏试验和氨渗漏试验方法等，主要介绍气密性试验、煤油渗漏试验。

① 气密性试验　容器需经液压试验合格后方可进行气密性试验。需作气密性试验时，试验压力、试验介质和检验要求应在图样上注明。试验压力为设计压力的 1.05 倍。试验时压力应缓慢上升，达到规定试验压力后保压 10min，然后降至设计压力，对所有焊接接头和连接部位进行泄漏检查。小型容器亦可浸入水中检查。如有泄漏，修补后重新进行液压试验和气密性试验。

气密性试验是在容器充压（空气、氮气）后，在焊缝或连接处和其他需要检验的地方，用肥皂水或浸水检验，或保压 24h（在具有剧毒、易燃、易爆和渗透性强的操作介质的设备中），测定泄漏量。

② 煤油渗漏试验　煤油渗漏试验常作为不受压容器的密封性检验。

将焊缝能够检查的一面清理干净，涂以白粉浆，晾干后在焊缝另一面涂以煤油，使表面得到足够的浸润，经半小时后白粉上没有油渍为合格。当修补发现缺陷时，要注意防止煤油的受热起火。

3. 流体输送过程检测及常用仪表

（1）压力检测及仪表　这里所说的压力实际上是指流体的压强，而化工生产中习惯上称之为压力。

压力（压强）是指垂直作用于流体单位面积上的力，用符号 p 表示。压力的单位为 N/m^2，专用名称为帕斯卡，简称帕，用符号 Pa 表示。

① 压力检测仪表的分类　压力检测仪表按照其转换原理不同，可分为液柱式、弹性式、活塞式和电气式四大类，其工作原理、主要特点和用途如表 3-1 所示。

表 3-1　压力检测仪表的分类

种类		工作原理	主要特点	用途
液柱式压力计	U 形管压力计	液体静力平衡原理（被测压力与一定高度的工作液体产生的重力相平衡）	结构简单、价格低廉、精度较高、使用方便。但测量范围较窄，玻璃易碎	适用于低微静压测量，高精确度者可用作基准器
	单管压力计			
	倾斜管压力计			
	补偿微压计			
	自动液柱式压力计			
弹性式压力计	弹簧管压力表	弹性元件弹性变形原理	结构简单、牢固，实用方便，价格低廉	用于高、中、低压的测量，应用十分广泛
	波纹管压力表		具有弹簧管压力表的特点，有的因波纹管位移较大，可制成自动记录型	用于测量 400kPa 以下的压力
	膜片压力表		除具有弹簧管压力表的特点外，还能测量黏度较大的液体压力	用于测量低压
	膜盒压力表		特点同弹簧管压力表	用于测量低压或微压

续表

种类			工作原理	主要特点	用途
活塞式压力计	单活塞式压力表		液体静力平衡原理	比较复杂和贵重	用于做基准仪器,校验压力表或实现精密测量
	双活塞式压力表				
电气式压力表	压力传感器	应变式压力传感器	导体或半导体的应变效应原理	能将压力转换成电信号,并进行远距离传送	用于控制室集中显示、控制
		霍尔式压力传感器	导体或半导体的霍尔效应原理		
	压力(差压)变送器	力矩平衡式变送器	力矩平衡原理	能将压力转换成统一标准电信号,并进行远距离传送	

② 压力表的安装

a. 测压点的选择　测压点选择的好坏，直接影响到测量效果。测压点必须能反映被测压力的真实情况。一般选择与被测介质呈直线流动的管段部分，且使取压点与流动方向垂直；测液体压力时，取压点应在管道下部；测气体压力时，取压点应在管道上方。

b. 导压管的铺设　导压管粗细要合适，在铺设时应便于压力表的保养和信号传递。在取压口到仪表之间应加装切断阀。当遇到被测介质易冷凝或冻结时，必须加保温板热管线。

c. 安装　压力表安装时，应便于观察和维修，尽量避免振动和高温影响。应根据具体情况，采取相应的防护措施，如图 3-44 所示。压力表在连接处应根据实际情况加装密封垫片。

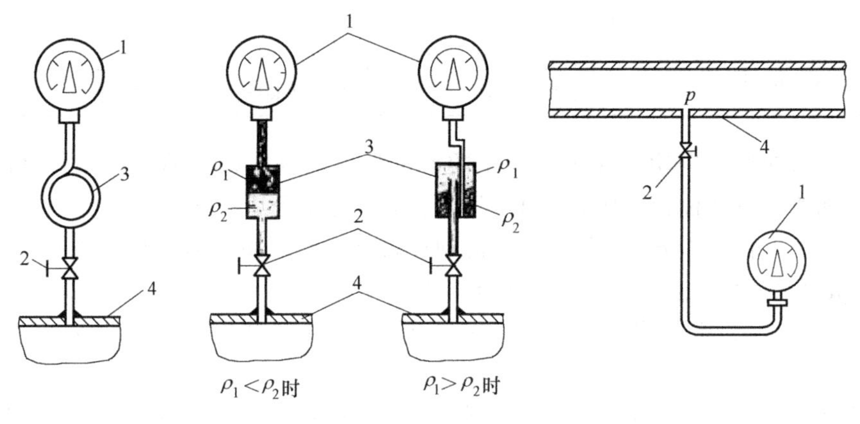

图 3-44　压力表安装示意图

1—压力表；2—切断阀；3—凝液管和隔离罐；4—取压设备

ρ_1，ρ_2 分别为隔离液和被测介质的密度

(2) 液位检测及仪表　液位计是用来观察设备内部液位变化的一种装置，为设备操作提供部分依据。

① 液位检测仪表的分类　液位检测仪表的种类很多，大体上可分成接触式和非接触式两大类。表 3-2 给出了常见的各类液位检测仪表的种类、工作原理、主要特点和用途。

表 3-2 液位检测仪表的分类

<table>
<tr><th colspan="4">种类</th><th>工作原理</th><th>主要特点</th><th>用途</th></tr>
<tr><td rowspan="11">接触式</td><td rowspan="2">直读式</td><td colspan="2">玻璃管液位计</td><td rowspan="2">连通器原理</td><td rowspan="2">结构简单，价格低廉，显示直观，但玻璃易损，读数不十分准确</td><td rowspan="2">现场就地指示</td></tr>
<tr><td colspan="2">玻璃板液位计</td></tr>
<tr><td rowspan="3">差压式</td><td colspan="2">压力式液位计</td><td rowspan="3">利用液柱对某定点产生压力的原理而工作</td><td rowspan="3">能远传</td><td rowspan="3">可用于敞口或密闭容器中，工业上多用差压变送器</td></tr>
<tr><td colspan="2">吹气式液位计</td></tr>
<tr><td colspan="2">差压式液位计</td></tr>
<tr><td rowspan="3">浮力式</td><td rowspan="2">恒浮力式</td><td>浮标式</td><td rowspan="2">基于浮于液面上的物体随液位的高低而产生的位移来工作</td><td rowspan="2">结构简单，价格低廉</td><td rowspan="2">测量储罐的液位</td></tr>
<tr><td>浮球式</td></tr>
<tr><td>变浮力式</td><td>沉筒式</td><td>基于沉浸在液体中的沉筒的浮力随液位变化而变化的原理工作</td><td>可连续测量敞口或密闭容器中的液位、界位</td><td>需远传显示、控制的场合</td></tr>
<tr><td rowspan="3">电气式</td><td colspan="2">电阻式液位计</td><td rowspan="3">通过将物位的变化转换成电阻、电容、电感等电量的变化来实现物位的测量</td><td rowspan="3">仪表轻巧，滞后小，能远距离传送，但线路复杂，成本较高</td><td rowspan="3">用于高压腐蚀性介质的物位测量</td></tr>
<tr><td colspan="2">电容式液位计</td></tr>
<tr><td colspan="2">电感式液位计</td></tr>
<tr><td rowspan="3">非接触式</td><td colspan="3">核辐射式物位仪表</td><td>利用核辐射透过物料时，其强度随物质层的厚度而变化的原理工作</td><td>能测各种物位，但成本高，使用和维护不便</td><td>用于腐蚀性介质的物位测量</td></tr>
<tr><td colspan="3">超声波式物位仪表</td><td>利用超声波在气、液、固体中的衰减程度、穿透能力和辐射声阻抗各不相同的性质工作</td><td>准确性高，惯性小，但成本高，使用和维护不便</td><td>用于对测量精度要求高的场合</td></tr>
<tr><td colspan="3">光学式物位仪表</td><td>利用物位对光波的折射和反射原理工作</td><td>准确性高，惯性小，但成本高，使用和维护不便</td><td>用于对测量精度要求高的场合</td></tr>
</table>

② 液位计的选型　应用在化工生产中的液位计，应根据设备的操作条件（温度、压力），介质的特性，安装位置及环境条件等因素合理地选用合适的液位计。

a. 设备高度不很高（3m 以下），介质流动性较好，不结晶，不含有堵塞通道的固体颗粒物料，一般可采用玻璃管式或玻璃板式液位计。

b. 设备高度 3m 以上、物料易堵塞、液面测量要求不甚严格的常压设备，应用浮标液位计。

c. 浮子液位计，特点是不易堵塞，易制成防腐蚀的结构，使用可靠，尤其适用于地下槽式、卧式贮槽。但承压低，也不适用于有搅拌和液面波动较大的设备。

d. 钢卷尺型液位计用于大型储罐的液面测量，特别是对于具有一定压力，贮有易燃、易爆、有毒的介质，要求密闭操作的大型储罐是较理想的一种液位计。

e. 磁性浮子液位计，特点是液体介质和测量指示完全隔离。可用于测量和显示腐蚀性、易燃、易爆、毒性、强放射性及混浊性的液体液位，有广泛的适用性。除了基本形式外，还有夹套型、防霜型、地下型、吊绳型等型式。对一些特殊的介质如液化石油气以及一些高温高压的液体，专用型的磁性液位计也取得了满意的使用效果。

(3) 流量检测及仪表　流量是化工生产中重要的控制指标之一。流量有体积流量与质量流量之分。

体积流量，简称为流量，单位时间流过某一截面的流体体积。用符号 V_s 或 V_h 表示，单位为 m^3/s 或 m^3/h。质量流量，单位时间流过某一截面的流体质量。用符号 G_s 或 G_h 表示，单位为 kg/s 或 kg/h。

① 流量检测仪表分类　流量的检测方法很多，所对应的检测仪表种类也很多，表 3-3 给出了常见的流量检测仪表的种类、工作原理、主要特点和用途。

表 3-3　流量检测仪表的分类

<table>
<tr><th colspan="2">种类</th><th>工作原理</th><th>主要特点</th><th colspan="2">用途</th></tr>
<tr><td rowspan="3">差压式</td><td>孔板</td><td rowspan="3">基于节流原理，利用流体流经节流装置时产生的压力差而实现流量测量</td><td rowspan="3">已实现标准化，结构简单，安装方便，但差压与流量为非线性关系</td><td rowspan="3" colspan="2">管径>50mm、低黏度、大流量、清洁的液体、气体和蒸汽的流量测量</td></tr>
<tr><td>喷嘴</td></tr>
<tr><td>文丘里管</td></tr>
<tr><td rowspan="2">转子式</td><td>玻璃管转子流量计</td><td rowspan="2">基于节流原理，利用流体流经转子时，截流面积的变化来实现流量测量</td><td rowspan="2">压力损失小，检测范围大，结构简单，使用方便，但需垂直安装</td><td rowspan="2" colspan="2">适于小管径、小流量的流体或气体的流量测量，可进行现场指示或信号远传</td></tr>
<tr><td>金属管转子流量计</td></tr>
<tr><td rowspan="4">容积式</td><td>椭圆齿轮流量计</td><td rowspan="4">采用容积分界的方法，转子每转一周都可送出固定容积的流体，则可利用转子的转速来实现测量</td><td rowspan="4">精度高、量程宽、对流体的黏度变化不敏感，压力损失小，安装使用较方便，但结构复杂，成本较高</td><td rowspan="4">小流量、高黏度、不含颗粒和杂物、温度不太高的流体流量测量</td><td>液体</td></tr>
<tr><td>皮囊式流量计</td><td>气体</td></tr>
<tr><td>旋转活塞流量计</td><td>液体</td></tr>
<tr><td>腰轮流量计</td><td>液体、气体</td></tr>
<tr><td colspan="2">靶式流量计</td><td>利用叶轮或涡轮被液体冲转后，转速与流量的关系进行测量</td><td>安装方便，精度高，耐高压，反应快，便于信号远传，需水平安装</td><td colspan="2">可测脉动、洁净、不含杂质的流体的流量</td></tr>
<tr><td colspan="2">电磁流量计</td><td>利用电磁感应原理来实现流量测量</td><td>压力损失小，对流量变化反应速度快，但仪表复杂、成本高、易受电磁场干扰，不能振动</td><td colspan="2">可测量酸、碱、盐等导电液体溶液以及含有固体或纤维的流体的流量</td></tr>
<tr><td rowspan="3">旋涡式</td><td>旋进旋涡型</td><td rowspan="3">利用有规则的旋涡剥离现象来测量流体的流量</td><td rowspan="3">精度高、范围广、无运动部件、无磨损、损失小、维修方便、节能好</td><td rowspan="3" colspan="2">可测量各种管道中的液体、气体和蒸汽的流量</td></tr>
<tr><td>卡门旋涡型</td></tr>
<tr><td>间接式质量流量计</td></tr>
</table>

② 各种流量检测元件及仪表的选用　流量检测元件及仪表的选用应根据工艺条件和被测介质的特性来确定。要想合理选用检测元件及仪表，必须全面了解各类检测元件及流量仪表的特点和正确认识它们的性能。各种流量检测元件及仪表的选用可根据流量刻度或测量范围、工艺要求和流体参数变化以及安装要求、价格、被测介质或对象的不同进行选择。

4. 液体输送机械

化工生产中涉及的流体种类繁多、性质各异，对输送的要求也相差悬殊。为满足不同输送任务的要求，出现了多种型式的输送机械。

(1) 流体输送设备的分类

① 按被输送流体的相态分类　流体包括液体和气体，液体和气体的性质不同。将输送

液体的机械称之为泵；将输送气体的机械按其所产生压强的高低分别称之为通风机、鼓风机、压缩机和真空泵．

② 按输送机械的结构与工作原理分类　见表 3-4。

表 3-4　流体输送机械的分类

类型		液体输送机械	气体输送机械
动力式		离心泵、旋涡泵	离心式通风机、鼓风机、压缩机
容积式（正位移式）	往复式	往复泵、计量泵、隔膜泵	往复式压缩机
	旋转式	齿轮泵、螺杆泵	罗茨鼓风机、液环压缩机
流体作用式		喷射泵	喷射式真空泵

③ 按工艺操作的目的分类　在化学工业中，化工装置及其附属设备使用的泵，按其工艺操作的目的分，主要为：在装置中促进设备内的反应及在设备之间输送液体用的流程泵；在装置外用于原料、制品、燃料及其他介质的输送泵。

（2）化工泵的常见事故诊断、分析及处理

① 离心泵常见故障及处理方法，见表 3-5。

表 3-5　离心泵常见故障及处理方法

故障现象	产生故障的原因	处理方法
启动后不出水	(1)启动前泵内灌水不足 (2)吸入管或仪表漏气 (3)吸入管浸入深度不够 (4)底阀漏水	(1)停车重新灌水 (2)检查不严密处，消除漏气现象 (3)降低吸入管，使管口浸没深度大于 0.5～1m (4)修理或更换底阀
运转过程中输水量减少	(1)转速降低 (2)叶轮阻塞 (3)密封环磨损 (4)吸入空气 (5)排出管路阻力增加	(1)检查电压是否太低 (2)检查并清洗叶轮 (3)更换密封环 (4)检查吸入管路，压紧或更换填料 (5)检查所有阀门及管路中可能阻塞之处
轴功率过大	(1)泵轴弯曲，轴承磨损或损坏 (2)平衡盘与平衡环磨损过大，使叶轮盖板与中段磨损 (3)叶轮前盖板与密封环、泵体相磨 (4)填料压得过紧 (5)泵内吸进泥沙及其他杂物 (6)流量过大，超出使用范围	(1)矫直泵轴，更换轴承 (2)修理或更换平衡盘 (3)调整叶轮螺母及轴承压盖 (4)调整填料压盖 (5)拆卸清洗 (6)适当关闭出口阀
振动过大，声音不正常	(1)叶轮磨损或阻塞，造成叶轮不平衡 (2)泵轴弯曲，泵内旋转部件与静止部件有严重摩擦 (3)两联轴器不同心 (4)泵内发生汽蚀现象 (5)地脚螺栓松动	(1)清洗叶轮并进行平衡找正 (2)矫正或更换泵轴，检查摩擦原因并消除 (3)找正两联轴器的同心度 (4)降低吸液高度，消除产生汽蚀的原因 (5)拧紧地脚螺栓
轴承过热	(1)轴承损坏 (2)轴承安装不正确或间隙不适当 (3)轴承润滑不良(油质不好，油量不足) (4)泵轴弯曲或联轴器没找正	(1)更换轴承 (2)检查并进行修理 (3)更换润滑油 (4)矫直或更换泵轴，找正联轴器

故障现象	产生故障的原因	处理方法
泵开不动	(1)进气阀阀芯折断,使阀门打不开 (2)汽缸内有积水 (3)摇臂销脱落或圆锥销切断 (4)汽、油缸活塞环损坏 (5)汽缸磨损间隙过大 (6)气门阀板、阀座接触不良 (7)蒸汽压力不足 (8)活塞杆处于中间位置,致使气门关闭 (9)排出阀阀板装反,使出口关死	(1)更换阀门或阀芯 (2)打开放水阀,排除缸内积水 (3)装好摇臂销和更换圆锥销 (4)更换汽、油缸活塞环 (5)更换汽缸或活塞环 (6)刮研阀板及阀座 (7)调节蒸汽压力 (8)调整活塞杆位置 (9)重使排出阀安装正确
泵抽空	(1)进口温度太高产生汽化,或液面过低吸入气体 (2)进口阀未开或开得小 (3)活塞螺帽松动 (4)由于进口阀垫片吹坏使进出口被连通 (5)油缸套磨损,活塞环失灵	(1)降低进口温度,保证一定液面或调节往复次数 (2)打开进口阀至一定开度或调节往复次数 (3)上紧活塞螺帽 (4)更换进口阀垫片 (5)更换缸套或活塞环
产生响声或振动	(1)活塞冲程过大或汽化抽空 (2)活塞螺帽或活塞杆螺帽松动 (3)缸套松动 (4)阀敲碎后,碎片落入缸内 (5)地脚螺钉松动 (6)十字头中心架连接处松动	(1)调节活塞冲程和往复次数 (2)并紧活塞螺帽和活塞杆螺帽 (3)并紧缸套螺丝 (4)扫除缸内碎片,更换阀 (5)固定地脚螺栓 (6)修理或更换十字头
压盖漏油、漏气	(1)活塞杆磨损或表面不光滑 (2)填料损坏 (3)填料压盖未上紧或填料不足	(1)更换活塞杆 (2)更换填料 (3)加填料或上紧压盖
汽缸活塞杆过热	(1)注油器单向阀失灵 (2)润滑不足 (3)填料过紧	(1)更换单向阀 (2)加足润滑油 (3)松填料压盖
压力不稳	(1)阀关不严或弹簧弹力不均匀 (2)活塞环在槽内不灵活	(1)研磨阀或更换弹簧 (2)调整活塞环与槽的配合
流量不足	(1)阀不严 (2)活塞环与缸套间隙过大 (3)冲程次数太少 (4)冲程太短	(1)研磨或更换阀门,调节弹簧 (2)更换活塞环或缸套 (3)调节冲程数 (4)调节冲程

② 齿轮泵常见故障及处理方法，见表 3-6。

表 3-6　齿轮泵常见故障及处理方法

常见故障	产生故障的原因	处理方法
油泵打不上油或油量小	(1)被抽液体温度低时黏度大 (2)吸油管高度超过最大吸入真空度 (3)油泵旋转方向不符 (4)吸油过滤器堵塞 (5)进油管线及泵体漏入空气	(1)预热被抽液体,降低其黏度 (2)提高油面高度或降低吸油管高度 (3)将电动机接线调整 (4)及时清理过滤器 (5)检查后予以修复

常见故障	产生故障的原因	处理方法
油泵出口压力小	(1)泵轴向间隙过大或齿轮端面密封不良引起内漏 (2)压力表油管路不畅或堵塞 (3)内部零件磨损严重	(1)调整间隙,修复密封面 (2)清除堵塞,畅通油路 (3)更换零件或修复
产生外泄漏	(1)轴上密封圈未压紧 (2)压盖与密封圈有偏斜 (3)密封圈使用已久,已磨损	(1)调整密封圈 (2)调整密封圈 (3)更换密封圈
产生异常声响	(1)泵体或进油管路进空气 (2)管路局部堵塞不畅 (3)泵轴与电机轴对中不达标 (4)齿轮面磨损严重 (5)轴套磨损严重	(1)检查修复 (2)检查清理 (3)重新安装 (4)更换齿轮 (5)更换轴套
严重发热	(1)轴套上密封圈压得太紧 (2)油泵轴与电机轴对中不好 (3)预热油温偏高 (4)泵体内部转动不灵活	(1)调整密封圈 (2)检查后重新安装 (3)降低预热油温 (4)检查后重新调整

二、流体输送实训装置的基本情况及功能

流体输送实训装置主要设计依据是围绕实际化工生产的流体输送中所涉及到的一些问题展开，主要设计思想是为了解决学生在生产实习中只能看不能动手的弊端，把工厂中流体输送的相关泵、阀门、仪表、流量计、液位计等诸多元素集中在一套装置中，使学生不出校门就可以了解工厂的流体输送的相关知识。

主要的功能有：

① 可以实现离心泵，空气压缩机，真空喷射机组的开、停车及流量的调节。

② 可以通过改变吸入管路的漏气实现离心泵的气蚀的演示。

③ 可以实现离心泵的串、并联操作。

④ 可以实现流体的真空、泵送、压力、重力自流的输送。

⑤ 可以实现化工储罐的液位的手动、自动调节。

⑥ 可以学习玻璃转子流量计、涡轮流量计等各种流量控制的使用。

⑦ 可以学习压力表、真空表、液位计、压力变送器等常见化工仪表的使用。

三、流体输送实训装置工艺

1. 流程图

流体输送实训装置工艺流程，如图 3-45 所示。

2. 流体输送实训装置配置表

流体输送实训装置配置，见表 3-7。

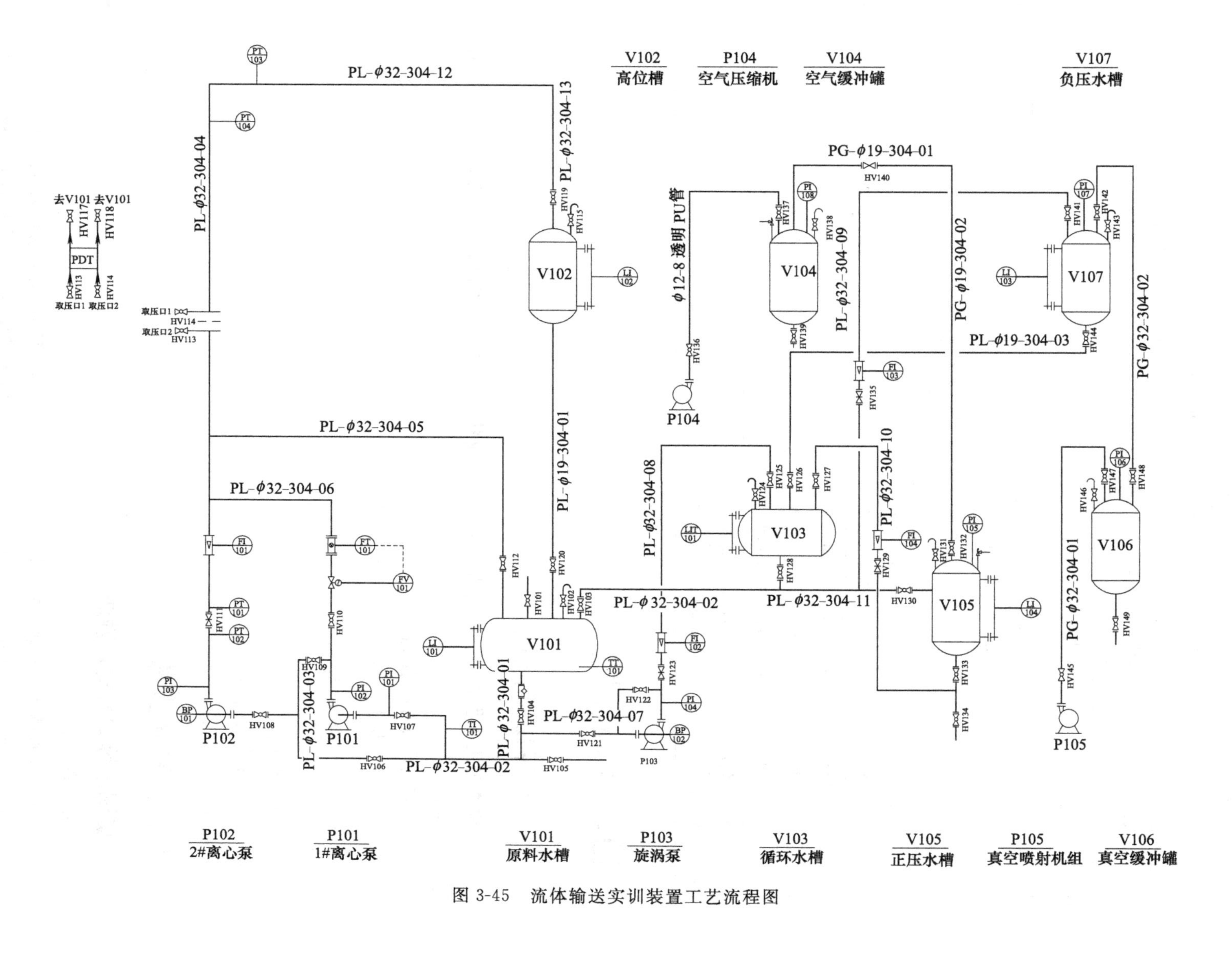

图 3-45　流体输送实训装置工艺流程图

表 3-7　流体输送实训装置配置

主要设备		主要参数	单位	数量	备注
动设备	1#离心泵	型号 MS100,功率 550W,流量 100L/min,电压 380V	个	1	
	2#离心泵	型号 MS100,功率 550W,流量 100L/min,电压 380V			
	旋涡泵	型号 25W-25 旋涡泵,流量 $1.4m^3/h$,功率 750W,电压 380V			
	真空泵	旋片式真空泵,型号 2XZ-2,转速 1400r/min,功率 370W,电压 220V,抽气速度 2L/s			
	空气压缩机	无油低噪音空气压缩机,型号 OTS1100-40,功率 1100W,电压 220V,压力 0.7MPa,储气量 40L			
静设备	原料水槽	Φ426mm×600mm,卧置			
	高位槽	Φ426mm×600mm,卧置			
	循环水槽	Φ426mm×600mm,卧置			
	正压水槽	Φ426mm×600mm,立置			
	负压水槽	Φ426mm×600mm,立置			
	空气缓冲罐	Φ377mm×500mm,立置			
	真空缓冲罐	Φ377mm×500mm,立置			

四、实训步骤

（一）开车前准备

（1）检查公用工程如水、电是否处于正常供应状态（水压、水位是否正常，电压、指示灯是否正常）。

（2）检查总电源的电压情况是否良好。

（3）检查控制柜及现场仪表显示是否正常。

（二）正常开机

（1）开启电源。

（2）开启计算机启动该实训软件。

（3）确定实训项目。

（三）具体步骤

1. 旋涡泵等动力式泵输送

（1）开机前准备

① 打开原料水槽 V101 罐顶放空阀 HV102 及循环水槽 V103 罐顶放空阀 HV124。

② 打开原料水槽 V101 罐顶进水阀 HV101，向原料水槽中加入水，检查并调整原料水槽 V101 液位不低于 50%，液位达到后关闭进水阀 HV101。

③ 打开原料水槽 V101 底部出口阀 HV104 及泵 P103 泵前阀 HV121。

④ 打开循环水槽 V103 罐顶进水阀 HV125。

⑤ 关闭泵 P103 出口压力表 PI104 底部针型阀。

(2) 开车

① 给泵 P103 设定一个最小流量，然后启动泵 P103。

② 开泵出口阀 HV123（启动泵后 2min 之内）。

提示：旋涡泵是一个特殊的泵，它的操作和离心泵是不同的，旋涡泵在开泵之前必须将泵的进出口阀门都打开，因为此时启动泵，它的电流最小，这点是和离心泵是相反的，但是由于本装置的特殊性，本装置配套了变频器，所以在开泵前需将泵的流量设定至最小流量，随后再启动泵，在泵开启后，泵的出口阀门必须在 2min 之内打开，否则会对泵造成损伤。

③ 打开泵 P103 出口压力表 PI104 底部针型阀。

④ 等循环水槽 V103 液位至 50%时开始停车。

(3) 停车

① 关闭泵 P103。

② 关闭泵 P102 出口阀 HV123。

③ 关闭泵进口阀 HV121。

④ 关闭循环水槽 V103 进水阀 HV125 及放空阀 HV124。

⑤ 关闭原料水槽 V101 底部出口阀 HV104 及罐顶放空阀 HV102。

2. 离心泵串联输送

(1) 开车前准备

① 打开原料水槽 V101 罐顶放空阀 HV102 及高位槽 V102 罐顶放空阀 HV115。

② 打开原料水槽 V101 罐顶进水阀 HV101，向原料水槽中加入水，检查并调整原料水槽 V101 液位不低于 50%，液位达到后关闭进水阀 HV101。

③ 打开原料水槽 V101 罐底出口阀 HV104。

④ 打开泵 P101 进口阀 HV107 及泵 P102 进口阀 HV108。

⑤ 打开高位槽 V102 罐顶进水阀 HV119。

(2) 开车

① 启动泵 P101。

② 打开泵 P101 与泵 P102 管路连接阀 HV109。

③ 启动泵 P102。

④ 打开泵 P102 出口阀 HV111。

⑤ 待高位槽 V102 液位至 50%时开始停车。

(3) 停车

① 关闭泵 P102 出口阀 HV111。

② 关闭泵 P102。

③ 关闭泵 P102 进口阀 HV108。

④ 关闭泵 P101。

⑤ 关闭泵 P101 进口阀 HV107。

⑥ 关闭泵 P101 与泵 P102 管路连接阀 HV109。

⑦ 关闭原料水槽 V101 罐底出口阀 HV104。

⑧ 关闭高位槽 V102 罐顶进水阀 HV119。

⑨ 关闭原料水槽 V101 罐顶放空阀 HV102 及高位槽 V102 罐顶放空阀 HV115。

3. 离心泵并联输送

（1）开车前准备

① 打开原料水槽 V101 罐顶放空阀 HV102 及高位槽 V102 罐顶放空阀 HV115。

② 观察原料水槽 V101 液位，若液位不足 50%，可以打开高位槽 V102 底部放空阀 HV120，待原料水槽 V101 中的液位至 50%时，关闭高位槽 V102 底部放空阀 HV120。

③ 打开原料水槽 V101 罐底出口阀 HV104。

④ 打开泵 P101 进口阀 HV107 及泵 P102 进口阀 HV108。

⑤ 打开泵 P102 泵前管路阀 HV106。

⑥ 打开高位槽 V102 罐顶进水阀 HV119。

（2）开车

① 启动泵 P101。

② 打开泵 P101 出口阀 HV110。

③ 通过调节泵 P101 出口电动调节阀 FV101 的开度可以实现流量的控制。

④ 启动泵 P102。

⑤ 打开泵 P102 出口阀 HV111。

⑥ 通过改变泵 P102 的频率及控制出口管路转子流量计下方阀门 HV111 的开度来控制流量。

⑦ 待高位槽 V102 中的液位至 50%时开始停车。

（3）停车

① 关闭泵 P101 出口阀 HV110。

② 关闭泵 P101。

③ 关闭泵 P102 出口阀 HV111。

④ 关闭泵 P102。

⑤ 关闭泵 P101 进口阀 HV107 及泵 P102 进口阀 HV108。

⑥ 关闭泵 P102 泵前管路阀 HV106。

⑦ 关闭原料水槽 V101 罐顶放空阀 HV102 及高位槽 V102 罐顶放空阀 HV115。

⑧ 关闭原料水槽 V101 罐底出口阀 HV104。

⑨ 关闭高位槽 V102 罐顶进水阀 HV119。

⑩ 将泵 P101 出口电动调节阀 FV101 的开度设为零。

4. 压力输送

（1）开车前准备

① 检查正压水槽 V105 中的液位，若不足 50%，则需进行补液，打开循环水槽 V103 罐顶放空阀 HV124。

② 打开循环水槽 V103 罐底出水阀 HV128。

③ 打开正压水槽 V105 侧部进水阀 HV130。

④ 待正压水槽 V105 中液位至 50%时，关闭循环水槽 V103 罐底出水阀 HV128 和正压水槽 V105 侧部进水阀 HV130。

⑤ 打开空压机 P104 出口阀 HV136。

⑥ 打开空气缓冲罐 V104 罐顶进气阀 HV137。

⑦ 打开循环水槽 V103 罐顶进水阀 HV127。

(2) 开车

① 启动空压机 P104。

② 待空气缓冲罐 V104 中的压力至 0.3MPa 时，打开空气缓冲罐 V104 出口阀 HV140。

③ 打开正压水槽 V105 罐顶进气阀 HV132。

④ 待正压水槽 V105 中的压力至 0.3MPa 时，打开正压水槽 V105 底部出口阀 HV133。

⑤ 通过控制转子流量计 FI104 下方调节阀 HV129 的开度，来控制进料量。

⑥ 待正压水槽 V105 中的液位降至零时开始停车。

(3) 停车

① 关闭正压水槽 V105 罐顶进气阀 HV132。

② 关闭空压机 P104。

③ 缓慢打开空气缓冲罐 V104 放空阀 HV138，待空气缓冲罐 V104 中压力降至零时，关闭放空阀 HV138。

④ 缓慢打开正压水槽 V105 放空阀 HV131，待正压水槽 V105 中压力降至零时，关闭放空阀 HV131。

⑤ 关闭空压机 P104 出口阀 HV136。

⑥ 关闭空气缓冲罐 V104 罐顶进气阀 HV137。

⑦ 关闭空气缓冲罐 V104 出口阀 HV140。

⑧ 关闭正压水槽 V105 底部出口阀 HV133。

⑨ 关闭循环水槽 V103 罐顶进水阀 HV127。

⑩ 关闭转子流量计 FI104 下方调节阀 HV129。

⑪ 关闭循环水槽 V103 罐顶放空阀 HV124。

5. 真空抽料

(1) 开车前准备

① 检查循环水槽 V103 中的液位，若液位低于 50%需补液，具体操作参照“1. 旋涡泵”的操作。

② 打开循环水槽 V103 罐顶放空阀 HV124。

③ 打开循环水槽 V103 罐底出水阀 HV128。

④ 打开真空泵出口阀 HV145。

⑤ 打开真空缓冲罐 V106 罐顶真空进口阀 HV147。

(2) 开车

① 启动真空泵 P105。

② 待真空缓冲罐 V106 中压力达到 −0.05MPa 时，打开真空缓冲罐 V106 出口阀 HV148。

③ 打开负压水槽 V107 真空进口阀 HV142。

④ 待负压水槽 V107 中压力达到−0.05MPa 时，打开负压水槽 V107 进水阀 HV141。

⑤ 通过控制转子流量计 FI103 下方调节阀 HV135 的开度，来控制进料量。

⑥ 待负压水槽 V107 中的液位至 50%时开始停车。

(3) 停车

① 关闭循环水槽 V103 罐底出水阀 HV128。

② 关闭真空缓冲罐 V106 出口阀 HV148。

③ 关闭真空泵 P105。

④ 缓慢打开真空缓冲罐 V106 放空阀 HV146。

⑤ 缓慢打开负压水槽 V107 放空阀 HV143。

⑥ 待真空缓冲罐 V106 和负压水槽 V107 内的压力降至零后，关闭放空阀 HV146 和 HV143。

⑦ 关闭真空泵出口阀 HV145。

⑧ 关闭真空缓冲罐 V106 罐顶真空进口阀 HV147。

⑨ 关闭负压水槽 V107 真空进口阀 HV142。

⑩ 关闭负压水槽 V107 进水阀 HV141。

⑪ 关闭转子流量计 FI103 下方调节阀 HV135。

⑫ 关闭循环水槽 V103 罐顶放空阀 HV124。

6. 阻力测定

(1) 开车前检查

① 打开原料水槽 V101 罐顶放空阀 HV102 及高位槽 V102 罐顶放空阀 HV115。

② 观察原料水槽 V101 液位，若液位不足 50%，可以打开高位槽 V102 底部放空阀 HV120，待原料水槽 V101 中的液位至 50%时，关闭高位槽 V102 底部放空阀 HV120。

③ 打开原料水槽 V101 罐底出口阀 HV104。

④ 打开泵 P102 进口阀 HV108。

⑤ 打开泵 P102 泵前管路阀 HV106。

⑥ 打开高位槽 V102 罐顶进水阀 HV119。

(2) 开车

① 启动泵 P102。

② 打开泵 P102 出口阀 HV111，并将阀 HV111 的开度开至最大。

③ 此时阀门阻力则可以通过 PT101 和 PT102 的压力差计算得出。

④ 此时弯头阻力则可以通过 PT103 和 PT104 的压力差计算得出。

⑤ 打开孔板流量计出口阀门 HV113、HV114。

⑥ 打开压力变送器 PDT101 的出口阀 HV117、HV118。

⑦ 此时流体流经孔板流量计的阻力可通过压力变送器 PDT101 计算得出。

⑧ 待高位槽 V102 中的液位至 50%时开始停车。

(3) 停车

① 关闭泵 P102 出口阀 HV111。

② 关闭泵 P102。

③ 关闭泵 P102 进口阀 HV108。

④ 关闭泵 P102 泵前管路阀 HV106。

⑤ 关闭原料水槽 V101 罐顶放空阀 HV102 及高位槽 V102 罐顶放空阀 HV115。

⑥ 关闭原料水槽 V101 罐底出口阀 HV104。

⑦ 关闭高位槽 V102 罐顶进水阀 HV119。

⑧ 关闭孔板流量计出口阀门 HV113、HV114。

⑨ 关闭压力变送器 PDT101 的出口阀 HV117、HV118。

提示：

(1) 本实验装置具有工程特点，在测取每个定常状况下，数据需同时测取，因此需要分工。最后数据进行汇总处理。

(2) 启动泵前盘动泵，是指长时间停用后，在启动前需用手先转动泵轴以防止泵内异物卡住而烧坏电机，若连续使用可省去此步骤。

(3) 测量压差计的液面时，小流量时，波动小但液面要读准确；大流量时，液面波动大，从中间估读注意上下波动位置。

第四章

传　热

无论是气体、液体还是固体，凡是存在温度的差异，就必然导致热自发的从高温向低温传递，这一过程被称为热量传递，简称传热。

一、传热在化工生产中的主要应用

（1）创造并维持化学反应需要的温度条件。
（2）创造并维持单元操作过程需要的温度条件。
（3）设备的保温与节能。
（4）热能的合理利用和余热的回收。

二、化工生产中对传热要求的两种情况

（1）强化传热（升温过程）。
（2）削弱传热（保温过程）。

第一节　概　述

一、传热的基本方式

1. 热传导

（1）机理　热传导（或导热）由于物质的分子、原子或电子的热运动或振动引起的热量传递。

（2）特点　物体中的分子或质点不发生宏观的位移，导热在固体、气体、液体中均可发生。

2. 热对流

（1）机理　由于流体中质点发生相对位移和混合而引起的热量传递。

（2）特点　仅发生在流体中。

（3）根据引起流体质点相对位移的原因分为：

① 自然对流　流体质点的相对位移是因流体内部各处温度不同而引起的密度差异所致。

② 强制对流　流体质点的相对位移是由外力引起的。

3. 热辐射

（1）机理　热辐射是一种以电磁波传递热能的方式。

（2）特点　不仅是能量的传递，同时还伴随着能量形式的转换。不需要任何媒介，可以在真空中传播。

二、工业换热方式

1. 间壁式换热

（1）换热特点　两流体被固体壁面隔开，互不接触。

（2）适用场合　两流体换热时不允许混合。如图 4-1 套管换热器。

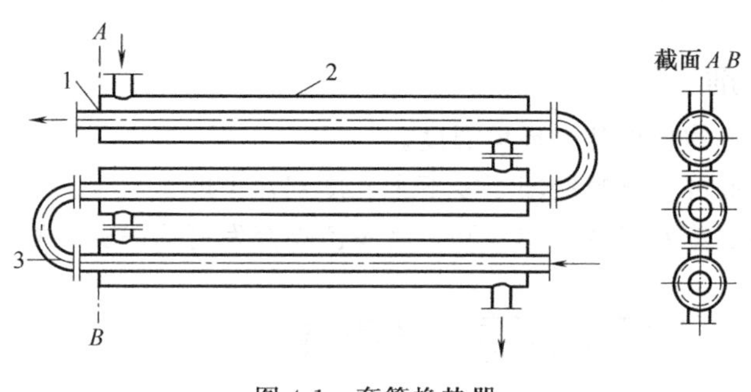

图 4-1　套管换热器

1—内管；2—外管；3—连接肘管

2. 混合式换热

（1）换热特点　两流体直接接触，相互混合进行换热。

（2）适用场合　两流体换热时允许混合。如图 4-2 的干式逆流高位冷凝器。

3. 蓄热式换热

（1）换热特点　热、冷流体交替进入换热器，热流体将热量贮存在蓄热体中，然后由冷流体取走，从而达到换热的目的。

（2）适用场合　一般用于气体之间的换热，且两流体允许混合。如图 4-3 的蓄热式换热器。

三、载热体及其选用

1. 常用的加热剂

（1）热水和饱和水蒸气　热水适用于 40～100℃；水蒸气适用于 100～180℃。

（2）烟道气　烟道气的温度可达 700℃以上，能将物料加热到比较高的温度。

（3）高温载热体　矿物油适用于 180～250℃；联苯、二苯醚混合物，适用于 255～380℃；熔盐适用于 140～530℃。

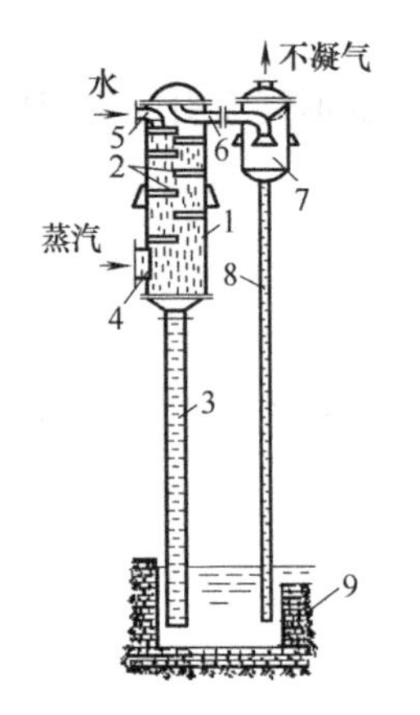

图 4-2　干式逆流高位冷凝器

1—外壳；2—淋水板；3,8—气压管；4—蒸汽进口管；5—水进口管；6—不凝气引出管；7—分离器；9—液封槽

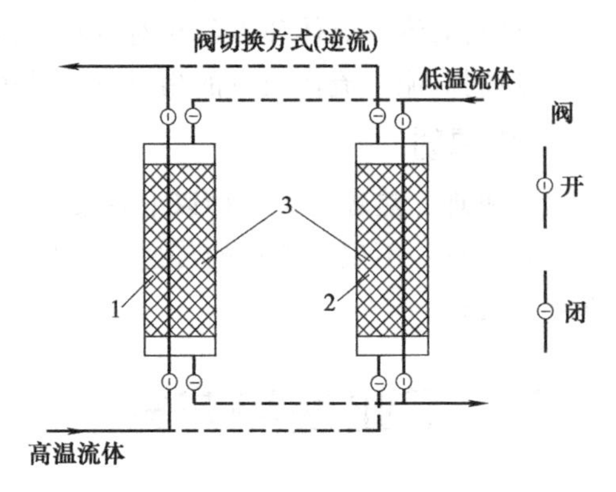

图 4-3　蓄热式换热器

1,2—蓄热器；3—蓄热体

2. 常用的冷却剂

(1) 水和空气可将物料冷却至环境温度。

(2) 无机盐水溶液可将物料冷却至零下十几度到几十度。

(3) 常压下液态氨蒸发可达－33.4℃，液态乙烷蒸发可达－88.6℃。

四、稳定传热和不稳定传热

(1) 稳定传热　传热系统中各点的温度仅随位置变化而不随时间变化。

(2) 不稳定传热　传热系统中各点的温度不仅随位置变化也随时间变化。

第二节　热　传　导

一、平壁的稳定热传导

1. 单层平壁的热传导

图 4-4 所示，为一个由均匀材料构成的平壁。实践证明，单位时间内通过平壁的导热量（也称导热速率）Q 与导热面积 A 和壁面两侧的温度差 $\Delta t=t_1-t_2$ 成正比，而与壁的厚度 δ 成反比，即

$$Q \propto A\frac{t_1-t_2}{\delta}$$

引入比例系数 λ，把上式改写成等式，则得

$$Q=\lambda A\frac{t_1-t_2}{\delta} \tag{4-1}$$

式（4-1）称热传导方程，或称傅里叶定律。式（4-1）可改写为下面的形式

$$Q=\frac{t_1-t_2}{\dfrac{\delta}{\lambda A}}=\frac{\Delta t}{R} \tag{4-2}$$

式（4-2）中 $\Delta t=t_1-t_2$ 为导热的推动力，℃；而 $R=\dfrac{\delta}{\lambda A}$ 为导热的热阻，℃/W。可见，导热速率与导热推动力成正比，与导热热阻成反比。

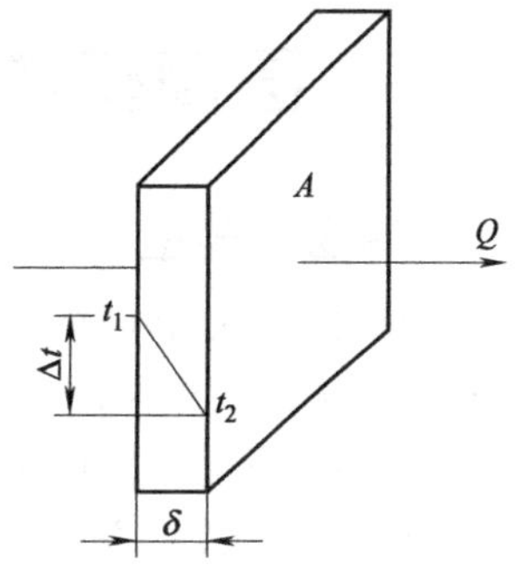

图 4-4　单层平壁的热传导

热导率 λ 是衡量物质导热能力的一个物理量，是物质的一种物理性质。式（4-1）可改写为

$$\lambda=\frac{\delta Q}{A\Delta t} \tag{4-3}$$

由式（4-3）可知热导率 λ 的物理意义是：当 $A=1\text{m}^2$；$\delta=1\text{m}$；$\Delta t=1$℃时，单位时间内的导热量。所以它表明了物质导热能力的大小，λ 值越大，则物质的导热性能越好。要提高导热速率时，可选用热导率大的材料；反之，应选用热导率小的材料。

（1）固体的热导率　在所有的固体中，金属是最好的导热体。纯金属的热导率一般随温度升高而降低。金属的热导率大都随其纯度的增加而增大。非金属建筑材料或绝热材料的热导率与温度、组成和结构的紧密程度有关，通常其 λ 值随密度增加而增大，随温度升高而增大。

（2）液体的热导率　液体分成金属液体和非金属液体两类，前者热导率较大后者较小，大多数液态金属的热导率随温度的升高而降低。在非金属液体中，水的热导率最大。除水和甘油外，绝大多数液体的热导率随温度升高而略有减小，一般来说溶液的热导率低于纯液体的热导率。

（3）气体的热导率　气体的热导率随温度的升高而增大，在通常压强范围内，气体的热导率随压强增减的变化很小，可忽略不计。气体的热导率很小，对导热不利，我们可以利用它的这种性质进行保温和绝热。工业上所用的保温材料，如玻璃棉等，就是因为其空隙中有气体，所以其热导率较小，而适用于保温隔热。

2. 多层平壁的热传导

在生产中遇到的平壁热传导，通常都是多层平壁，即由几种不同材料组成，假设为稳定传热，各层导热速率相等，即

$$Q_1=Q_2=Q_3=Q$$

$$Q=\frac{\Delta t_1}{R_1}=\frac{\Delta t_2}{R_2}=\frac{\Delta t_3}{R_3}=\frac{\Delta t_1+\Delta t_2+\Delta t_3}{R_1+R_2+R_3} \tag{4-4}$$

$$Q=\frac{t_1-t_4}{\dfrac{\delta_1}{\lambda_1 A}+\dfrac{\delta_2}{\lambda_2 A}+\dfrac{\delta_3}{\lambda_3 A}} \tag{4-5}$$

式（4-5）即为三层平壁的导热速率方程式。由式（4-4）可知，对多层平壁的导热，各层的温差与其热阻成正比，哪层的热阻大，哪层的温差就大。

二、圆筒壁的稳定热传导

1. 单层圆筒壁的热传导

例如通过管壁和圆筒形设备的导热，如图 4-5 所示。与平壁热传导比较，圆筒壁的导热面积 A 不再是固定不变的常量，而是随半径而变，同时温度也随半径而变。但传热速率在稳态时依然是常量。圆筒壁的热传导可仿照平壁的热传导来处理，可将圆筒壁的热传导方程式写成与平壁热传导方程式相类似的形式，不过其中的导热面积 A 应采用平均值。

$$Q=\lambda\frac{A_m(t_1-t_2)}{\delta}=\lambda\frac{A_m(t_1-t_2)}{r_2-r_1} \tag{4-6}$$

设圆筒壁的平均半径为 r_m，则圆筒壁的平均导热面积 $A_m=2\pi r_m L$，代入式（4-6）得

$$Q=\lambda\frac{2\pi r_m L(t_1-t_2)}{r_2-r_1} \tag{4-7}$$

若圆筒壁的平均半径 r_m，采用对数平均值，则

$$r_m=\frac{r_2-r_1}{\ln\frac{r_2}{r_1}} \tag{4-8}$$

将式（4-8）代入式（4-7）得

$$Q=\frac{2\pi L\lambda(t_1-t_2)}{\ln\frac{r_2}{r_1}} \tag{4-9}$$

当 $r_2/r_1\leqslant 2$ 时，工程上经常用算术平均值代替对数平均值，使计算较为简便。算术平均值为

$$r_m=\frac{r_1+r_2}{2}$$

2. 多层圆筒壁的热传导

如果在圆筒形设备外包有绝热层或在设备内表面有垢层生成，这样就形成两层圆筒壁的导热，又如在圆筒壁的内外壁上各生有一层垢层，这样就构成三层圆筒壁的导热，如图 4-6

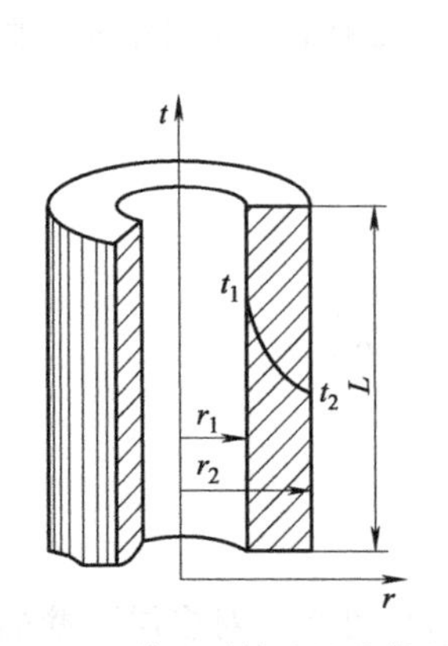

图 4-5 单层圆筒壁的热传导

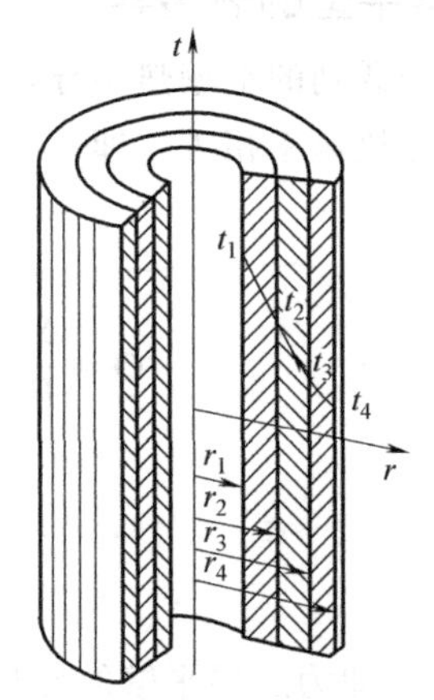

图 4-6 三层圆筒壁的热传导

所示。对多层圆筒壁的热传导也可按多层平壁的热传导处理，多层圆筒壁导热的总推动力仍为各层推动力之和，总热阻也等于各层热阻之和。

第三节 对流传热

对流传热是指流体与固体壁面间的传热过程，即由热流体将热传给壁面，或由壁面将热传给冷流体。

根据流体在传热过程中的状态和流动状况，对流传热可分为流体无相变的对流传热和流体有相变的对流传热。前者流体在传热过程中依据流体流动原因不同，可分为强制对流传热和自然对流传热；后者依据流体在传热过程中发生相变化而分为蒸汽冷凝和液体沸腾。

一、对流传热分析

(1) 温度差和传热方式　如图 4-7 所示，在湍流主体内，热量传递主要依靠对流进行，使湍流主体中流体的温度差极小；在过渡区内，传导和对流同时起作用，温度发生缓慢变化；在滞流内层中，主要靠传导进行传热，温度差较大。

(2) 热阻　主要集中在层流内层中。

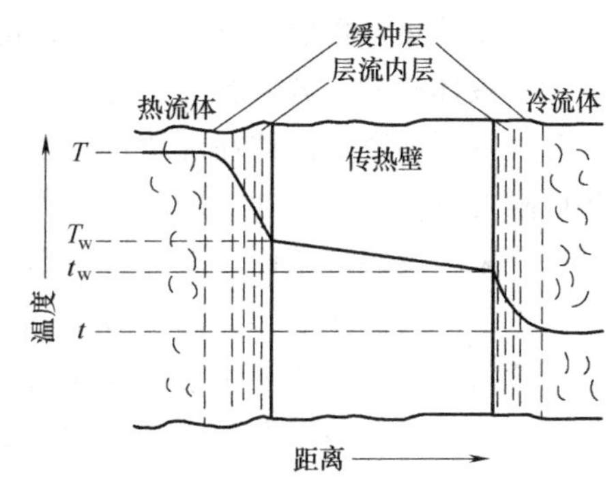

图 4-7　对流传热的温度分布情况

二、对流传热速率方程

实践证明，在单位时间内对流传热过程传递的热量 Q，与传热面积 A 成正比，与流体和壁面间的温度差成正比，即

流体被冷却时

$$Q=\alpha_1 A(T-T_w) \tag{4-10}$$

流体被加热时

$$Q=\alpha_2 A(t_w-t) \tag{4-11}$$

对流传热系数 α 是度量对流传热过程强烈程度的数值。式 (4-10) 和式 (4-11) 可改写为

$$\alpha=\frac{Q}{A\Delta t} \tag{4-12}$$

由式 (4-12) 可知对流传热系数 α 的物理意义：当 $A=1\text{m}^2$、$\Delta t=1$℃时，单位时间内流体与壁面之间的传热量。所以 α 值越大，对流传热过程越强烈。

式 (4-10) 和式 (4-11) 就是对流传热速率方程，又称牛顿冷却定律，是计算对流传热速率的基本方程式。

三、对流传热系数

1. 影响对流传热系数的因素

① 流体的种类。

② 流体的物理性质。

③ 流体的相态变化。

④ 流体的对流状况。

⑤ 流体的流动状况。

⑥ 传热壁面的形状、位置和大小。

2. 对流传热系数的经验关联式

由于影响 α 值的因素太多，要建立一个通式来求各种条件下的 α 值是很困难的。目前通常将这些影响因素经过分析组成若干个特征数，然后再用实验方法确定这些特征数之间的关系，而得到在不同情况下求算 α 值的具体特征数关联式。

3. 流体有相变时的对流传热系数

(1) 蒸汽冷凝　有膜状冷凝和滴状冷凝。

① 膜状冷凝　壁面被液膜所覆盖，α 值较小。

② 滴状冷凝　壁面大部分直接暴露在蒸汽中，α 值较大。

当蒸汽中有空气或其他不凝性气体时，则将在壁面上生成一层气膜。由于气体热导率很小，使对流传热系数明显下降，因此冷凝器应装有放气阀，以便及时排除不凝性气体。

(2) 液体沸腾　分大容器沸腾和管内沸腾。

对大容器沸腾，液体在沸腾过程中，由于气泡在加热面上不断地生成、扩大和脱离，使加热面附近液体产生搅动，所以使对流传热系数增大。但如果温差过大，使加热面上气泡生成过快，来不及脱离壁面，就会在壁面上形成一层蒸汽膜，使 α 值降低。

由水的沸腾曲线可知，液体沸腾分为自然沸腾区、核状沸腾区和膜状沸腾区。由于核状沸腾 α 值较大，所以工业生产中应设法控制在核状沸腾下操作。

由于影响对流传热系数 α 的因素很多，所以 α 值的范围很大。表 4-1 列出了一些工业用换热器中常用流体 α 值的大致范围。由此表 4-1 可以看出，在换热过程中流体有相变化时的 α 值较大；在没有相变化时，水的 α 值最大，油类次之，气体和过热蒸汽的 α 值最小。

表 4-1　工业用换热器中 α 值的大致范围

对流传热的类型	α/[W/(m^2·℃)]	对流传热的类型	α/[W/(m^2·℃)]
水蒸气的滴状冷凝	46000～140000	水的加热或冷却	230～11000
水蒸气的膜状冷凝	4600～17000	油的加热或冷却	58～1700
有机蒸气的冷凝	580～2300	过热蒸汽的加热或冷凝	23～110
水的沸腾	580～52000	空气的加热或冷却	1～58

第四节　传热过程计算

一、传热基本方程

图 4-8 为单程列管式换热器示意图。实践证明，两流体在单位时间内通过换热器传递的

热量与传热面积成正比，与冷、热流体间的温度差也成正比。倘若温度差沿传热面是变化的，则取换热器两端温度差的平均值。上述关系可用数学式表示为

$$Q = KA\Delta t_{m} \tag{4-13}$$

$$K = \frac{Q}{A\Delta t_{m}} \tag{4-14}$$

式中 Q——单位时间内通过换热器传递的热量，即传热速率，W；

A——换热器的传热面积，m^2；

Δt_{m}——冷、热流体间传热温度差的平均值，它是传热的推动力，℃；

K——比例系数，或称传热系数，是表示传热过程中强弱程度的数值，W/(m^2·℃)。

传热系数 K 的物理意义：当冷、热两流体之间温度差为1℃时，在单位时间内通过单位传热面积，由热流体传给冷流体的热量。所以 K 值越大，在相同的温度差条件下，所传递的热量就越多，即热交换过程越强烈。在传热操作中，总是设法提高传热系数的数值以强化传热过程。

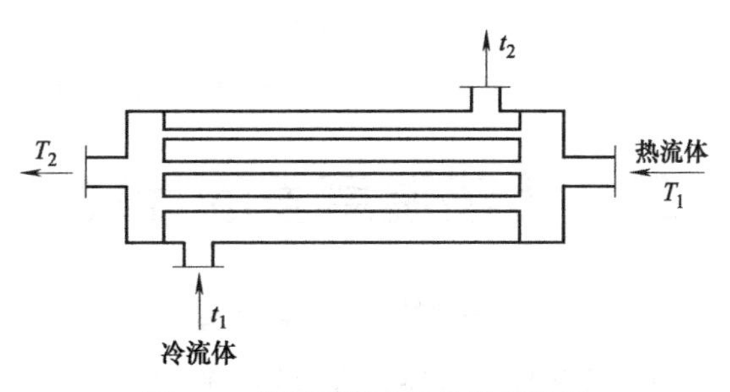

图 4-8　单程列管式换热器示意图

式（4-13）称为传热基本方程式。此式也可以写成如下形式

$$Q = \frac{\Delta t_{m}}{\frac{1}{KA}} = \frac{\Delta t_{m}}{R} \tag{4-15}$$

式中 $R = \frac{1}{KA}$ 为传热总热阻。式（4-15）表明传热速率与传热推动力成正比，与传热热阻成反比。因此，提高换热器传热速率的途径是提高传热推动力和降低传热热阻。

要选择或设计换热器，必须计算完成工艺上给定的传热任务所需换热器的传热面积。由传热基本方程式得

$$A = \frac{Q}{K\Delta t_{m}} \tag{4-16}$$

由式（4-16）知，要计算传热面积，必须先求得传热速率 Q、平均温度差 Δt_{m} 和传热系数 K。

二、热负荷的计算

传热速率 Q 是换热器本身的换热能力，是设备的特性。而热负荷 Q' 是生产上要求换热器必须具有的换热能力，是对换热器的要求。为保证完成传热任务，应使换热器的传热速率略大于或至少等于热负荷。

当忽略操作中的热量损失时

$$Q_{热} = Q_{冷}$$

热负荷可通过热流体放出的热量 $Q_{热}$ 进行计算，也可通过冷流体吸收的热量 $Q_{冷}$ 来计算，即

$$Q'=Q_{热}=Q_{冷}$$

（1）传热中流体只有温度变化，没有相变化时，计算式为

$$Q'=Q_{热}=q_{m热}C_{热}(T_1-T_2)$$

$$Q'=Q_{冷}=q_{m冷}C_{冷}(t_2-t_1)$$

（2）传热中流体只有相变化，没有温度变化时，计算式为

$$Q'=Q_{热}=q_{m热}r_{热}$$

$$Q'=Q_{冷}=q_{m冷}r_{冷}$$

（3）传热中流体既有温度变化又有相变化时，计算式为

$$Q'=Q_{热}=q_{m热}[C_{热}(T_1-T_2)+r_{热}]$$

$$Q'=Q_{冷}=q_{m冷}[C_{冷}(t_2-t_1)+r_{冷}]$$

三、传热温度差的计算

1. 恒温传热时的传热温度差

恒温传热即两流体在进行热交换时，每一流体在换热器内的任一位置，任一时间的温度皆相等。由于恒温传热，冷、热两种流体的温度都维持恒定不变，所以两流体间的传热温度差也为定值，可表示如下

$$\Delta t_m=T-t$$

2. 变温传热时的传热温度差

（1）间壁一边流体变温而另一边流体恒温时传热温度差计算

间壁一边流体变温而另一边流体恒温时的传热温度差变化，如图 4-9 所示。

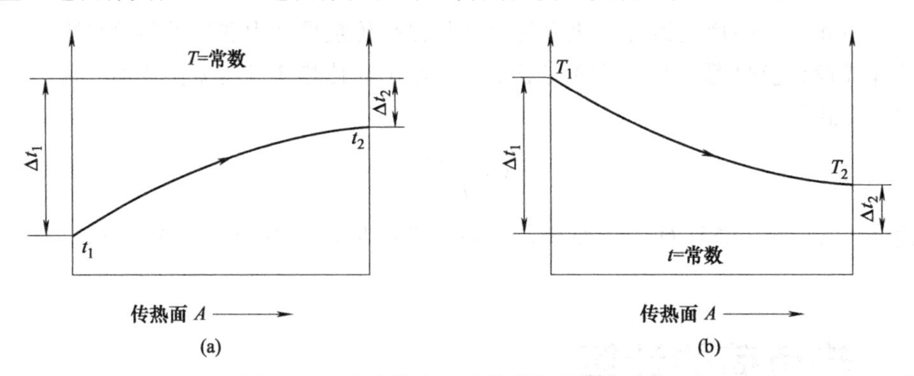

图 4-9　一边流体变温时的传热温度差变化

单侧变温传热，其平均传热温度差 Δt_m 用下式计算

$$\Delta t_m=\frac{\Delta t_1-\Delta t_2}{\ln\dfrac{\Delta t_1}{\Delta t_2}}$$

当 $\dfrac{\Delta t_1}{\Delta t_2}\leqslant 2$ 时，在工程计算中，可近似用算术平均值代替对数平均值，其误差不超过 4%，即

$$\Delta t_m=\frac{\Delta t_1+\Delta t_2}{2}$$

（2）间壁两边流体变温时传热温度差计算

① 并流和逆流时的平均温度差　并流和逆流时的传热温度差变化如图 4-10 所示。

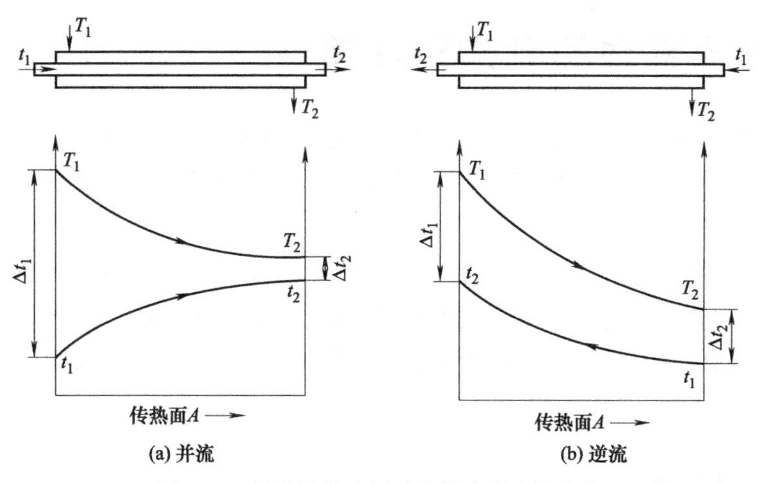

图 4-10　两边流体变温时的传热温度差变化

并流和逆流两种流向的平均传热温度差计算式与单侧变温传热完全一样。当$\frac{\Delta t_1}{\Delta t_2}\leqslant 2$时，仍可用算术平均值计算。

② 错流和折流时的平均温度差　错流如图 4-11（a）所示。简单折流如图 4-11（b）中所示。若两流体均做折流流动，则称为复杂折流。

错流和折流的传热温度差，通常是先按逆流求算，然后再根据具体流动形式乘以温度差校正系数，即

$$\Delta t_m=\varphi_{\Delta t}\Delta t_{m逆}$$

温度差校正系数与冷、热两流体的温度变化有关，可以根据 P 和 R 两个参数从相应的图中查得。

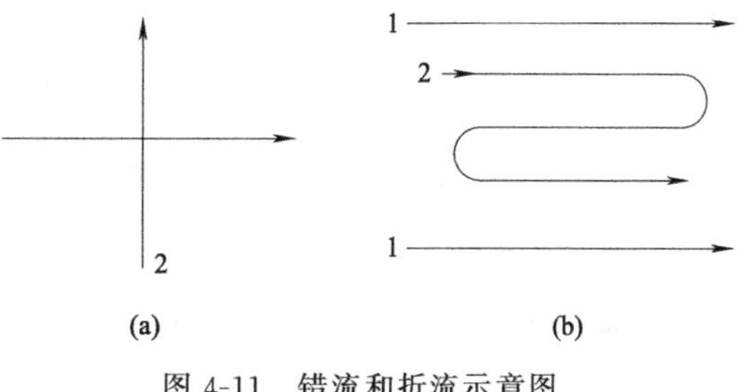

图 4-11　错流和折流示意图

$$P=\frac{t_2-t_1}{T_1-t_1}=\frac{冷流体的温升}{两流体的最初温度差}$$

$$R=\frac{T_1-T_2}{t_2-t_1}=\frac{热流体的温降}{冷流体的温升}$$

3. 不同流动形式的比较

（1）逆流　当两流体都是变温传热时，在两流体进、出口温度相同的条件下，逆流时的平均温度差最大。

当换热器的传热量 Q 及总传热系数 K 一定时，采用逆流操作，所需的换热器传热面积较小。

另外，因为逆流时 T_2 可以低于 t_2 或 t_2 可以高于 T_2，所以与并流比较，可以节省加热

介质或冷却介质用量。若工艺上无特殊要求，应尽量采用逆流操作。

（2）并流　可用于工艺上有特殊要求的场合，如要求冷流体被加热时不能超过某一温度，或热流体在冷却时不能低于某一温度采用并流操作就比较容易控制。

（3）错流、折流　能使换热器结构比较紧凑、合理。

四、传热系数的测定和计算

传热系数 K 是表示间壁两侧流体间传热过程强弱程度的一个数值，影响其大小的因素十分复杂。此值主要决定于流体的物性、传热过程的操作条件及换热器的类型等，因此 K 值变化范围很大。

1. 传热系数的测定

先测定有关数据，如设备尺寸，流体的流量和进、出口温度等，然后求得传热速率 Q、传热平均温度差 Δt_m 和传热面积 A，再由传热基本方程式计算 K 值，即

$$K=\frac{Q}{A\Delta t_m}$$

2. 传热系数的计算

在间壁式换热器中，热量由热流体传给冷流体的过程是由热流体与壁面的对流传热、间壁的导热和壁面与冷流体的对流传热三个串联过程组成。根据串联热阻叠加原理，即传热过程的总热阻等于各过程分热阻之和，可以导出传热系数 K 的计算式。

对于平壁或忽略圆筒壁内外表面积的差异，则有

$$\frac{1}{K}=\frac{1}{\alpha_1}+\frac{\delta}{\lambda}+\frac{1}{\alpha_2}$$

或

$$K=\frac{1}{\dfrac{1}{\alpha_1}+\dfrac{\delta}{\lambda}+\dfrac{1}{\alpha_2}}$$

换热器在使用中，固体壁面上常有污垢积存，对传热产生附加热阻，使传热系数降低。因此，在使用和设计换热器时，应考虑污垢的问题。

若间壁两侧表面上的污垢热阻分别为 $R_{1垢}$ 和 $R_{2垢}$，则传热系数的计算式为

$$K=\frac{1}{\dfrac{1}{\alpha_1}+R_{1垢}+\dfrac{\delta}{\lambda}+R_{2垢}+\dfrac{1}{\alpha_2}} \tag{4-17}$$

若传热过程中无垢层存在，传热间壁由很薄的金属材料构成，且 λ 值很大，使间壁导热热阻可忽略时，则式（4-17）便简化为

$$K=\frac{1}{\dfrac{1}{\alpha_1}+\dfrac{1}{\alpha_2}}=\frac{\alpha_1\alpha_2}{\alpha_1+\alpha_2} \tag{4-18}$$

由式（4-18）知，若 $\alpha_1\gg\alpha_2$，则 $K\approx\alpha_2$。说明总热阻是由热阻大的那一侧的对流传热所控制，即当两个 α 值相差较大时，要提高 K 值，关键在于提高小的 α 值；若两侧 α 值相差不大时，则应同时考虑提高两侧的 α 值，以达提高传热系数 K 值的目的。

第五节 管路和设备的热绝缘

在化工生产中，当设备和管道与外界环境存在一定温度差时，就要在其外壁上加设一层隔热材料，防止热量在设备和环境之间进行传递，这种措施称为保温，也称热绝缘。热绝缘包括保温和保冷两个方面。设备温度高于环境温度，要防止热量损失，这是保温；设备温度低于环境温度，要防止设备从环境吸收热量，即防止冷量损失，这是保冷。习惯上将二者统称为保温。

1. 保温的目的

① 减少热量或冷量的损失，提高操作的经济程度。

② 维持设备一定的温度，保证生产在规定的温度下进行。

③ 避免某些易燃物料泄漏到裸露的高温管道上，可能引起火灾，或高温设备裸露在外，可能造成烫伤事故，以保证安全。

④ 维持正常的车间的温度，保证良好的劳动条件。

2. 保温结构

保温结构通常有绝热层和保护层构成。绝热层是保温的内层，由热导率小的材料构成，它的作用是阻止设备与外界环境之间的热量传递，是保温的主体部分；保护层是保温的外层，具有固定、保护绝热层和美观等作用。如果设备在室内，保护层可用玻璃布或轻质防水布；如果在室外，保护层应涂防潮涂料或加金属防护壳。保冷还要加防潮层，一般加在保护层的内侧。

3. 对保温材料的要求

① 热导率小，一般 $\lambda < 0.2\text{W}/(\text{m} \cdot ℃)$。

② 空隙率大，密度小，机械强度大，膨胀系数小。

③ 化学稳定性好，对被保温的金属表面无腐蚀作用。

④ 吸水率要小，耐火性能好。

⑤ 经济耐用，施工方便。

4. 绝热层的厚度

增加绝热层厚度，将减少热损失，可节省操作费用。但绝热层的费用，将随其厚度的增加而加大，而且随着厚度的增加，可节省的操作费用将减少，甚至省下来的热量不足以抵偿所耗绝热层的费用，因此应通过核算以确定绝热层的经济厚度。绝热层厚度的计算，一般是根据生产情况，规定一个合乎要求的绝热层外表面温度和允许的热损失，由导热方程式计算。绝热层厚度除特殊要求应进行计算外，一般可根据经验加以选用（可查有关手册）。

第六节 换 热 器

换热器是化工厂中重要的设备之一。在生产中可用作加热器、冷却器、冷凝器、蒸发器和再沸器等，应用极为广泛。

由于化工生产中对换热器有不同的要求，所以换热设备也有各种形式，根据冷、热流体间热量交换的方式基本上可分为三类，间壁式、混合式和蓄热式。在这三类换热器中，以间壁式换热器最为普遍。

一、间壁式换热器

按照传热面的型式，间壁式换热器可分为夹套式、管式、板式和各种异型传热面组成的特殊型式换热器。

1. 夹套式换热器

如图 4-12 所示，夹套装在容器外部，夹套与器壁之间形成封闭空间，成为载热体通道。夹套式换热器主要用于反应过程的加热或冷却。

夹套式换热器的传热系数较小，传热面又受容器的限制，因此适用于传热量不太大的场合。为了提高其传热性能，可在容器内安装搅拌器，使器内液体做强制对流，为了弥补传热面的不足，还可在容器内加设蛇管等。

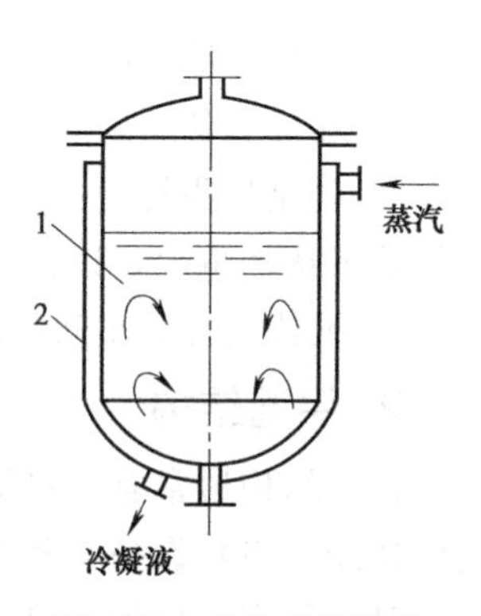

图 4-12 夹套式换热器

1—容器；2—夹套

2. 管式换热器

(1) 沉浸式蛇管换热器　蛇管多以金属管弯绕而成，或制成适应容器要求的形状，沉浸在容器中，如图 4-13 所示。图 4-14 为常见的几种蛇管形式。

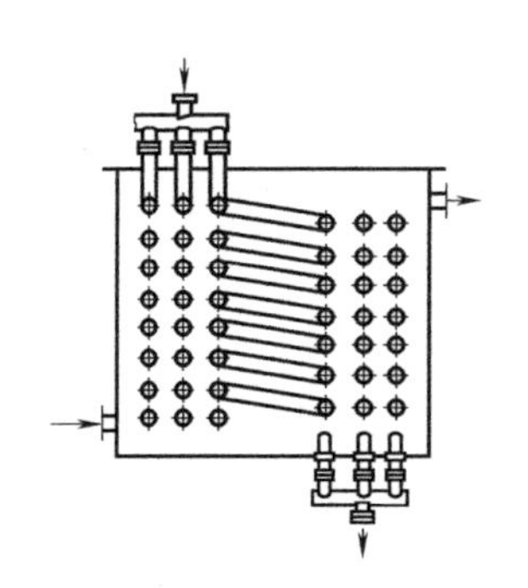

图 4-13 沉浸式蛇管换热器

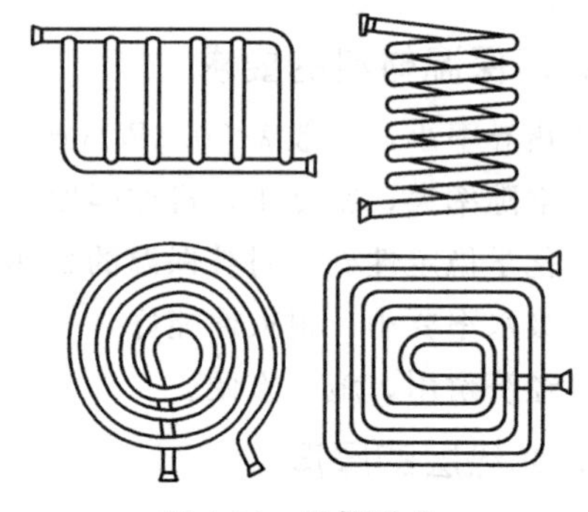

图 4-14 蛇管形式

沉浸式蛇管换热器的优点：结构简单，价格低廉，便于防腐蚀，能承受高压。主要缺点：由于容器体积较蛇管的体积大得多，故管外流体的对流传热系数 α 值较小。因而传热系数 K 值也较小。如在容器内加搅拌器或减小管外空间，则可提高传热系数。

(2) 喷淋式换热器　喷淋式换热器如图 4-15 所示，它主要作为冷却器用，且是用水作喷淋冷却剂，故常称为水冷器。

(3) 套管式换热器　套管式换热器是用管件将两种直径不同的标准管连接成为同心圆的套管，然后由多段这种套管连接而成，如图 4-16 所示。每一段套管称为一程。

套管换热器的优点：构造简单，能耐高压，传热面积可根据需要增减，适当地选择内管和外管的直径，可使流体的流速增大，而且两方的流体可做严格逆流，传热效果较好。其缺

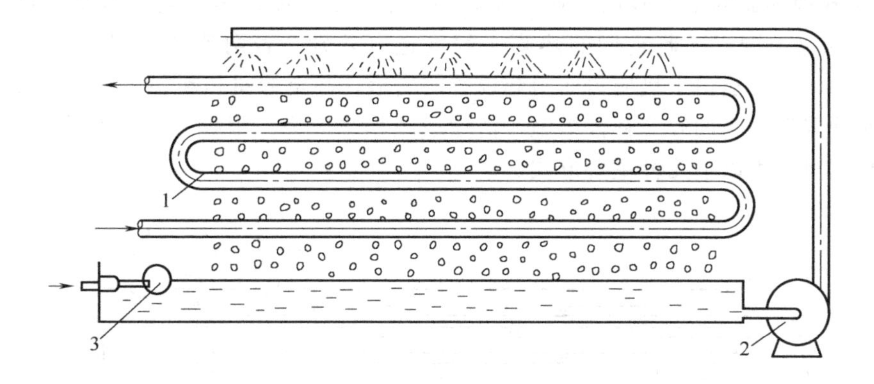

图 4-15　喷淋式换热器

1—蛇管；2—循环泵；3—控制阀

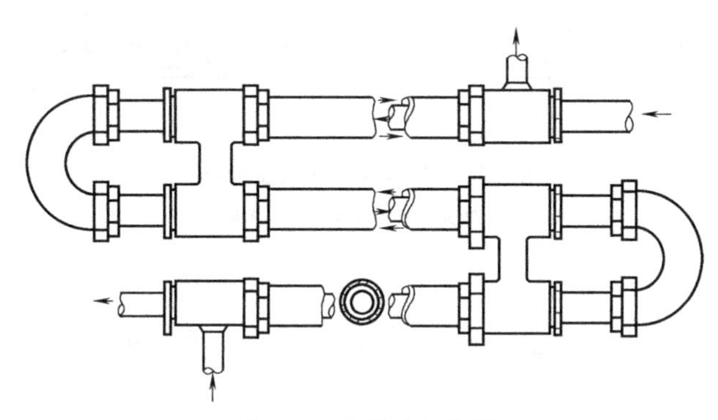

图 4-16　套管式换热器

点：管间接头较多，易发生泄漏；占地面积较大，单位换热器长度具有的传热面积较小。故在要求传热面积不大但传热效果较好的场合宜采用此种换热器。

(4) 列管式换热器　列管式换热器又称管壳式换热器，是目前化工生产上应用最为广泛的一种换热器。它与前述几种换热器相比，主要优点是单位体积所具有的传热面积大，并且传热效果好。此外，结构较简单，制造材料也较为广泛，适应性强，尤其是在高温、高压和大型装置中采用更为普遍。

① 列管式热交换器的构造　列管式热交换器主要由壳体、管束、管板（又称花板）和顶盖（又称封头）等部件组成，如图 4-17 所示。

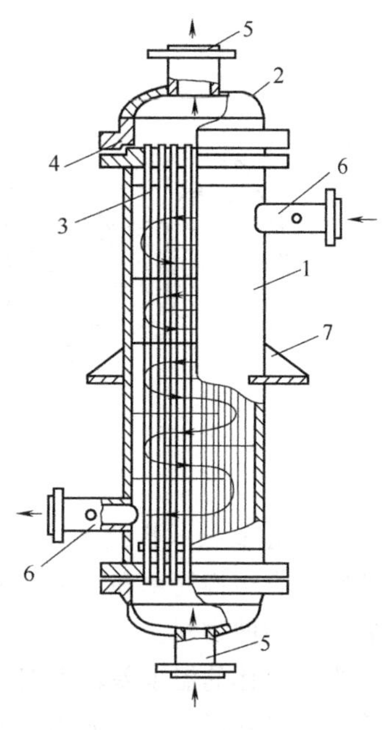

图 4-17　单程列管式热交换器

1—壳体；2—顶盖；3—管束；4—管板；5，6—连接管口；7—支架

为了提高管程流体的流速，常在管程安装分程隔板，使流体做多程流动。为了提高壳程流体的流速，常在壳程安装折流挡板，使流体多次错流流过管束。图 4-18 为双程列管式热交换器。

常用的挡板有圆缺形和圆盘形两种，如图 4-19 所示，前者应用较为广泛，两者所形成壳内流体流动情况如图 4-20 所示。

② 列管式换热器的基本形式　列管式换热器中，由于冷、热两流体温度不同，使壳体和管束的温度也不同，因此它们的热膨胀程度也有差别。若两流体的温度相差较大（如50℃以上）时，就可能由于热应力而引起设备的变形，甚至弯曲和断裂，或管子从管板上松脱，因此必须采取适当的温差补偿措施，消除或减小热应力。根据采取热补偿方法的不同，列管式换热器可分为以下几种主要形式。

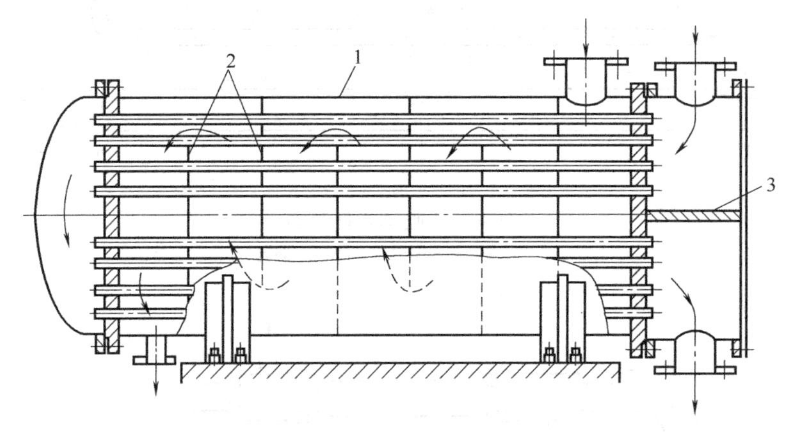

图 4-18　双程列管式热交换器

1—外壳；2—挡板；3—隔板

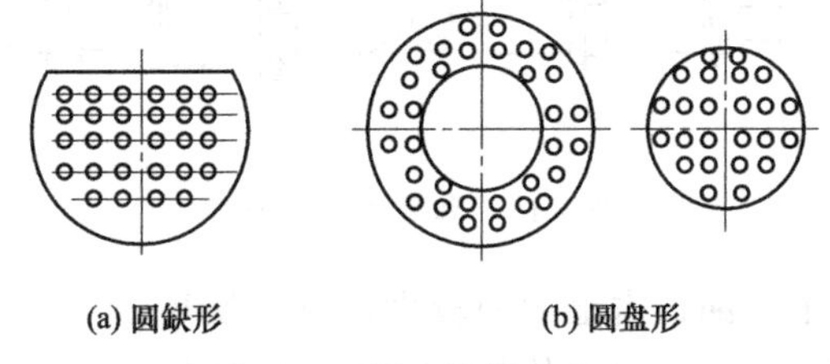

(a) 圆缺形　(b) 圆盘形

图 4-19　折流挡板的形式

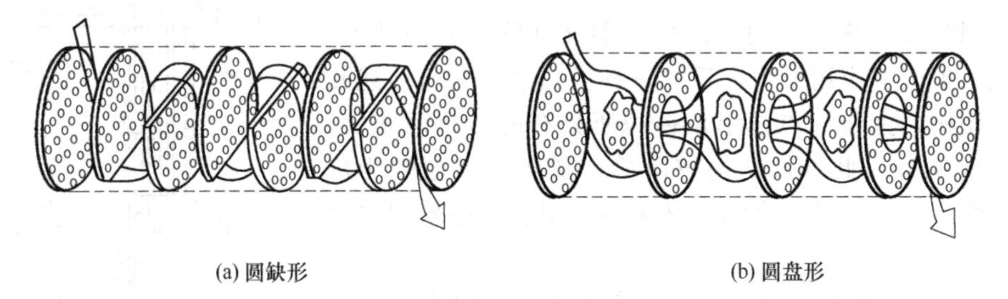

(a) 圆缺形　(b) 圆盘形

图 4-20　流体在壳内流动情况

a. 固定管板式换热器　所谓固定管板式，即两端管板和壳体连接成一体的结构形式，因此它具有结构简单和造价低廉的优点，但壳程清洗困难，因此要求壳方流体应是较清洁且不容易结垢的物料。

当两流体的温度差较大时，应考虑热补偿。图 4-21 为具有补偿圈（或称膨胀节）的固定管板式换热器。此法适用于两流体温度差小于 60～70℃，壳程压强小于 588kPa 的场合。

b. U 形管式换热器　如图 4-22 所示。每根管子都弯成 U 形，管子两端均固定在同一管板上，因此每根管子可以自由伸缩，从而解决热补偿问题。这种形式换热器的结构也较简

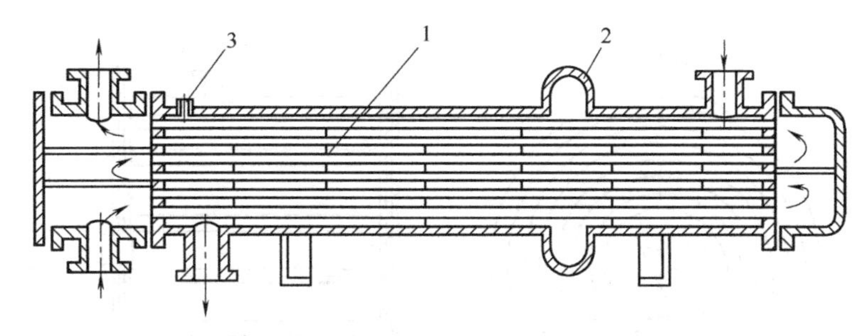

图 4-21　具有补偿圈的固定管板式换热器

1—挡板；2—补偿圈；3—放气嘴

单，质量轻，适用于高温和高压的情况。其主要缺点是管程清洗比较困难；且因管子需一定的弯曲半径，管板利用率较差。

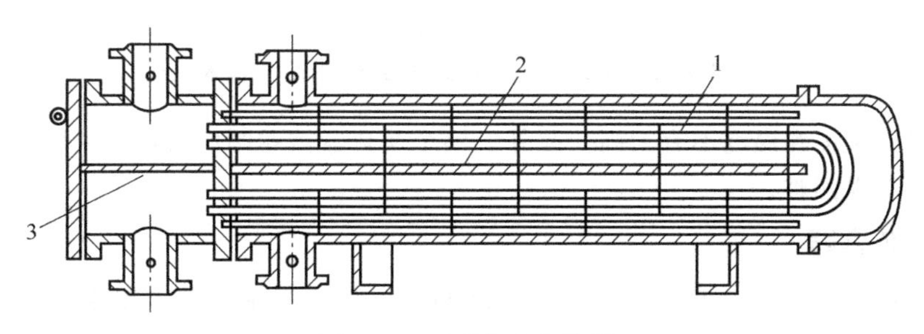

图 4-22　U 形管式换热器

1—U 形管；2—壳程隔板；3—管程隔板

c. 浮头式换热器　如图 4-23 所示。两端管板中有一端不与外壳固定连接，该端称为浮头，当管束和壳体因温度差较大而热膨胀不同时，管束连同浮头可在壳体内自由伸缩，从而解决热补偿问题。由于固定端的管板是以法兰与壳体相连接，因此管束可以从壳体中抽出，便于清洗和检修。但结构比较复杂，金属耗量多，造价较高。

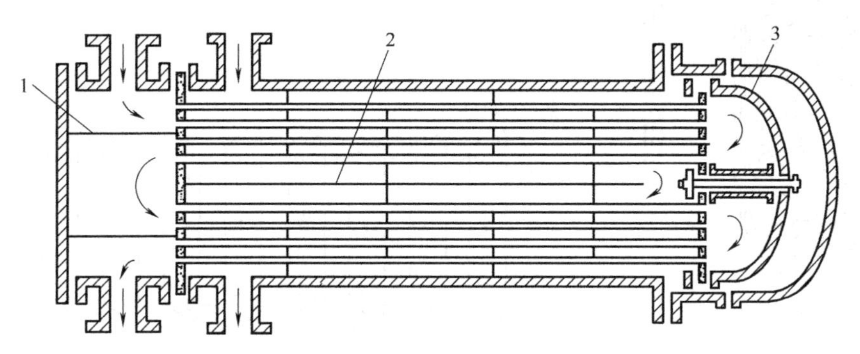

图 4-23　浮头式换热器

1—管程隔板；2—壳程隔板；3—浮头

3. 螺旋板式换热器

如图 4-24 所示，是由两块薄金属板焊接在一块分隔挡板（图中心的短板）上，并卷成螺旋形而构成，在器内形成两条螺旋形通道。

螺旋板式换热器的优点是：传热系数大；结构紧凑；不易堵塞；能充分利用低温热源。

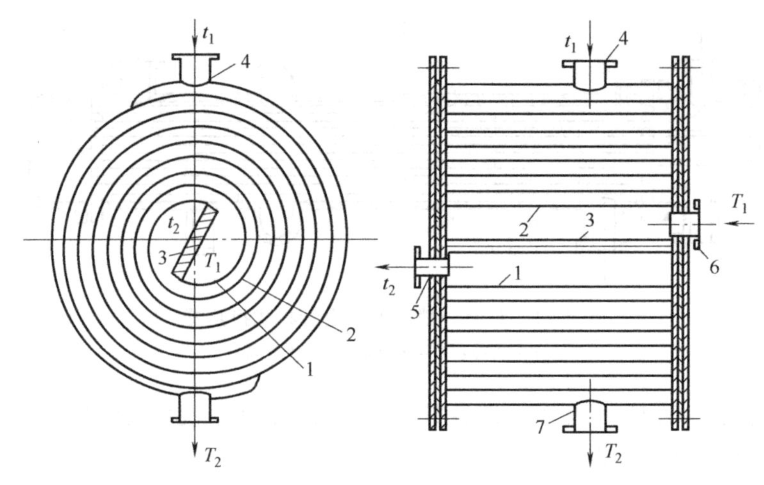

图 4-24　螺旋板式换热器

1，2—金属板；3—隔板；4，5—冷流体连接管；6，7—热流体连接管

主要缺点：操作压强和温度不宜太高。此外，整个换热器被卷制而成焊为一体，一般发生泄漏时，修理内部很困难。

4. 板式换热器

板式换热器是由一组金属薄片、相邻板之间衬以垫片并用框架夹紧组装而成。图 4-25（a）所示为矩形板片，其上四角开有圆孔，形成流体通道。

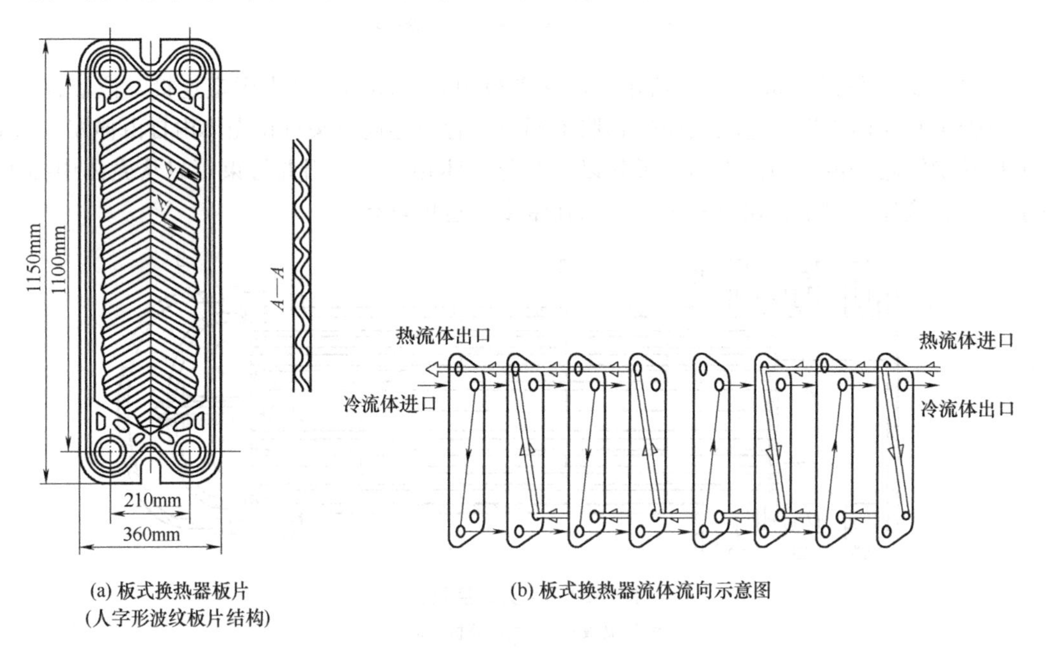

(a) 板式换热器板片
(人字形波纹板片结构)

(b) 板式换热器流体流向示意图

图 4-25　板式换热器

板式换热器的优点：结构紧凑，单位容积所提供的传热面较大，金属耗量可减少；传热系数较大；可以任意增减板数以调整传热面积；检修、清洗方便。主要缺点：允许的操作压强和温度比较低。

5. 板翅式换热器

板翅式换热器是一种更为高效、紧凑的换热器。如图 4-26 所示，在两块平行金属薄板之间，夹入波纹状或其他形状的翅片，两边以侧封条密封，即组成一个换热基本元件（单元体）。

将各基本元件进行不同的叠积和适当排列，并用铅焊焊成一体，即可制成逆流式或错流式板束，如图 4-27 所示，再将板束放入带有流体进、出口的集流箱内用焊接固定，就组成板翅式换热器。

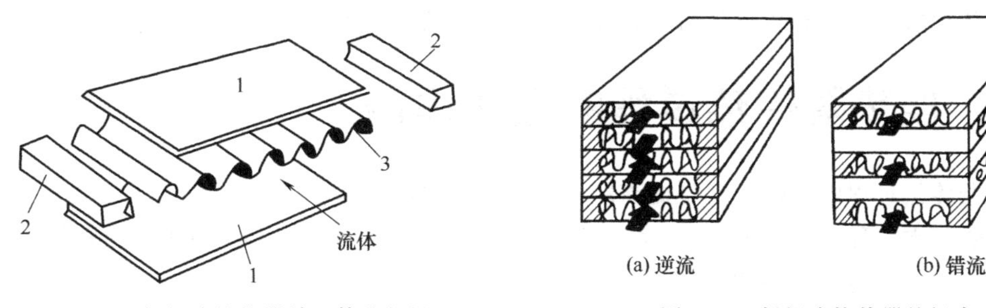

(a) 逆流　　(b) 错流

图 4-26　板翅式换热器单元体分解图

1—平隔板；2—侧封条；3—翅片

图 4-27　板翅式换热器的板束

板翅式换热器结构紧凑，单位容积传热面积大。所用翅片形状可促进流体湍动和破坏滞流内层，故其传热系数大。因翅片对隔板有支撑作用，因而板翅式换热器具有较高的强度，允许操作压强较大。但其制造工艺比较复杂，且清洗和检修困难，因而要求换热介质洁净。

6. 翅片式换热器

为了增加传热面积，提高传热速率，在管子表面加上径向或轴向翅片，称为翅片式换热器，如图 4-28 所示。

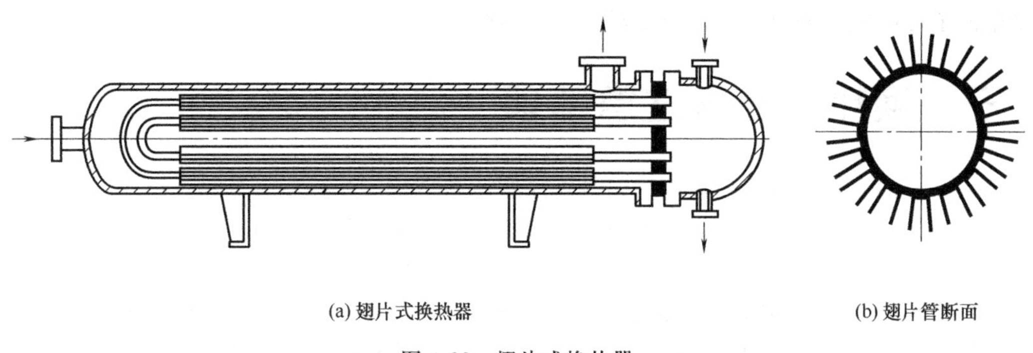

(a) 翅片式换热器　　(b) 翅片管断面

图 4-28　翅片式换热器

7. 热管换热器

热管是一种新型换热元件。最简单的热管是在抽出不凝性气体的金属管内充以某种工作液体，然后将两端封闭，如图 4-29 所示。

管子的内表面覆盖一层具有毛细结构材料做成的芯网，由于毛细管力的作用，液体可渗透到芯网中去。当加热段吸收热流体的热量受热时，管内工作液体受热沸腾，产生的蒸汽沿管子轴向流动，流至冷却段时向冷流体放出潜热而冷凝，冷凝液沿着吸液芯网回流至加热段

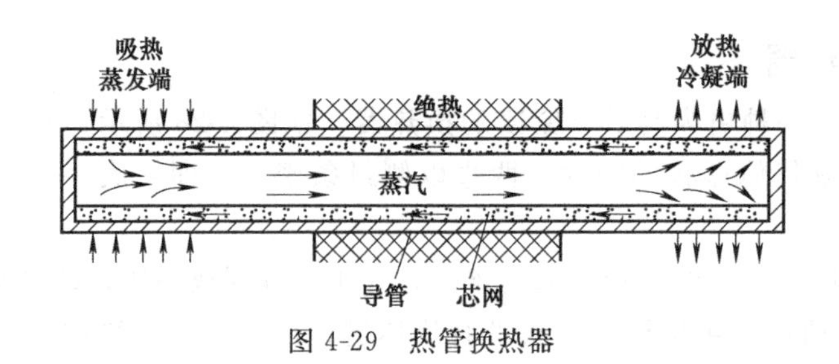

图 4-29 热管换热器

再次受热沸腾。如此反复循环，热量则不断由热流体传给冷流体。

这种新型换热器具有传热能力大、应用范围广、结构简单、工作可靠等优点。

二、换热器传热过程的强化途径

换热器传热过程的强化，就是提高冷、热流体间的传热速率。

从传热基本方程式 $Q=KA\Delta t_m$ 可以看出，增大传热系数 K、传热面积 A 或平均温度差 Δt_m，均可提高传热速率 Q。

(1) 增大传热面积 A　增大传热面积不能仅靠增大换热器尺寸来实现，应从改进传热面结构，提高单位体积的传热面积入手。工业上常用的方法有：用翅片来增加传热面积；在管壳式换热器中采用小直径管；将传热面制成各种凹凸形、波纹形等。

(2) 增大平均温度差 Δt_m　工业上可采取如下方法：用饱和蒸汽加热时，可适当增加饱和蒸汽的压强；当两侧流体均变温时，采用逆流操作；增加壳程数。

(3) 增大传热系数 K　从传热系数的计算式可知，要提高 K 值必须减小各项热阻，但应从降低最大热阻着手。一般情况，对流传热热阻是传热过程中的主要热阻。当两个 α 值相差较大时，应设法提高小的 α 值。减小热阻的主要方法有：提高流体的流速，增加流体的湍动程度，减薄滞流内层；增加流体的扰动，以减薄滞流底层；对蒸汽冷凝传热过程，要设法减薄壁面上冷凝液膜的厚度；防止结垢和及时清除垢层。

三、换热器操作注意事项

(1) 开车前应检查有关仪表和阀门是否完好，齐全。

(2) 开车时要先通入冷流体，再通入热流体，要做到先预热后加热，以免换热器受到损坏，影响使用寿命。停车时也要先停热流体，再停冷流体。

(3) 换热器通入流体时，不要把阀门开的过快，否则容易造成管子受到冲击、振动，以及局部骤然胀缩，产生应力，使局部焊缝开裂或管子与管板连接处松动。

(4) 用水蒸气加热时要及时排放冷凝水和定期排放不凝性气体，以提高传热效果。

(5) 定期分析换热器低压侧流体的成分，确定有无内漏，以便及时维修。

(6) 经常检查流体的出口温度，发现温度下降，则可能是换热器内污垢增厚，使传热系数下降，此时应视具体情况，决定是否对换热器进行除垢。

(7) 换热器停止使用时，应将器内液体放净，防止冻裂和腐蚀。

(8) 如果进行热交换的流体为腐蚀性较强的流体，或高压流体，应定期对换热器进行测厚检查，避免发生事故。

第七节　技能实训

一、概述

换热器是将热流体的部分热量传递给冷流体的设备，又称热交换器。换热器的应用十分广泛，日常生活中取暖用的暖气散热片、汽轮机装置中的凝汽器和航天火箭上的油冷却器等都是换热器。它还广泛应用于化工、石油、动力和原子能等工业部门。它的主要功能是保证工艺过程对介质所要求的特定温度，同时也是提高能源利用率的主要设备之一。换热器既可以是一种单独的设备，如加热器、冷却器和凝汽器等；也可以是某一工艺设备的组成部分，如氨合成塔内的热交换器。

实验装置分为传热实训对象、仪表操作台、上位机监控计算机、监控数据采集软件、数据处理软件几部分。

传热实训对象包括冷风机、列管换热器、套管换热器、板式换热器、蒸汽发生器、蒸汽调节装置及管路、不凝性气体装置及管路、冷凝水排放系统及管路、冷却水系统、综合传热加热管装置、流量检测传感、压力检测传感、现场显示变送仪表等组成。

二、换热器结构

1. 套管式换热器结构

如图 4-30 所示，套管式换热器是由直径不同的直管制成的同心套管，并由 U 形弯头连接而成。在这种换热器中，一种流体走管内，另一种流体走环隙，两者皆可得到较高的流速，故传热系数较大。另外，在套管换热器中，两种流体可为纯逆流，对数平均推动力较大。

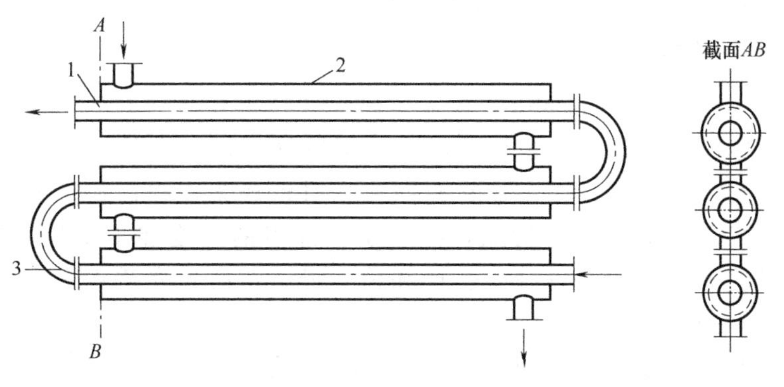

图 4-30　套管式换热器

1—内管；2—外管；3—U 形管

套管换热器结构简单，能承受高压，应用亦方便（可根据需要增减管段数目）。特别是由于套管换热器同时具备传热系数大、传热推动力大及能够承受高压强的优点，在超高压生产过程（例如操作压力为 300MPa 的高压聚乙烯生产过程）中所用的换热器几乎全部是套管式。

2. 管壳式换热器结构

管壳式（又称列管式）换热器是最典型的间壁式换热器，它在工业上的应用有着悠久的历史，而且至今仍在所有换热器中占据主导地位。

如图 4-31 所示，管壳式换热器主要有壳体、管束、管板和封头等部分组成，壳体多呈圆形，内部装有平行管束，管束两端固定于管板上。在管壳换热器内进行换热的两种流体，一种在管内流动，其行程称为管程；一种在管外流动，其行程称为壳程。管束的壁面即为传热面。

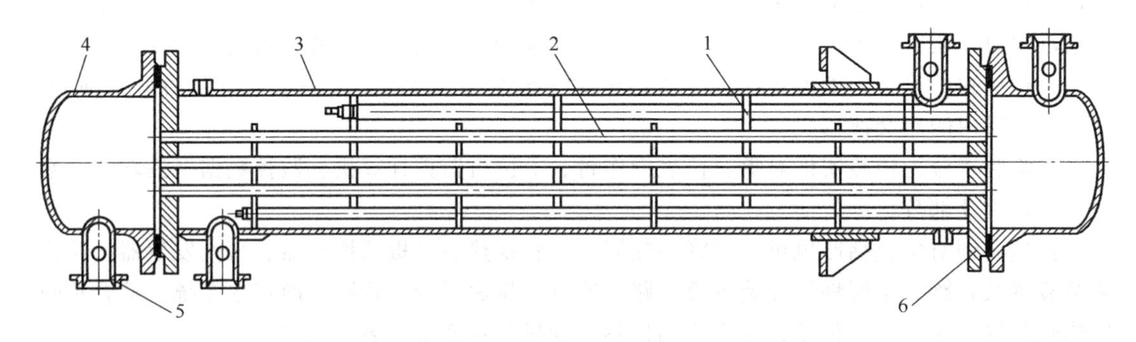

图 4-31　管壳式换热器结构示意图

1—折流挡板；2—管束；3—壳体；4—封头；5—接管；6—管板

为提高管外流体传热系数，通常在壳体内安装一定数量的横向折流挡板。折流挡板不仅可以防止流体短路、增加流体速度，还迫使流体按规定路径多次错流通过管束，使湍动程度大为增加。常用的挡板有圆缺形和圆盘形两种，前者应用更为广泛。

流体在管内每通过管束一次称为一个管程，每通过壳体一次称为一个壳程。为提高管内流体的速度，可在两端封头内设置适当隔板，将全部管子平均分隔成若干组。这样，流体可每次只通过部分管子而往返管束多次，称为多管程。同样，为提高管外流速，可在壳体内安装纵向挡板使流体多次通过壳体空间，称多壳程。

3. 板式换热器结构

BR 系列板式换热器是由固定压紧板、换热板片、密封胶垫、活动压紧板、法兰接管、上导杆、下导杆、框架和压紧螺栓组成。不锈钢板片组合结构管热板片采用进口不锈钢板压制成人字形波纹，使流体在板间流动时形成紊流提高换热效果，相邻板片的人字形波纹相互交叉形成大量触点，提高了板片组的刚度和承受较大压力的能力。橡胶垫片利用双道密封结构并设有安全区和信号槽，使两种介质不会发生混淆。板式换热器结构见图 4-32。

板式换热器的流程分为两种，如图 4-33 所示，a 片是串联流程，有 7 块板，分为 3 个流程，每个流程均为一个通道，流体经过每一个通道即改变方向；b 片是并联流程，有 7 块板，是单流程，冷、热流体分别流入平行的 3 个通道而形成一股流至出口。板片的流程和通道数量应根据热力学和流体力学计算确定，通常采用分子式来表示，分子表示热流体的程数和通道数，分母表示冷流体的程数和通道数。

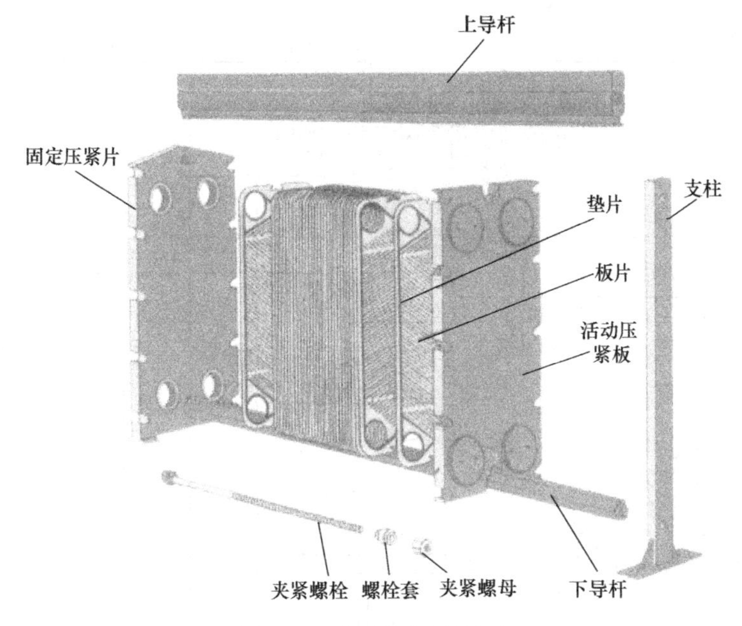

图 4-32　板式换热器结构图

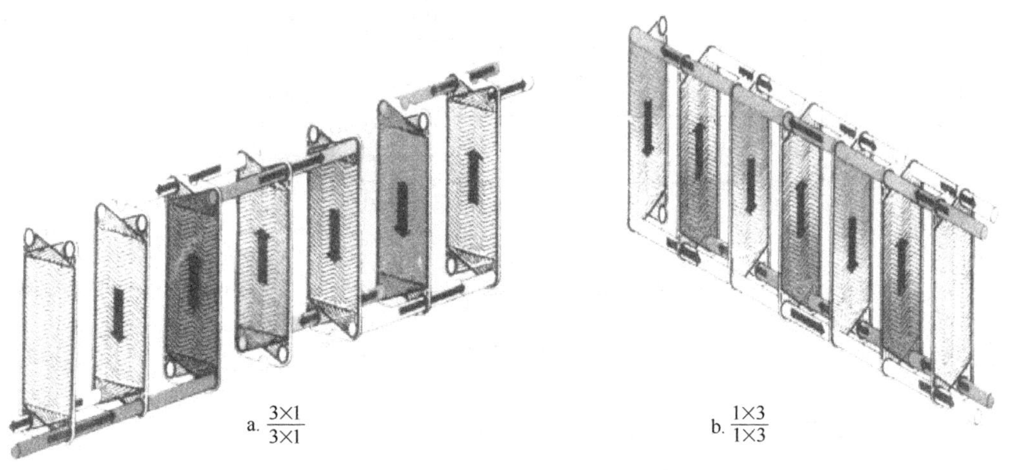

图 4-33　板式换热器的流程示意图

三、工艺流程

热交换实训装置工艺流程如图 4-34 所示。

四、实验步骤与注意事项

（一）实验步骤

1. 开启电源

（1）在仪表操作盘台上，开启总电源开关，此时总电源指示灯亮。

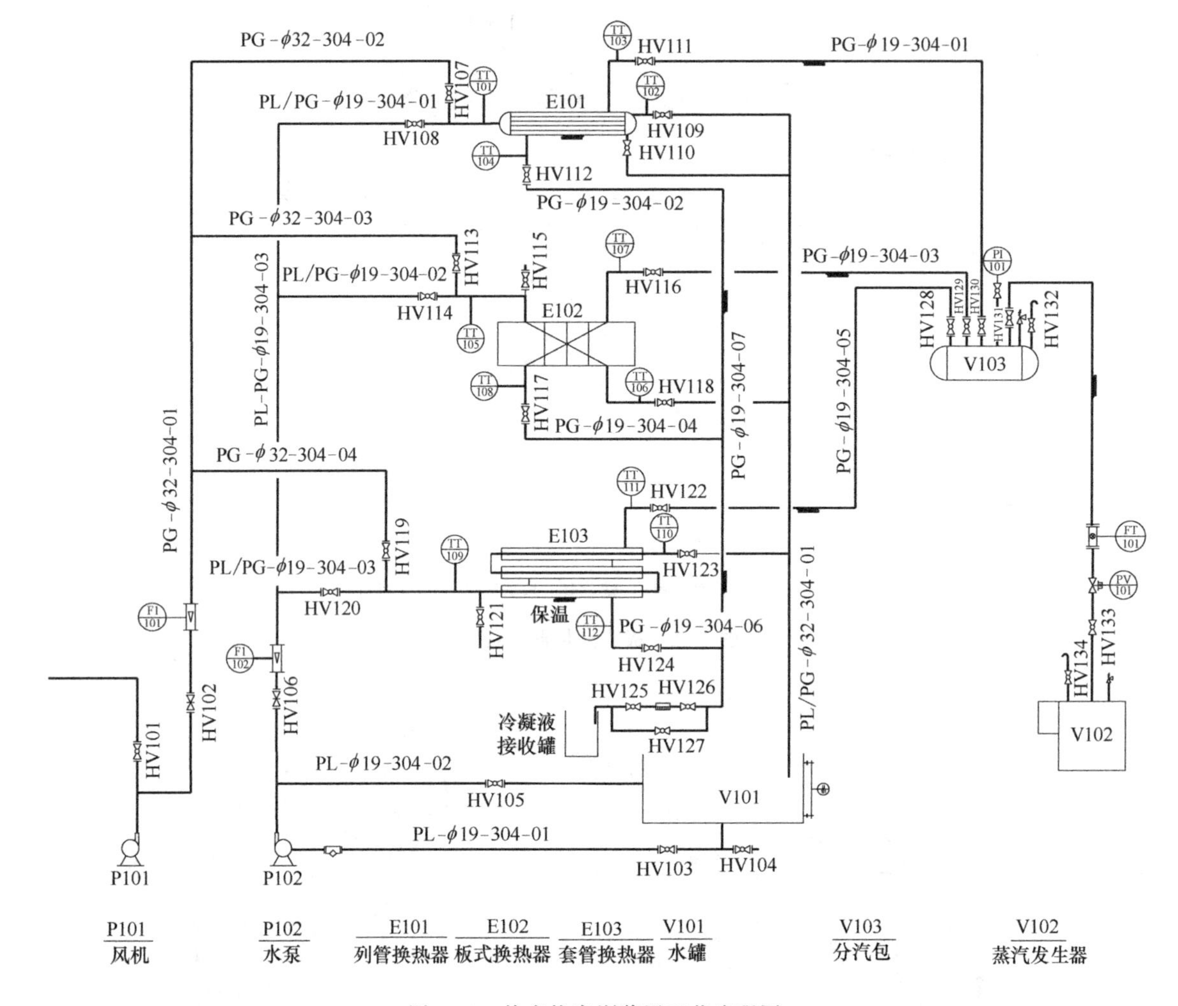

图 4-34　热交换实训装置工艺流程图

（2）开启仪表电源开关，此时仪表电源指示灯亮，且仪表上电。

2. 开启计算机启动监控软件

（1）打开计算机电源开关，启动计算机。

（2）在电脑桌面上打开组态控制界面。

3. 开启蒸汽发生器

（1）检查蒸汽发生器液位的高度，液位高度应为备用水槽中间的位置；若液位过高则需打开发生器上的排空阀及发生器下的排污阀排放掉部分水；若液位不够，在当打开发生器电源时，蒸汽发生器会进行自动加水。

（2）开启蒸汽发生器电源：在发生器前面板上，旋开开关，即开了蒸汽发生器电源，此时蒸汽发生器开始加热烧蒸汽，蒸汽发生器压力烧到 0.4MPa 时自动停止加热，蒸汽压力下降到 0.3MPa 时启动加热，蒸汽压力可根据要求进行调节。打开蒸汽发生器出口阀门 HV133，向分汽包进汽，待分汽包压力稳定后再进行换热实验（分汽包压力过大时，调节蒸汽调压阀 PV101，使分汽包中的压力趋于正常值）。

4. 列管换热器换热实验

(1) 冷流体为空气时

① 打开冷流体。打开旁路阀 HV101，启动风机 P101，缓缓打开阀门 HV102 并缓慢关闭阀 HV101，打开阀门 HV107、HV109。

② 依次打开列管换热器蒸汽进出口阀门 HV130、HV111、HV112；打开底部疏水阀旁路阀门 HV127，待有蒸汽出来时关闭阀门 HV127，打开疏水阀前后阀门 HV125、HV126。

③ 实验结束后关闭换热器蒸汽进出口阀门 HV130、HV111、HV112；打开旁路阀 HV101，关闭风机出口阀 HV102，关停风机 P101，关闭出口阀门 HV107、HV109，关闭旁路阀 HV101。

(2) 冷流体为水时

① 打开冷流体。打开泵 P102 进口阀 HV103，启动泵 P102，打开回流阀 HV105，缓缓打开泵 P102 出口阀 HV106 并缓慢关闭回流阀 HV105，打开阀 HV108、HV109。

② 依次打开列管换热器蒸汽进出口阀门 HV130、HV111、HV112；打开底部疏水阀旁路阀门 HV127，待有蒸汽出来时关闭阀门 HV127，打开疏水阀前后阀门 HV125、HV126。

③ 实验结束后关闭换热器蒸汽进出口阀门 HV130、HV111、HV112；关闭泵 P102 出口阀 HV106，关停泵 P102，关闭泵 P102 进口阀 HV103，关闭出口阀门 HV108、HV109。

5. 板式换热器换热实验

(1) 冷流体为空气时

① 打开冷流体。打开旁路阀 HV101，启动风机 P101，缓缓打开阀门 HV102 并缓慢关闭阀 HV101，打开阀 HV113、HV118。

② 依次打开板式换热器蒸汽进出口阀门 HV129、HV116、HV117；打开底部疏水阀旁路阀门 HV127，待有蒸汽出来时关闭阀门 HV127，打开疏水阀前后阀门 HV125、HV126。

③ 实验结束后关闭换热器蒸汽进出口阀门 HV129、HV116、HV117；打开旁路阀 HV101，关闭风机出口阀 HV102，关停风机 P101，关闭出口阀门 HV113、HV118，关闭旁路阀 HV101。

(2) 冷流体为水时

① 打开冷流体。打开泵 P102 进口阀 HV103，启动泵 P102，打开回流阀 HV105，缓缓打开泵 P102 出口阀 HV106 并缓慢关闭回流阀 HV105，打开阀 HV114、HV118。

② 依次打开板式换热器蒸汽进出口阀门 HV129、HV116、HV117；打开底部疏水阀旁路阀门 HV127，待有蒸汽出来时关闭阀门 HV127，打开疏水阀前后阀门 HV125、HV126。

③ 实验结束后关闭换热器蒸汽进出口阀门 HV129、HV116、HV117；关闭泵 P102 出口阀 HV106，关停泵 P102，关闭泵 P102 进口阀 HV103，关闭出口阀门 HV114、HV118。

6. 套管换热器换热实验

(1) 冷流体为空气时

① 打开冷流体。打开旁路阀 HV101，启动风机 P101，缓缓打开阀门 HV102 并缓慢关闭阀 HV101，打开阀 HV119、HV123。

② 依次打开套管换热器蒸汽进出口阀门 HV128、HV122、HV124；打开底部疏水阀旁路阀门 HV127，待有蒸汽出来时关闭阀门 HV127，打开疏水阀前后阀门 HV125、HV126。

③ 实验结束后关闭换热器蒸汽进出口阀门 HV128、HV122、HV124；打开旁路阀

HV101，关闭风机出口阀 HV102，关停风机 P101，关闭出口阀门 HV119、HV123，关闭旁路阀 HV101。

(2) 冷流体为水时

① 打开冷流体。打开泵 P102 进口阀 HV103，启动泵 P102，打开回流阀 HV105，缓缓打开泵 P102 出口阀 HV106 并缓慢关闭回流阀 HV105，打开阀 HV120、HV123。

② 依次打开套管换热器蒸汽进出口阀门 HV128、HV122、HV124；打开底部疏水阀旁路阀门 HV127，待有蒸汽出来时关闭阀门 HV127，打开疏水阀前后阀门 HV125、HV126。

③ 实验结束后关闭换热器蒸汽进出口阀门 HV128、HV122、HV124；关闭泵 P102 出口阀 HV106，关停泵 P102，关闭泵 P102 进口阀 HV103，关闭出口阀门 HV120、HV123。

7. 数据记录

(1) 调节不同的冷流体流量，稳定 15min，记录冷流体流量、蒸汽流量、冷流体进出口温度、蒸汽进出温度。

(2) 调节不同的蒸汽流量，稳定 15min，记录冷流体流量、蒸汽流量、冷流体进出口温度、蒸汽进出温度。

（二）实验注意事项

(1) 实验过程中经常检查蒸汽发生器水箱水位。

(2) 除阀门外不要触碰整个装置上的任何管道！谨防烫伤！

(3) 进行实验时一定要确认好阀门，才能进行实验。保持实验管路畅通，其余管路阀门关闭。

(4) 蒸汽发生器用水建议用去离子水。

(5) 进行冷水实验时要注意将冷风管路相应阀门关闭，防止冷水窜入冷风管道内。

五、实验设备

表 4-2 是实验设备及其技术参数。

表 4-2 实验设备及其技术参数

序号	设备名称	规格型号及技术参数	单位	数量
1	框架/楼梯/护栏	对象部分长×宽×高=3700mm×2000mm×3600mm；碳钢材质	套	
2	水罐	φ730mm×1200mm，立式	个	
3	蒸汽发生器	工业全自动蒸汽发生器，加热功率 9kW，额定蒸汽压力 0.7MPa，蒸发量 15kg/h，电压 380V	个	
4	分汽包	φ219mm×500mm	个	
5	列管换热器	外管 φ159mm×1000mm 内管 φ19mm×1000mm×16 根	个	
6	板式换热器	A1-20M，板片 304，胶垫 EPDM，全不锈钢 304 框架，长短接口(左边两个长，右边两个短)换热面积 $1m^2$，耐压 0.3MPa	台	
7	套管换热器	外管 φ57mm，内管 φ32mm，长度约为 10m，单根套管长度 600mm，9 根	台	
8	风机	森森风机，型号 HG-750-C，功率 750W，电压 220V，最大流量 $110m^3/h$	台	
9	水泵	南方水泵，型号 CHL2-20，功率 0.37kW，电压 220V，额定流量 $2m^3/h$，扬程 15m	台	

第五章

干　燥

在化工生产中，一些固体产品或半成品可能混有大量的湿分，将湿分从物料中去除的过程，称为去湿。

1. 去湿的方法

去湿的方法可分为以下三类：

（1）机械去湿　用于去除固体物料中大部分湿分。

（2）吸附法湿　用于去除少量湿分。

（3）热能去湿（干燥）　向物料供热以汽化其中的湿分的单元操作。

2. 干燥过程的分类

（1）按操作压力分　常压干燥、真空干燥。

（2）按操作方式分　连续式、间歇式。

（3）按供热方式分　传导干燥、对流干燥、辐射干燥、介电加热干燥。

本章主要讨论对流干燥，干燥介质是热空气，除去的湿分是水分。对流干燥是传热、传质同时进行的过程，但传递方向不同，是热、质反向传递过程。

3. 干燥过程进行的必要条件

（1）物料表面水汽压力大于干燥介质中水汽分压。

（2）干燥介质要将汽化的水分及时带走。

4. 干燥器的基本要求

（1）保证产品质量。

（2）干燥速率大，干燥时间短。

（3）热效率高。

（4）干燥介质流动阻力小。

（5）劳动强度低。

5. 干燥器的分类

（1）间歇常压干燥器　如盘架式干燥器。

（2）间歇减压干燥器　如耙式干燥器。

（3）连续常压干燥器　如回转式干燥器、气流干燥器、喷雾干燥器。

（4）连续减压干燥器　如减压滚筒干燥器。

第一节　湿空气的性质

1. 湿度（湿含量）H

湿空气中所含水蒸气的质量与绝干空气质量之比。湿空气是由水蒸气和绝干空气构成。

2. 绝对湿度 Ψ

在一定总压及温度下，单位体积湿空气中所含水蒸气的质量。

3. 相对湿度 ψ

在一定的总压下，湿空气中水蒸气分压 p_v 与同温度下水的饱和蒸气压 p_s 之比的百分数，称为相对湿度百分数，简称相对湿度。

4. 比体积 V_H

单位质量的绝干空气和其所带有的 Hkg 水汽所共同占有的总体积，称为湿空气的比体积，又称为湿容积。

5. 比热容 C_H

在常压下，将 1kg 绝干空气和其所带有的 Hkg 水蒸气的温度升高 1℃所需的总热量，称为湿空气的比热容，又称为湿热容或湿热，即

$$C_H = C_a + HC_V = 1.01 + 1.88H$$

式中　C_H——湿空气比热容，kJ/(kg 绝干空气・℃)；

C_a——绝干空气的比热容，可取 1.01kJ/(kg・℃)；

C_V——水汽的比热容，取 1.88kJ/(kg・℃)。

6. 焓 I_H

湿空气的焓以单位质量绝干空气为基准，1kg 的绝干空气及其所带有的 Hkg 水蒸气所具有的焓，即

$$I_H = I_a + HI_V$$

式中　I_H——湿空气的焓，kJ/kg 绝干空气；

I_a——绝干空气的焓，kJ/kg 绝干空气；

I_V——水汽的焓，kJ/kg 绝干空气。

当焓的基准状态取 0℃的绝干空气及液态水的焓为零时，则温度为 t 的绝干空气的焓为

$$I_H = (1.01 + 1.88H)t + 2490H$$

7. 干球温度 t

用普通温度计测得的湿空气温度为其真实温度，称此温度为湿空气的干球温度，简称温度。

8. 湿球温度 t_w

温度计感温泡用保持润湿的纱布包裹起来，这种温度计称湿球温度计。若将此温度计置于一定的温度和湿度的湿空气气流中，达到平衡或稳定时它所显示的温度称为该空气的湿球温度。如图 5-1 所示。

在实际的干燥操作中，常用干、湿球温度计来测量空气的湿度。

9. 绝热饱和温度 t_{as}

绝热饱和温度是空气达到绝热饱和时所显示的温度。如图 5-2 所示。实验结果表明，对于空气-水蒸气系统，当空气流速较高时，$t_{as} \approx t_w$。

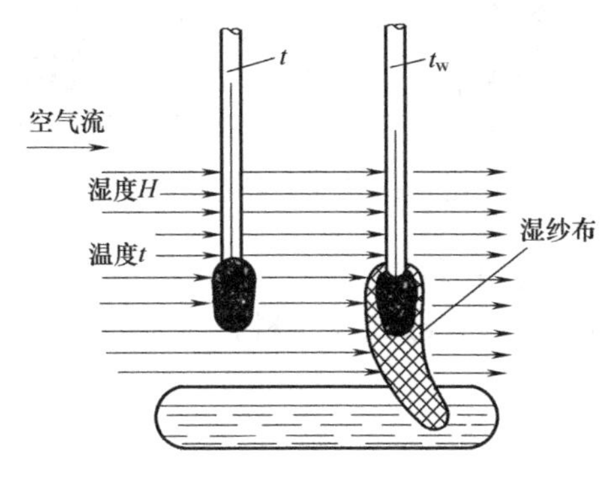

图 5-1 湿球温度的测量

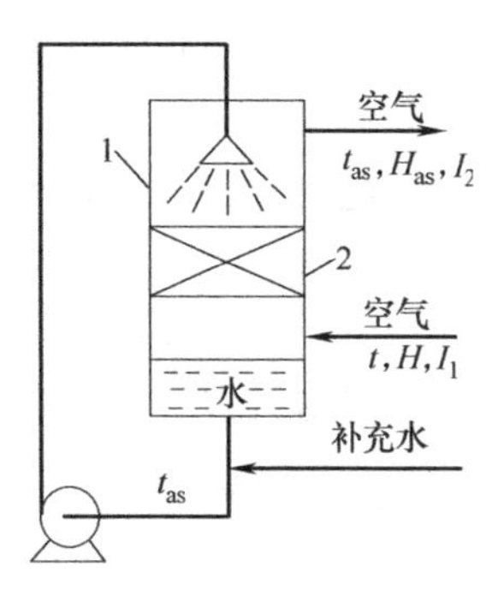

图 5-2 绝热饱和器示意图

1—绝热饱和塔；2—填料层

10. 露点 t_d

将不饱和的湿空气等湿冷却至饱和状态，此时的温度称为该湿空气初始状态的露点。

上述表示湿空气的三个温度即干球温度 t、湿球温度 t_w（或绝热饱和温度 t_{as}）和露点 t_d 间关系为：对于不饱和空气，$t>t_w>t_d$；对于饱和空气，$t=t_w=t_d$。

第二节 干燥器的物料衡算和热量衡算

一、湿物料中含水量

1. 湿基含水量 W

$$W=\frac{\text{湿物料中水分质量}}{\text{湿物料总质量}}\times 100\%$$

2. 干基含水量 X

$$X=\frac{\text{湿物料中水分质量}}{\text{湿物料中绝干物料质量}}\times 100\%$$

3. 两种含水量的关系

$$W=\frac{X}{1+X}$$

二、干燥过程的物料衡算

干燥过程的物料衡算如图 5-3 所示。

$$G_CX_1+LH_1=G_CX_2+LH_2$$

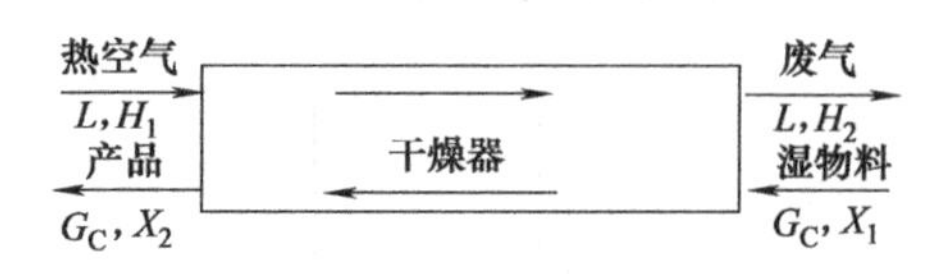

图 5-3 干燥过程的物料衡算

式中 G_C——绝干物料的质量流量，kg 绝干物料/s；

L——绝干空气的质量流量，kg 绝干空气/s；

H_1、H_2——绝干空气进、出干燥时的湿度，kg 水/kg 绝干空气；

X_1、X_2——湿物料进、出干燥器时的干基含水量，kg 水/kg 绝干物料。

1. 汽化水分量 W

$$X=\frac{W}{1-W}\text{或}W=\frac{X}{1+X}$$

汽化水分量＝湿物料中水分减少量＝湿空气中水分增加量

$$W=L(H_2-H_1)=G_C(X_1-X_2)$$

2. 绝干空气用量 L

$$L=\frac{W}{H_2-H_1}$$

三、干燥过程的热量衡算

连续干燥过程的热量衡算，如图 5-4 所示。

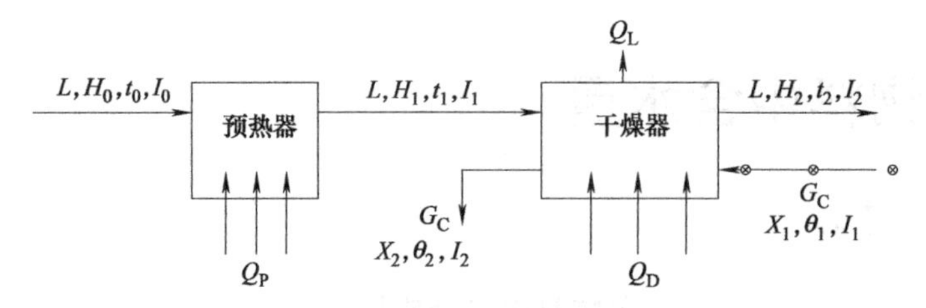

图 5-4 连续干燥过程的热量衡算示意图

第三节 固体物料在干燥过程中的平衡关系与速率关系

一、物料中的水分

物料中的水分包括平衡水分和自由水分，结合水分和非结合水分。如图 5-5 所示。

1. 平衡水分和自由水分

（1）平衡水分　在一定的空气状态下不能用干燥的方法除去的水分。以 X^* 表示，单位为 kg 水/kg 绝干物料。

（2）自由水分　在一定的空气状态下能用干燥的方法除去的水分。

物料与一定温度及湿度的空气相接触时，物料将被除去或吸收水分，直到物料表面所产生的水蒸气压强与空气中水蒸气分压相等。

2. 结合水分和非结合水分

（1）结合水分　是指存在于物料细胞壁内的水分，小毛细管中的水分以及物料内可溶固体物溶液中的水分等。这些水分与物料结合力强，因此结合水分的特点是产生不正常的低蒸气压，即其蒸气压低于同温度下纯水的饱和蒸气压，所以结合水分是较难除去的水分。

（2）非结合水分　是指存在于物料表面上的润湿水以及颗粒堆积层中的大空隙中的水分等。这些水分与物料结合力弱，其蒸气压与同温度下纯水的饱和蒸气压相同，因此非结合水的汽化与纯水的汽化相同，在干燥过程中易被除去。

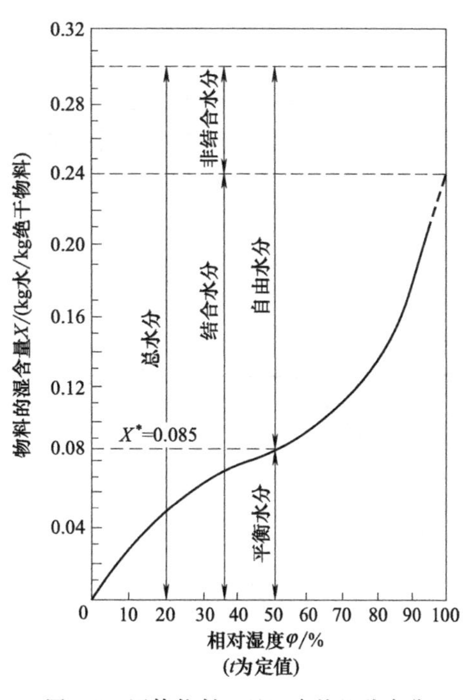

图 5-5　固体物料（丝）中的几种水分

二、干燥过程曲线

1. 流化曲线

如图 5-6 所示，当气速较小时，操作过程处于固定床阶段（AB 段），床层基本静止不动，气体只能从床层空隙中流过，压降与流速成正比，斜率约为 1（在双对数坐标系中）。当气速逐渐增加（进入 BC 段），床层压降将减小，颗粒逐渐被气体带走，此时，便进入了气流输送阶段。D 点处流速即被称为带出速度（u_0）。

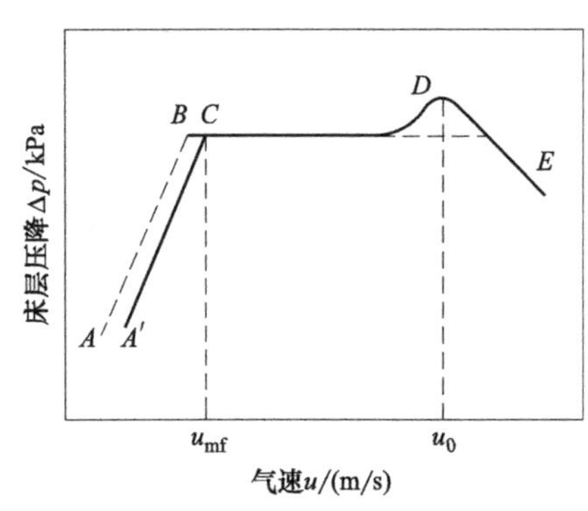

图 5-6　流化曲线图

在流化状态下降低气速，压降与气速关系线将沿图中的 DC 线返回至 C 点。若气速继续降低，曲线将无法按 CBA 继续变化，而是沿 CA'变化。C 点处流速被称为起始流化速度（u_{mf}）。

在生产操作中，气速应介于起始流化速度与带出速度之间，此时床层压降保持恒定，这是流化床的重要特点。据此，可以通过测定床层压降来判断床层流化的优劣。

2. 干燥速率曲线

将湿物料置于一定的干燥条件下，测定被干燥物料的质量和温度随时间变化的关系，可得到物料含水量（X）与时间（τ）的关系曲线及物料温度（θ）与时间（τ）的关系曲线。如图 5-7。物料含水量与时间关系曲线的斜率即为干燥速率（u）。将干燥速率对物料含水量作图，即得干燥速率曲线图，如图 5-8。

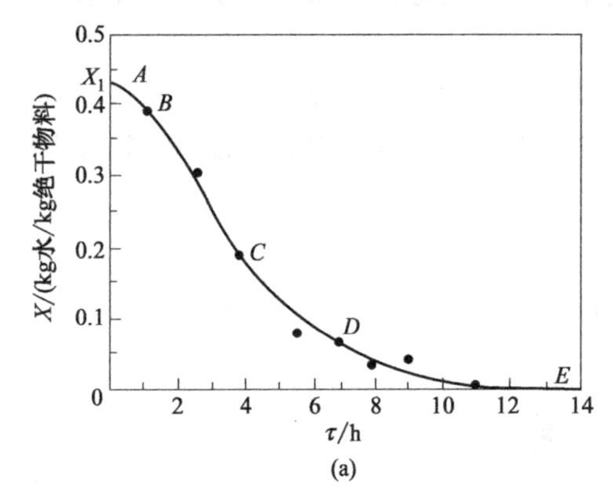

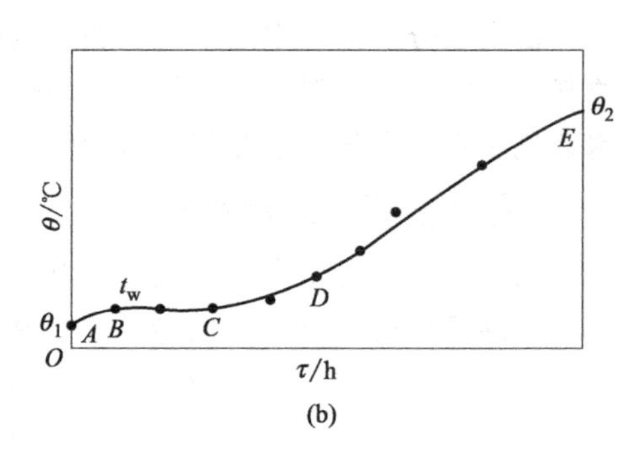

图 5-7　恒定干燥条件下某物料的干燥曲线

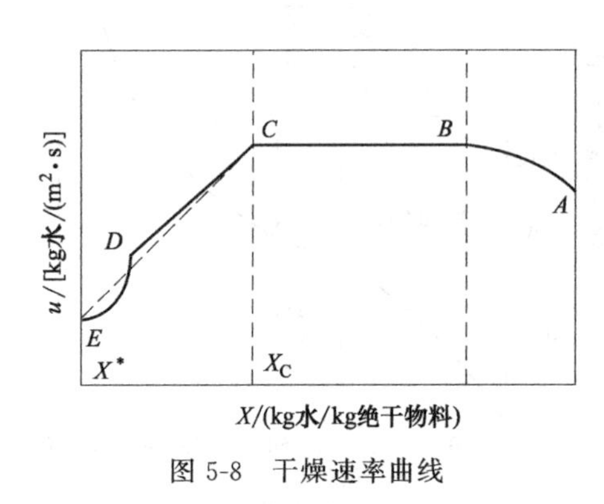

图 5-8　干燥速率曲线

如图 5-8 所示，干燥过程可分为以下三个阶段：

(1) 物料预热阶段（AB 段）　在开始干燥时，有一较短的预热阶段，空气中部分热量用来加热物料，物料含水量随时间变化不大。

(2) 恒速干燥阶段（BC 段）　由于物料表面存在自由水分，物料表面温度等于空气的湿球温度，传入的热量只用来蒸发物料表面的水分，物料含水量随时间成比例减少，干燥速率恒定且最大。

(3) 降速干燥阶段（CDE 段）　物料含水量减少到某一临界含水量（X_C），由于物料内部水分的扩散慢于物料表面的蒸发，不足以维持物料表面保持湿润，而形成干区，干燥速率开始降低，物料温度逐渐上升。物料含水量越小，干燥速率越慢，直至达到平衡含水量（X^*）而终止。

干燥速率为单位时间在单位面积上汽化的水分量，用微分式表示为：

$$u=\frac{dW}{A\,d\tau}$$

式中　u——干燥速率，kg 水/(m^2·s)；

A——干燥表面积，m^2；

$d\tau$——相应的干燥时间，s；

dW——汽化的水分量，kg。

图 5-8 的横坐标 X 为对应于某干燥速率下的物料平均含水量。

$$\overline{X}=\frac{X_i+X_{i+1}}{2}$$

式中　X——某一干燥速率下湿物料的平均含水量；

X_i、X_{i+1}——$\Delta\tau$ 时间间隔内开始和结束时的含水量，kg 水/kg 绝干物料。

$$X_i=\frac{G_{si}-G_{ci}}{G_{ci}}$$

式中　G_{si}——第 i 时刻取出的湿物料的质量，kg；

G_{ci}——第 i 时刻取出的物料的绝干质量，kg。

干燥速率曲线只能通过实验测定，因为干燥速率不仅取决于空气的性质和操作条件，而且还受物料性质结构及含水量的影响。

三、干燥过程及影响因素

(1) 恒速阶段的干燥　恒速阶段的干燥速率等于临界点的干燥速率 u_C。在恒速干燥阶段中，物料内部水分的扩散速率大于等于表面水分汽化速率，物料表面始终维持湿润状态，物料表面温度等于空气的湿球温度；空气传给物料的热量等于水分汽化所需的热量；干燥速率取决于表面汽化速率，称为表面汽化控制阶段。

在此阶段中影响干燥速率的因素是干燥介质的状态，提高空气的温度和流速，降低湿度可使干燥速率提高。

(2) 降速阶段的干燥　在此阶段中，由于水分自物料内部向表面迁移的速率低于物料表面上水分的汽化速率，因此湿物料表面逐渐变干，汽化表面向物料内部转移，温度也不断上升。随着物料内部含水量的减少，水分由物料内部向表面传递的速率慢慢下降，因而干燥速率也越来越低，到达点 E 时速率降为零，物料中的水分即为该空气状态下的平衡水分。物料表面温度由初始状态空气的湿球温度 t_w 逐渐上升至 θ_2，如图 5-7 (b) 所示。

在此阶段中影响干燥速率的因素是物料本身的结构、形状和尺寸大小，而与干燥介质的状态参数关系不大，所以减小物料尺寸，使物料分散在干燥介质中，可提高此阶段的干燥速率。

(3) 临界含水量 X_C　临界含水量随物料的性质、厚度及干燥速率的不同而异，临界含水量 X_C 值越大，便会使物料中干燥较早地转入降速阶段，使在相同的干燥任务下所需的干燥时间较长。

第四节　技能实训

一、干燥实训装置工艺

1. 干燥实训装置工艺图

流化床干燥实训装置工艺流程如图 5-9 所示。

2. 干燥器配置清单

干燥器配置清单见表 5-1。

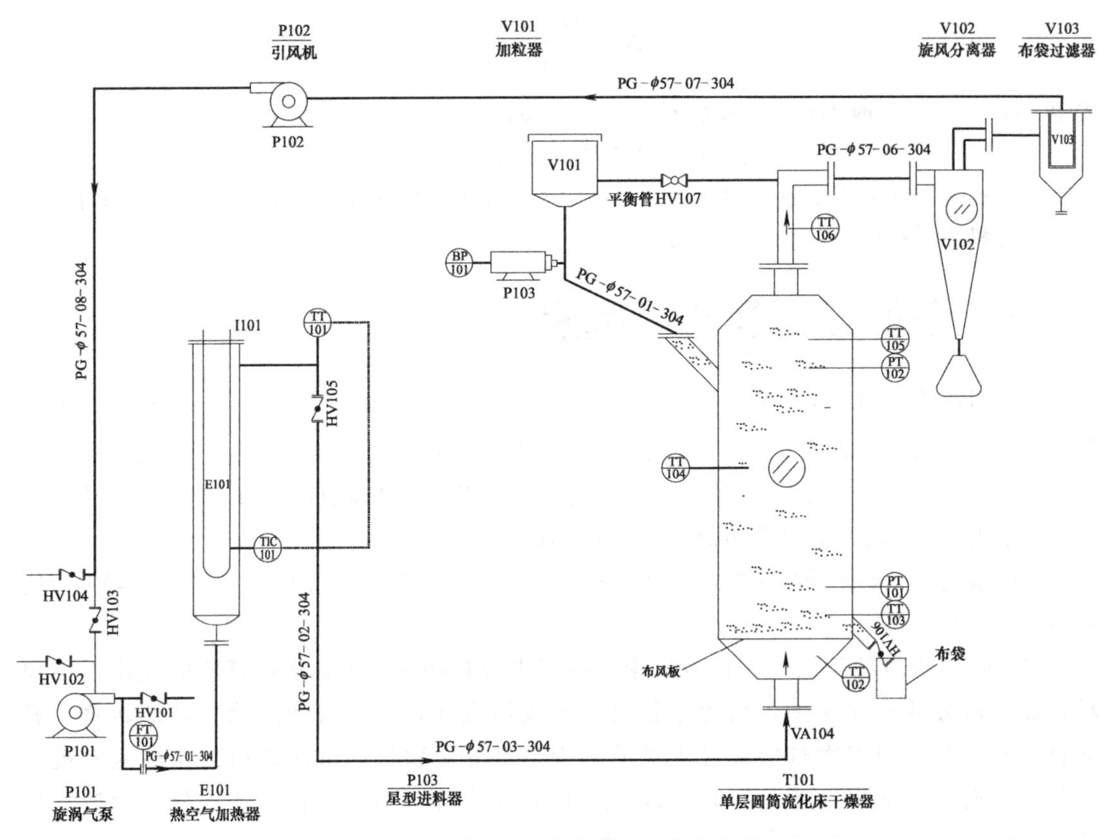

图 5-9 流化床干燥实训装置工艺流程图

表 5-1 干燥器配置清单表

类别	主要设备	主要参数	单位	数量	备注
动设备	旋涡风机	森森风机，型号 HG-2200-C，功率 2.2kW，电压 380V，最大流量 $260m^3/h$	个	1	
	引风机	森森风机，型号 HG-2200-C，功率 2.2kW，电压 380V，最大流量 $260m^3/h$	个	1	
	星型进料器	型号 08SP，功率 90W，电压 220V，配调速器	个		
静设备	空气加热器	φ159mm×600mm，U 型翅片加热棒，加热功率 3kW，电压 220V	个	1	
	流化床干燥器	φ400mm×700mm(床体)	个	1	
	加料漏斗	φ200mm×390mm，下部锥形，上口可密封	个	1	
	旋风分离器	φ159mm×300mm，材质 304 不锈钢，带收集罐 φ57mm×80mm	个	1	
	布袋除尘器	φ159mm×450mm，材质 304 不锈钢	个	1	

二、实训步骤

1. 开车前准备

（1）检查公用工程用电是否处于正常供应状态（电压、指示灯是否正常）。

（2）检查总电源的电压情况是否良好。

（3）检查控制柜及现场仪表显示是否正常。

（4）确保现场阀门都处于关闭状态。

（5）在加料漏斗中加入3瓶硅胶颗粒，在加入前向每一瓶硅胶颗粒瓶中加入10mL左右的水，加入完成后关闭漏斗盖。

（6）将布袋除尘器V103内的过滤桶外套上除尘布袋，并检查是否密封完好。

（7）在流化床底部卸料口处套上布袋。

2. 操作步骤

（1）开车

① 打开旋涡气泵P101泵前进口阀HV102。

② 打开旋涡气泵P101泵后出口阀HV101。

③ 打开空气加热器E101出口阀HV105。

④ 打开引风机P102出口阀HV104。

⑤ 启动旋涡气泵P101。

⑥ 启动引风机P102。

⑦ 关闭旋涡气泵P101泵后出口阀HV101。

⑧ 启动空气加热器E101内加热，并设置加热温度为80℃。

⑨ 打开平衡管阀门HV107。

⑩ 启动星型进料器P103，并调节转速，使进料量适中。

⑪ 关闭星型进料器P103。

⑫ 关闭平衡管阀门HV107。

⑬ 记录温度、流量数据。

⑭ 每隔5～10min，打开流化床底部卸料口HV106，取少量物料观察其干燥状态，后关闭卸料口HV106。

⑮ 待硅胶完全变色后，开始停车。

（2）停车

① 关闭空气加热器E101内加热。

② 打开流化床底部卸料口HV106，将流化床内部的物料都卸出，卸料完毕后关闭卸料口HV106。

③ 关闭旋涡气泵P101。

④ 关闭引风机P102。

⑤ 关闭旋涡气泵P101泵前进口阀HV102。

⑥ 关闭旋涡气泵P101泵后出口阀HV101。

⑦ 关闭空气加热器E101出口阀HV105。

⑧ 关闭引风机P102出口阀HV104。

第六章

非均相物系分离

非均相物系的分离目的：①净化分散介质以获得纯净的气体或液体。②收取分散物质以获得成品。③环境保护。

第一节　沉　　降

沉降是使悬浮在流体中的固体颗粒，在某种力的作用下，沿着受力方向发生运动而沉积，从而与流体分离的过程。实现沉降操作的作用力可以是重力，也可以是惯性离心力，因此沉降又可分为重力沉降和离心沉降。

一、重力沉降

1. 重力沉降速度

当固体颗粒在静止的流体中降落时，在垂直方向上受到三个力的作用，即向下的重力、向上的浮力和与颗粒运动方向相反的向上的阻力，如图 6-1 所示。

当三个力达到平衡时，加速度为零，固体颗粒将以不变的速度匀速下降，此时颗粒相对于流体的速度称为重力沉降速度。

设颗粒是表面光滑的球形；沉降的颗粒相距较远，互不干扰；容器壁对颗粒的阻滞作用可以忽略，此时容器的尺寸应远远大于颗粒的尺寸；颗粒直径不能过分细微。根据三个力达到平衡时其代数和等于零，可导出重力沉降速度的计算式为

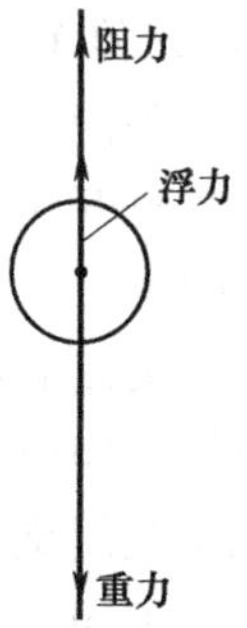

$$u_t=\sqrt{\frac{4gd_p(\rho_p-\rho)}{3\rho\zeta}} \tag{6-1}$$

阻力

浮力

重力

图 6-1　微粒在静止流体中降落时的受力情况示意图

式中　g——重力加速度，m/s^2；

d_p——球形颗粒直径，m；

ρ_p——球形颗粒密度，kg/m^3；

ρ——流体密度，kg/m^3；

ζ——阻力系数。

阻力系数 ζ 与雷诺数 Re_p 有关，根据 Re_p 数值的范围可将沉降分为三个区域，各区域

内 ζ 与 Re_p 的关系为

滞流区（$10^{-4}<Re_p<1$）

$$\zeta=24/Re \tag{6-2}$$

过渡区（$1<Re_p<10^3$）

$$\zeta=18.5/Re_p^{0.6} \tag{6-3}$$

湍流区（$10^3<Re_p<2\times10^5$）

$$\zeta=0.44 \tag{6-4}$$

将式（6-2）、式（6-3）、式（6-4）分别代入式（6-1）可得各区内计算沉降速度的公式，即

滞流区
$$u_t=\frac{d_p^2(\rho_p-\rho)g}{18\mu} \tag{6-5}$$

过渡区
$$u_t=0.27\sqrt{\frac{d_p(\rho_p-\rho)g}{\rho}Re_p^{0.6}} \tag{6-6}$$

湍流区
$$u_t=1.74\sqrt{\frac{d_p(\rho_p-\rho)g}{\rho}} \tag{6-7}$$

在根据式（6-5）、式（6-6）、式（6-7）计算沉降速度时，应采用试差法。

即先假设沉降在某一区域内，选用相应的公式计算 u_t，然后再根据求出的 u_t 值计算 Re_p 值，如果 Re_p 值在所设范围内，则计算结果有效，否则需另设一区域重新计算，直到按求得的 u_t 所算出的 Re_p 值与所设范围相符为止。由于沉降操作中涉及的颗粒较小，操作通常处于滞流区，因此一般先假设沉降在滞流区内。

2. 重力沉降设备

（1）降尘室　降尘室又称除尘室，是利用重力的作用净制气体的设备。

最简单的形式是在气道中装置若干垂直挡板的降尘气道，如图 6-2 所示。

降尘气道具有相当大的横截面积和一定的长度。当含尘气体进入气道后，因其流动截面增大，流速降低，使得灰尘在气体离开气道以前，有足够的停留时间沉到室底而被除去。

降尘室的生产能力仅与其沉降面积 b_1 及颗粒的沉降速度 u_t 有关，而与降尘室的高度无关，故降尘室以取扁平的几何形状为佳，可将降尘室做成多层。

（2）沉降槽　沉降槽又称增稠器或增浓器，是利用颗粒重力的差别使液体中的固体颗粒沉降的设备。如图 6-3 所示，是一种应用广泛的连续式沉降槽，具有澄清液体和增稠悬浮液的双重作用。

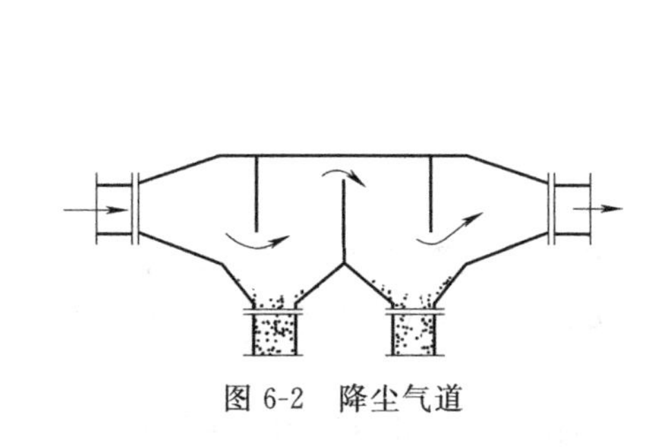

图 6-2　降尘气道

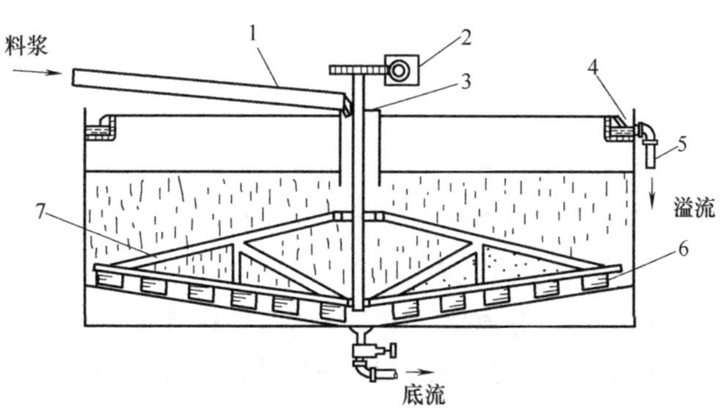

图 6-3　连续式沉降槽

1—进料槽道；2—转动机构；3—料井；4—溢流槽；5—溢流管；6—叶片；7—转耙

二、离心沉降

在惯性离心力作用下实现的沉降过程称为离心沉降。悬浮在流体中的颗粒利用离心力，比利用重力可以使颗粒的沉降速度增大很多，这是因为离心力由旋转而产生，旋转的速度越快则产生的离心力越大；而颗粒在重力场中所受的重力作用则是一个定值。因此，将颗粒从悬浮物系中分离时，利用离心力比利用重力有效的多。同时利用离心力作用的分离设备，不仅能分离出比较小的颗粒，而且设备的体积亦可缩小。

1. 离心沉降速度

当固体颗粒随着流体一起快速旋转时，如果颗粒的密度大于流体的密度，离心力会使颗粒穿过运动的流体而甩出，沿径向方向沉降。此时颗粒在径向上受到三个力的作用，即从旋转中心指向外周的离心力、沿半径指向旋转中心的向心力（相当于重力场中的浮力）和与颗粒运动方向相反、沿半径指向旋转中心的阻力。

同重力沉降相似，当颗粒在径向沉降方向上，所受上述三力达到平衡时，颗粒则做等速运动，此时颗粒在径向上相对于流体的速度便是颗粒在此位置上的离心沉降速度。

根据三力达到平衡时，同样可导出球形颗粒离心沉降速度的计算式为

$$u_c=\sqrt{\frac{4d_p(\rho_p-\rho)}{3\zeta\rho}\times\frac{u_T^2}{R}} \tag{6-8}$$

式中　d_p——球形颗粒直径，m；

ρ_p——球形颗粒密度，kg/m^3；

ρ——流体密度，kg/m^3；

ζ——阻力系数；

u_T——颗粒切向速度，m/s；

R——颗粒旋转半径，m。

式（6-8）与式（6-1）比较可知，颗粒的离心沉降速度 u_c 与重力沉降速度 u_t 有相似的关系式，只是将式（6-1）中重力加速度 g 改为离心加速度$\frac{u_T^2}{R}$。但 u_c的方向是径向向外，且 u_c 随旋转半径而变化，所以颗粒的离心沉降速度 u_c 本身不是一个恒定数值，随颗粒所处的位置而变。

计算表明同一颗粒在上述条件下的离心沉降速度，等于重力沉降速度的 40.8 倍，足见离心沉降的分离效果，远较重力沉降分离效果要好。

2. 离心沉降设备

（1）旋风分离器　旋风分离器是利用惯性离心力的作用，从气流中分出尘粒的设备。图 6-4 所示是旋风分离器代表性的结构型式，称为标准旋风分离器。图 6-5 描绘了气流在器内的运动情况。

（2）旋液分离器　旋液分离器是一种利用惯性离心力的作用，分离以液体为主的悬浮液或乳浊液的设备。它的构造和工作原理与旋风分离器相类似，形状如图 6-6 所示。

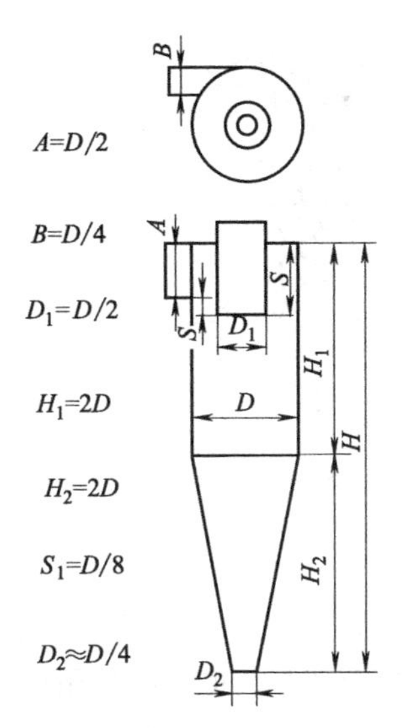

图 6-4　标准型式的旋风分离器尺寸比例示意图

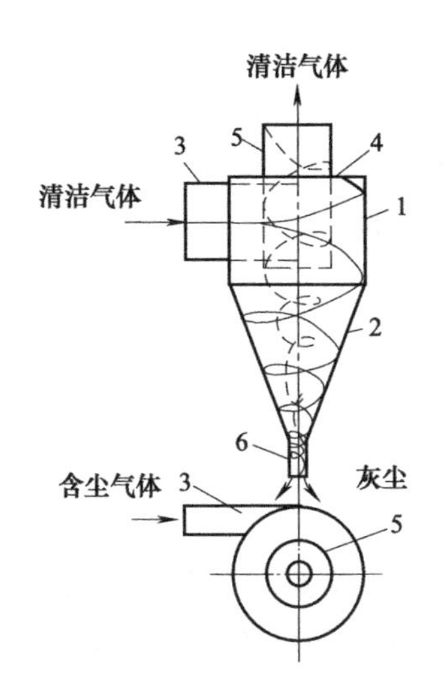

图 6-5　气流在旋风分离器内的运动情况

1—外壳；2—锥形底；3—气体入口管；4—盖；5—气体出口管；6—除尘管

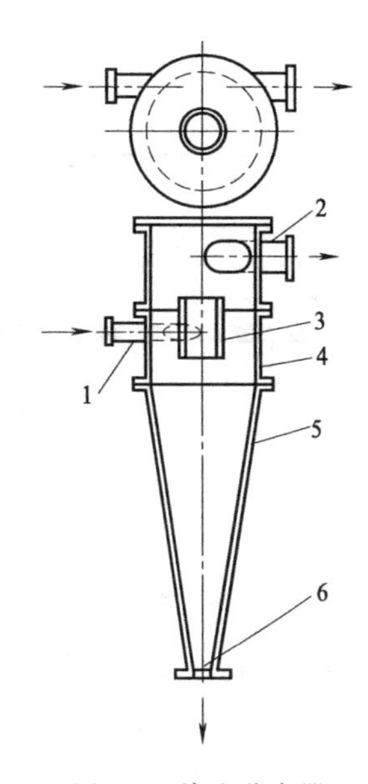

图 6-6　旋液分离器

1—悬浮液进口；2—溢流出口；3—中心溢流管；4—筒体；5—锥体；6—底流出口

第二节　过　　滤

过滤是分离悬浮液最常用的单元操作之一。利用过滤可以获得清净的液体或固体产品。与沉降分离相比，过滤操作可使悬浮液的分离更迅速、更彻底。在某些场合，过滤是沉降的后继操作。

一、过滤操作的基本概念

1. 过滤操作的原理

图 6-7 为过滤操作示意图。在过滤操作中，通常称原有的悬浮液为滤浆或料浆，被截留在多孔介质上的固体称为滤渣或滤饼，通过多孔介质的液体称为滤液。过滤时悬浮液置于过滤介质一侧，在过滤介质两侧压强差的作用下，液体从过滤介质的小孔中流过，而固体颗粒被截留在过滤介质上形成滤饼层。

由于滤浆中固体颗粒大小不一，过滤介质中微细孔道的尺寸可能大于悬浮液部分小颗粒的尺寸，因而过滤之初会有一些细小颗粒穿过介质而使滤液混浊，但是不久颗粒会在孔道中发生“架桥”现象，如图 6-8 所示，使小于孔道尺寸的细小颗粒也能被截留，当滤饼开始形成时，滤液变清，过滤真正开始进行。所以，真正发挥截留颗粒作用的主要是滤饼层而不是过滤介质。

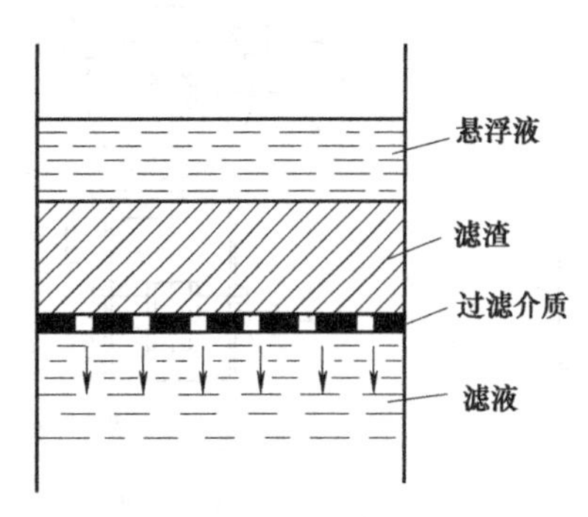

图 6-7 过滤操作示意图

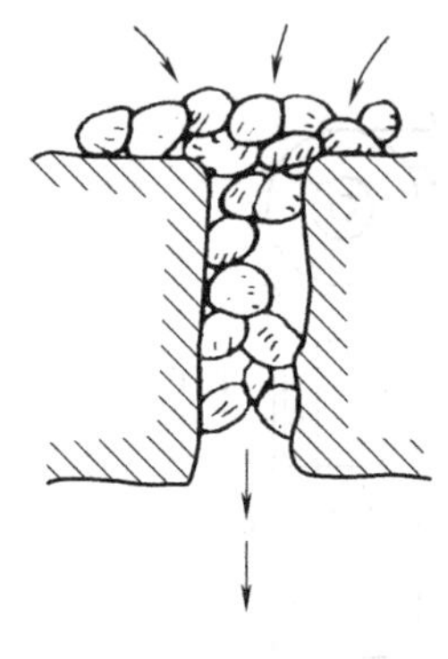
图 6-8 “架桥”现象

2. 过滤介质

（1）织物介质　编织滤布是品种最多、用途最广的介质，它们的材质可以是棉、毛、丝、麻等天然纤维以及各种化学纤维，如聚氯乙烯、聚乙烯、聚酯纤维等。也可以是用玻璃棉丝或金属丝如不锈钢、黄铜、镍丝织成的滤网。这类介质能截留 5～65μm 的固体颗粒。

（2）多孔性固体介质　如多孔性陶瓷板或管、多孔塑料板或由金属粉末烧结而成的多孔性金属陶瓷板及管等。此类介质能截留小至 1～3μm 的固体颗粒。

（3）堆积介质　包括颗粒状的细沙、石砾、炭屑等堆积而成的颗粒床层及非编织纤维玻璃棉等的堆积层。一般用于处理含固体量很少的悬浮液，如水的净化处理等。

3. 滤饼和助滤剂

（1）滤饼　分为不可压缩滤饼和可压缩滤饼。

① 不可压缩滤饼　由不易变形的坚硬固体颗粒构成的滤饼，当滤饼两侧压强差增大时，颗粒形状和颗粒间空隙不发生明显的变化。

② 可压缩滤饼　由易变形的较软的颗粒构成的滤饼，当滤饼两侧压强差增大时，颗粒形状和颗粒间空隙有明显的变化。

（2）助滤剂

① 作用　形成支撑骨架，防止滤孔堵塞，减小过滤阻力。

② 基本要求　颗粒均匀、坚硬、不易因压力所变形，不溶于液相，具有化学稳定性。

③ 使用方法　预涂于过滤介质上或混入悬浮液中。

④ 适用场合　用于可压缩滤饼，或其他使过滤阻力增大的场合，且以获得清净的滤液为目的时。

⑤ 常用的助滤剂　硅藻土、珠光粉、碳粉、纤维粉末、石棉等。

4. 过滤速率

过滤速率是指单位时间内滤过的滤液体积。在过滤操作中，滤饼厚度不断增加，阻力不断增大，而使滤液的流动呈非稳定态的流动，故任一瞬间的过滤速率可写成如下微分形式：

$$U=\frac{dV}{d\theta} \tag{6-9}$$

式中　U——瞬间过滤速率，m^3/s；

V——滤液体积，m^3；

θ——过滤时间，s。

实践证明，过滤速率与过滤推动力成正比，与过滤阻力成反比。当推动力一定时，过滤速率将随操作过程的进行逐渐降低，若要维持一定的过滤速率，则必须逐渐增加推动力。

5. 过滤操作方式

（1）恒压过滤　在恒定的压强差下进行的过滤。

（2）恒速过滤　维持过滤速率不变的过滤。

（3）先恒速后恒压过滤　过滤开始阶段保持恒定的过滤速率而压强差逐步升高至操作系统允许的最大压差，此后的操作则在恒定的压强差下过滤。

6. 影响过滤速率的因素

（1）过滤面积。

（2）悬浮液的黏度。

（3）过滤推动力。

（4）过滤介质和滤饼的性质。

7. 滤饼的洗涤

（1）洗涤目的

① 回收有价值的滤液。

② 除去滤饼中的杂质。

（2）洗涤方式

① 滤饼在过滤机上直接用洗液洗涤。

② 将滤饼从过滤机上卸下，放在贮槽中用洗液混合搅拌洗涤，然后再用过滤方式除去洗液。

二、过滤设备

1. 板框压滤机

板框压滤机主要由尾板、滤框、滤板、主梁、头板和压紧装置等组成，如图 6-9 所示。板与框多做成正方形，其构造如图 6-10 所示。

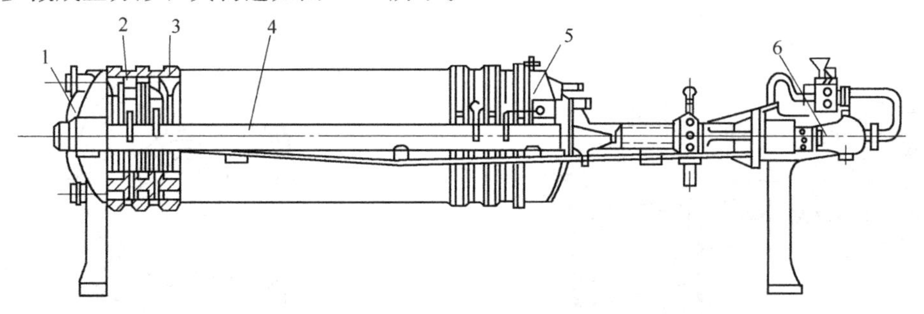

图 6-9　液压压紧板框压滤机

1—尾板；2—滤框；3—滤板；4—主梁；5—头板；6—压紧装置

板框压滤机的操作是间歇的，每个操作循环由装合、过滤、洗涤、卸渣、整理五个阶段组成。装合时将板与框按钮数 1-2-3-2-1……的顺序置于机架上，板的两侧用滤布包起（滤布上亦根据板、框角上孔的位置而开孔），然后用手动或机动的压紧装置将活动机头压向头

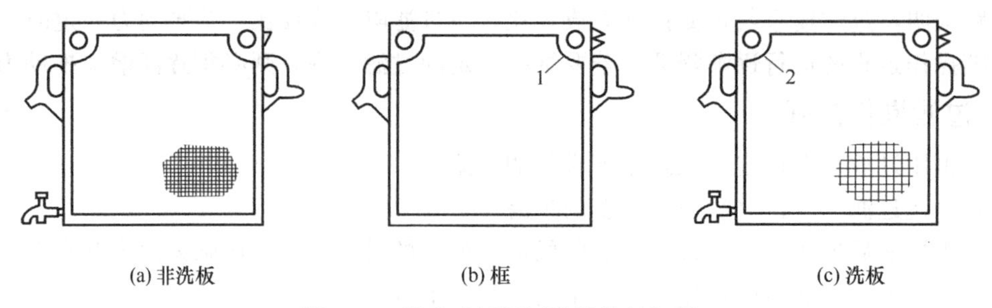

图 6-10　明流式板框压滤机的板与框

1—滤浆进口；2—洗液进口

板，使框与板紧密接触。

图 6-11（a）为明流式板框压滤机的过滤情况，图 6-11（b）为洗涤情况。

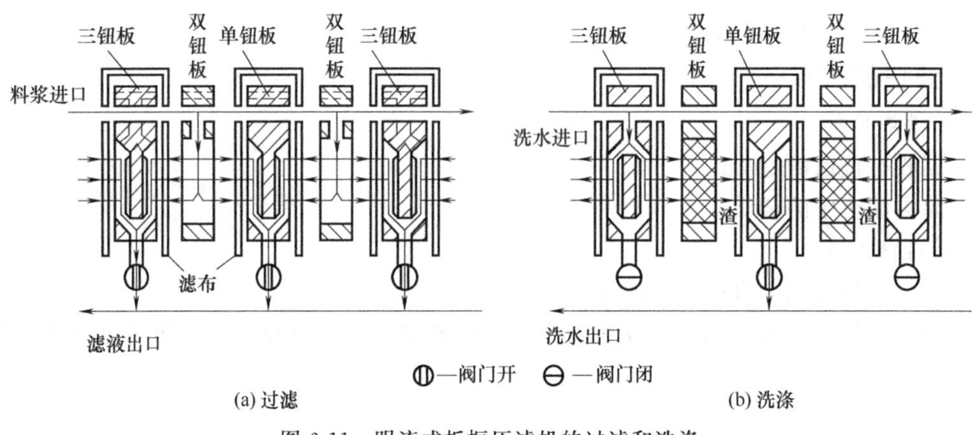

图 6-11　明流式板框压滤机的过滤和洗涤

2. 转鼓真空过滤机

图 6-12 和图 6-13 所示为一台转鼓真空过滤机的外形图和操作简图。过滤机的主要部分包括转鼓、滤浆槽、搅拌器和分配头。分配头由一个与转鼓连在一起的转动盘和一个与之紧

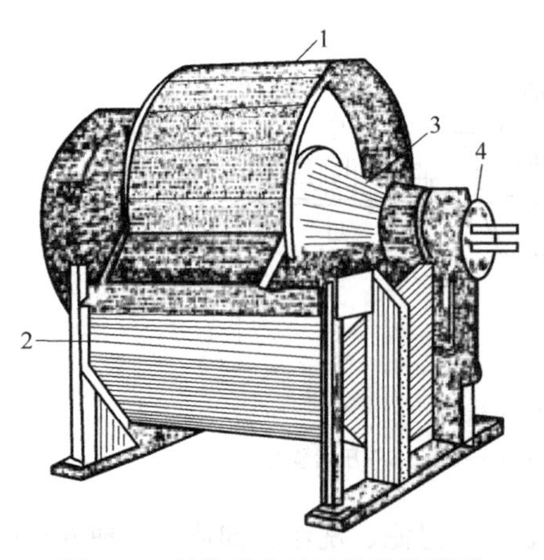

图 6-12　转鼓真空过滤机的外形图

1—转筒；2—滤浆槽；3—主轴；4—分配头

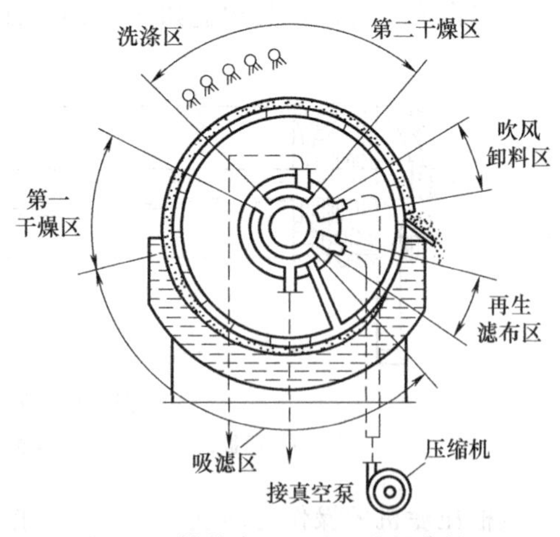

图 6-13　转鼓真空过滤机的操作简图

密贴合的固定盘组成。通过分配头这个结构，转筒的表面在任何瞬间都划分为以下几个区域：吸滤区、第一干燥区、洗涤区、第二干燥区、吹风卸料区、再生滤布区。

转鼓真空过滤机的突出优点是操作连续、自动。其缺点是转鼓体积庞大，但形成的过滤面积不大，过滤的推动力不大，悬浮液温度不能过高，滤渣洗涤不够充分。此种设备应用于过滤操作以固相为产品，不要求充分洗涤，比较易于分离的场合，特别是对于单品种生产中，大规模处理固体物含量很大的悬浮液，是十分适用的。

第三节　离心分离

离心分离是利用离心力来分离流体中悬浮的固体微粒或液滴的方法。其设备除前述的旋风（液）分离器以外，更重要的还有离心机。离心机是利用离心力分离液态非均相物系的设备，常用来从悬浮液中分离出晶体颗粒和纤维状物质，或从乳浊液中分离出重液和轻液。离心机的主要部件是一个快速旋转的转鼓，转鼓装在垂直或水平轴上。它与旋风（液）分离器的主要区别在于离心力是由设备本身旋转而产生的，并非由于被分离的混合物以一定的速度沿切线方向进入设备而引起的。

一、影响离心分离的主要因素

在离心机内进行离心分离时，由于物料在转鼓内绕中心轴做匀速圆周运动，则作用于此旋转物料的离心力 F 的大小可表示如下：

$$F=ma=mR\omega^2=m(2\pi n)^2R$$

式中　m——物料的质量，kg；

a——离心加速度，m/s^2；

R——旋转半径，m；

ω——旋转角速度，rad/s；

n——转速，1/s。

由上式可见，物料的惯性离心力与物料的质量成正比，与离心机转鼓的旋转半径成正比，与离心机转鼓的旋转速度的平方成正比。一般来讲，离心力越大，离心机的分离能力也就越强。但离心力的增大，不应从增大离心机转鼓直径入手，因为转鼓直径越大，所受应力越大，所以必须考虑离心机转鼓等其他部件的机械强度，是否能承受不断增加的离心力和应力。

物料在离心力场中所受离心力与重力大小之比，称为离心分离因数，以 α 表示。离心分离因数 α 也可用离心加速度 ω^2R 与重力加速度 g 的比值表示，它是衡量离心机特性的重要因素。它表示离心力场的强度，α 值越大，离心力越大，离心机的分离能力也就越强。

同时可知，增加转鼓的转速，离心分离因数增大很快，而增大转鼓半径，离心分离因数的增大就比较缓慢，因此，为了提高 α 值，一般采用增加转速的方法，同时适当地减小转鼓的半径，以保证转鼓有足够的机械强度。

二、离心机

1. 离心机的分类

(1) 依离心机的离心分离因数的大小，可将离心机分为以下三类：常速离心机 $\alpha < 3000$（一般 600～1200）；高速离心机 $3000 \leqslant \alpha \leqslant 50000$；超速离心机 $\alpha > 50000$。

最新式的离心机，其离心分离因数可高达 5×10^5 以上，常用来分离胶体微粒及破坏乳浊液等。

(2) 按操作原理分类，可分为过滤式、沉降式和分离式三类。

① 过滤式离心机　这种离心机转鼓壁上开有小孔，并衬以金属丝网或滤布，悬浮液在转鼓带动下高速旋转，在离心力作用下，液体穿过滤布和小孔被甩出而颗粒被滤布截留在鼓内。

② 沉降式离心机　这种离心机转鼓壁上没开小孔，故只能增浓悬浮液，使密度较大的颗粒沉积于转鼓内壁，密度较小的液体集于中央并不断引出。

③ 分离式离心机　离心机转鼓壁上同样不开小孔，用以分离乳浊液。在转鼓内按轻重相分层，重相在外，轻相在内，各自在径向的适当位置引出。

(3) 按操作方法分类，可分为间歇式和连续式。间歇式离心机的加料、分离、洗涤、卸渣等各项操作均系间歇地依次进行。连续式离心机的各项操作均连续自动地进行。

此外还可根据离心机转鼓轴线的方向将离心机分为立式与卧式离心机。

2. 离心机的结构

(1) 三足式离心机　三足式离心机在工业上应用较早。图 6-14 所示是间歇操作、人工卸料式立式离心机。

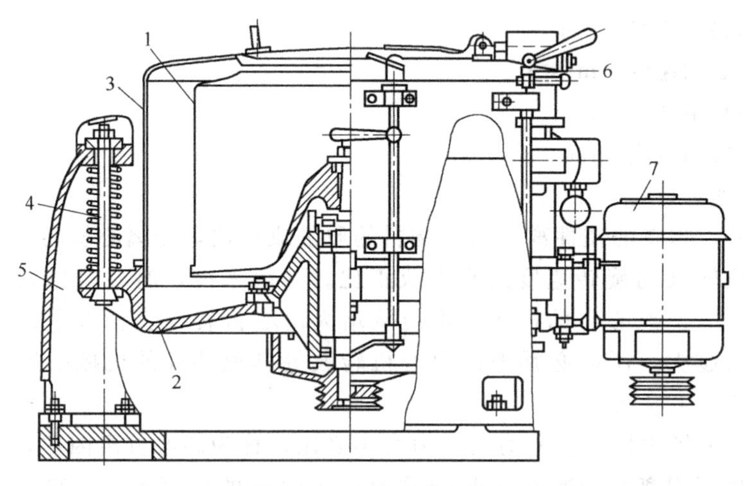

图 6-14　三足式离心机

1—转鼓；2—机座；3—外壳；4—拉杆；5—支柱；6—制动器；7—电动机

在这种离心机中为了减小转鼓的振动和便于拆卸，将转鼓、外壳和联动装置都固定在机座上。机座则借拉杆挂在三个支柱上，所以，称为三足式离心机。它有过滤式和沉降式两种，其卸料方法又有上部与下部卸料之分。

三足式离心机结构简单，制造方便，运转平稳，适应性强，适用于过滤周期较长，处理量不大，要求滤渣含液量较低的场合。缺点是上部卸料时劳动强度大，操作周期长，生产能力低。近年来已出现了自动卸料及连续生产的三足式离心机。

（2）卧式刮刀卸料离心机　图 6-15 所示是卧式刮刀卸料离心机。其特点是在转鼓全速运转的情况下能够自动地依次进行加料、分离、洗涤、甩干、卸料、洗网等工序的循环操作。每一工序的操作时间可按预定的要求由电气-液压系统按程序进行自动控制，也可用人工直接操纵。

刮刀卸料离心机最大优点是对物料的适应性强，固体颗粒的粒度可以从很细到很粗都能应用。对于悬浮液浓度的变化及进料量的变化也不敏感。过滤时间、洗涤时间均可自由调节，滤渣较干，并可得到很好的洗涤。一般在全速下完成各个工序，生产能力大。能过滤和沉降某些不易分离的悬浮液。缺点是刮刀卸料对部分物料造成破损，刮刀需经常修理更换。

（3）管式高速离心机　如图 6-16 所示。为尽量减小转鼓所受应力并保证物料在鼓内有足够长的停留时间，转鼓是直径小而长度大的管状结构，其直径一般为 100～200mm，高为 0.75～1.5m。转速高达 8000～50000r/min，离心分离因数可达 15000～60000。

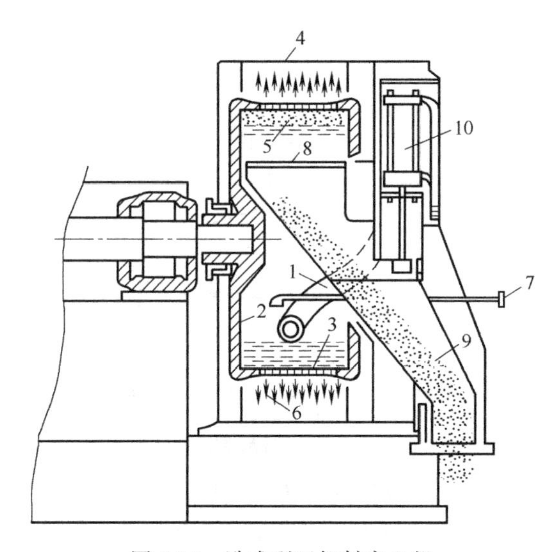

图 6-15　卧式刮刀卸料离心机

1—进料管；2—转鼓；3—滤网；4—外壳；5—滤渣；6—滤液；7—冲洗管；8—刮刀；9—溜槽；10—液压缸

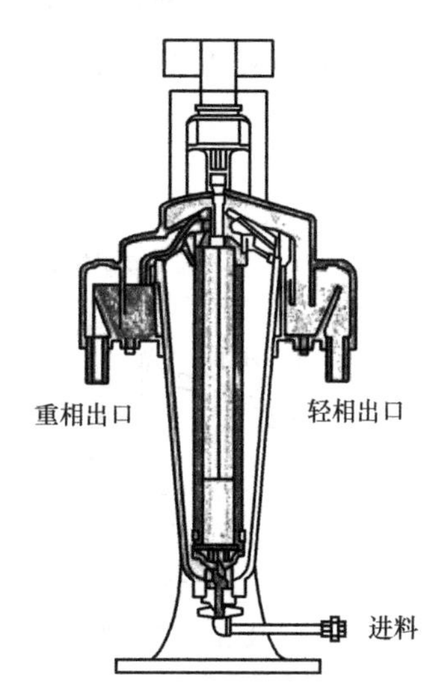

图 6-16　管式高速离心机

第四节　气体的其他净制设备

从气体或蒸气中除去所含的固体或液体颗粒而使其净化的方法，除可用前面所述的重力沉降与离心沉降外，还可以利用过滤、静电作用以及用液体对气体进行洗涤等方法来进行。

一、袋滤器

使含尘气体穿过做成袋状而支撑在适当骨架上的滤布，以滤除气体中尘粒的设备称为袋滤器。袋滤器主要由滤袋及其骨架、壳体、清灰装置、灰斗和排灰阀等部分组成。图 6-17 所示为脉冲式袋滤器。

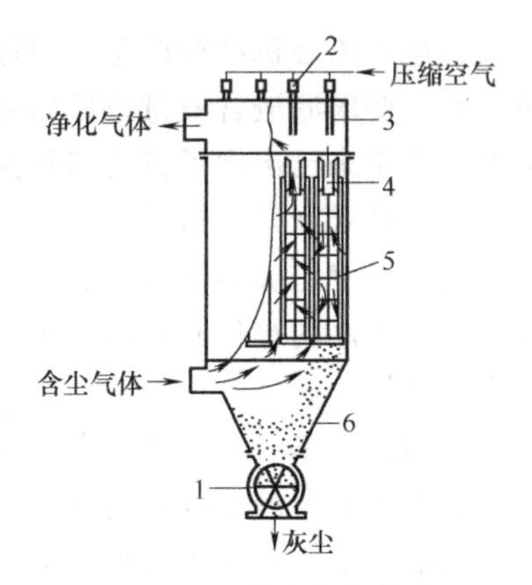

图 6-17 脉冲式袋滤器

1—排灰斗；2—电磁阀；3—喷嘴；4—文丘里管；5—滤袋骨架；6—灰斗

二、文丘里除尘器

文丘里除尘器是湿法除尘中分离效率较高的一种设备。其主体由收缩管、喉管及扩散管三段连接而成。图 6-18 为由文丘里管和旋风分离器组合而成的除尘器。

三、泡沫除尘器

泡沫除尘器适用于净制含有灰尘或雾沫气体的设备。如图 6-19 所示，其外壳是圆形或方形，上下分成两室，中间装有筛板，筛板直径为 2～8mm，开孔率为 8%～30%。

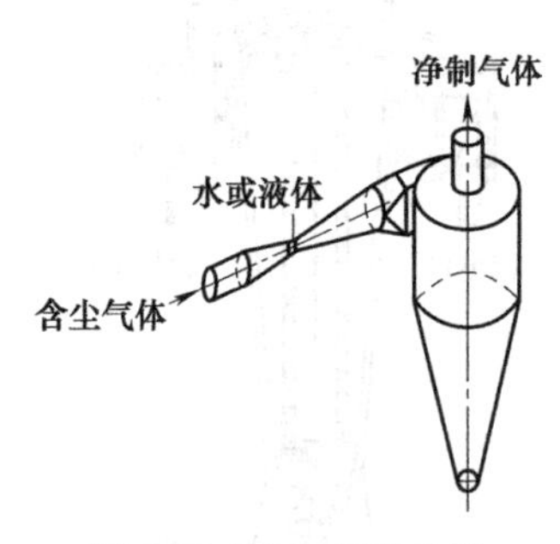

图 6-18 文丘里除尘器

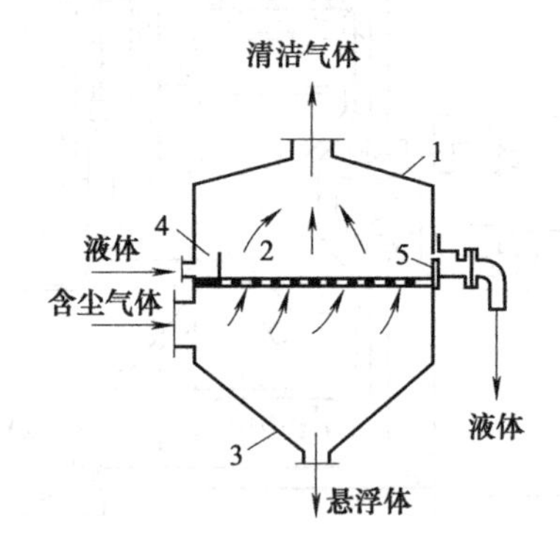

图 6-19 泡沫除尘器

1—外壳；2—筛板；3—锥型底；4—进液室；5—溢液挡板

四、电除尘器

当气体中含有极细的颗粒（或液滴）而又要求很高的除尘效率时，可采用电除尘器。电除尘器的分离原理是利用高压直流静电场的作用，使通过电场中的含尘气体发生电离，在电离过程中产生的离子附在尘粒上使尘粒带电，带电尘粒被带有相反电荷的电极所吸附，从而将尘粒从气体中分离出来。

电除尘器的优点是除尘效率高，可达 99.99%，可以除去小到 0.1μm 以下的颗粒，阻力小，气体处理量大。缺点是设备较复杂，制造、安装和维护管理的要求高，投资大，所以一般只用于要求除尘效率高的场合。

第五节　技能实训

一、实训目的

1. 熟悉板框压滤机的构造和操作方法。
2. 通过恒压过滤实验，验证过滤基本原理。
3. 学会测定过滤常数 K、q_e、τ_e 及压缩性指数 S 的方法。
4. 了解操作压力对过滤速率的影响。

二、实训原理

过滤是以某种多孔物质作为介质来处理悬浮液的操作。在外力作用下，悬浮液中的液体通过介质的孔道而固体颗粒被截留下来，从而实现固液分离。过滤操作中，随着过滤过程的进行，固体颗粒层的厚度不断增加，故在恒压过滤操作中，过滤速率不断降低。

影响过滤速率的主要因素除压强差、滤饼厚度外，还有滤饼和悬浮液的性质、悬浮液温度、过滤介质的阻力等，在低雷诺数范围内，过滤速率计算式为：

$$u=\frac{1}{K'}\frac{\varepsilon^3}{a^2(1-\varepsilon)^2}\frac{\Delta p}{\mu L} \tag{6-10}$$

式中　u——过滤速度，m/s；

K'——康采尼常数，层流时，$K'=5.0$；

ε——床层空隙率，m^3/m^3；

μ——滤液黏度，Pa·s；

a——颗粒的比表面积，m^2/m^3；

Δp——过滤的压强差，Pa；

L——床层厚度，m。

由此可以导出过滤基本方程式：

$$\frac{dV}{d\tau}=\frac{A^2\Delta p^{1-S}}{\mu r' v(V+V_e)} \tag{6-11}$$

式中　V——过滤体积，m^3；

τ——过滤时间，s；

A——过滤面积，m^2；

V_e——虚拟滤液体积，m^3；

r'——单位压强下的比阻，$1/m^2$；

v——滤饼体积与相应滤液体积之比，无因次；

S——滤饼压缩性指数，无因次，一般 $S=0\sim1$，对不可压缩滤饼，$S=0$。

恒压过滤时，令 $k=1/\mu r'v$，$K=2k\Delta p^{1-S}$，$q=V/A$，$q_e=V_e/A$，对式 6-11 积分得：

$$(q+q_e)^2=K(\tau+\tau_e) \tag{6-12}$$

K、q、q_e 三者总称为过滤常数，由实验测定。式（6-12）微分得：

$$\left.\begin{aligned}2(q+q_e)\mathrm{d}q=K\mathrm{d}\tau\\ \frac{\mathrm{d}\tau}{\mathrm{d}q}=\frac{2}{K}q+\frac{2}{K}q_e\end{aligned}\right\}\tag{6-13}$$

用 $\Delta\tau/\Delta q$ 代替 $\mathrm{d}\tau/\mathrm{d}q$，在恒压条件下，用秒表和量筒分别测定一系列时间间隔 $\Delta\tau_i$，和对应的滤液体积 ΔV_i，可计算出一系列 $\Delta\tau_i$、Δq_i、q_i，在直角坐标系中绘制 $\Delta\tau/\Delta q \sim q$ 的函数关系，得一直线，斜率为 $2/K$，截距为 $2q_e/K$，可求得 K 和 q_e，再根据 $\tau_e=q_e^2/K$，可得 τ_e。

改变过滤压差 Δp，可测得不同的 K 值，由 K 的定义式两边取对数得：

$$\lg K=(1-S)\lg(\Delta p)+\lg(2k)\tag{6-14}$$

在实验压差范围内，若 k 为常数，则 $\lg K \sim \lg(\Delta p)$ 的关系在直角坐标上应是一条直线，斜率为（$1-S$），可得滤饼压缩性指数 S，进而确定物料特性常数 k。

三、实训装置与工艺流程

1. 实训装置工艺流程

过滤实训装置工艺流程如图 6-20 所示。

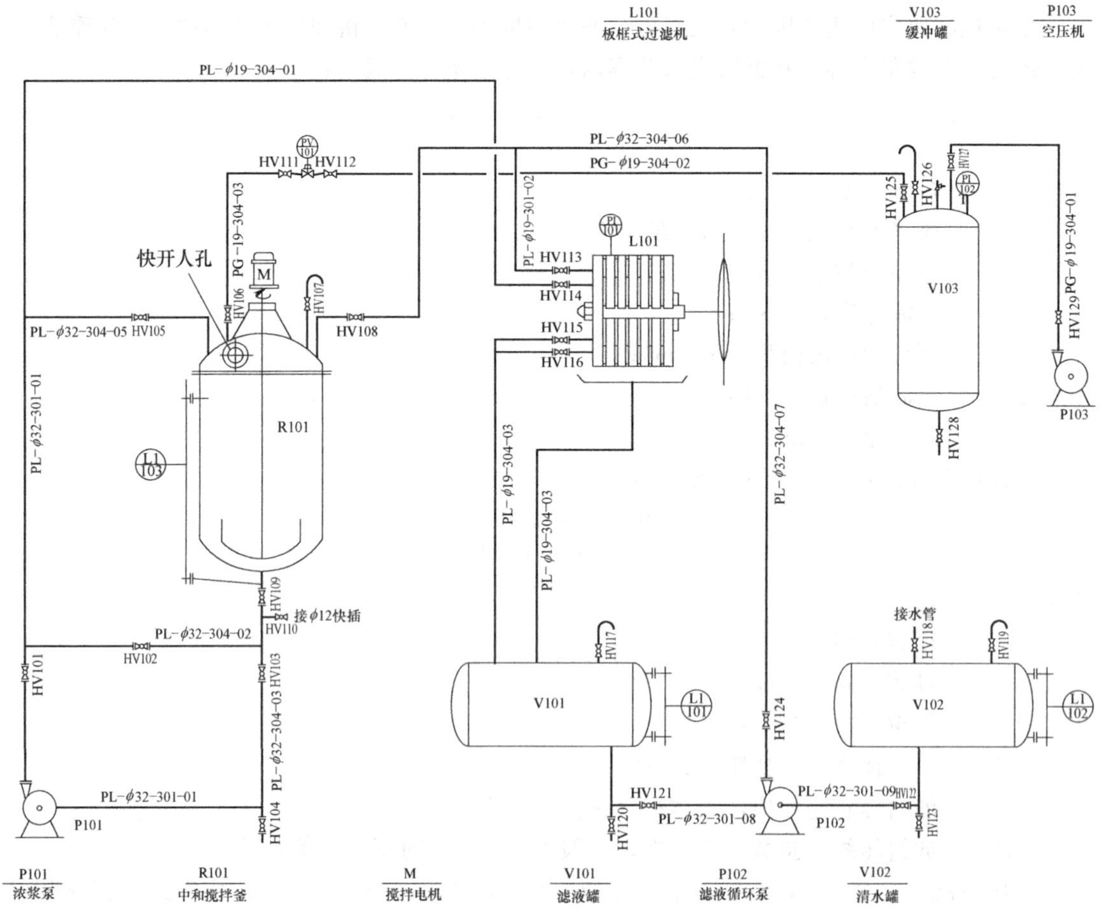

图 6-20　过滤实训装置工艺流程图

2. 实训装置工艺流程说明

$CaCO_3$ 的悬浮液在配制釜内配制一定浓度后，开启搅拌电机，同时利用浓浆泵、空压机将滤浆送入板框压滤机过滤，滤液压入滤液罐。

四、实训步骤与注意事项

（一）开车前准备

（1）检测设备用电用水是否处于正常供应状态（供水是否正常，供电是否正常）。

（2）确认设备所有阀门初始状态为关闭状态。

（3）熟悉取样点、温度测量、压力测量与控制点的位置。

（4）在过滤现场电力控制柜上，启动计算机，运行组态软件，打开过滤操作实训。

（5）备料

① 打开清水罐 V102 放空阀 HV119 和罐顶进水管阀门 HV118，往清水罐 V102 中加入清水。

② 在进水口接上软管，另一端接到自来水龙头上，打开自来水龙头，待清水罐 V102 液位达到 2/3 以上后，关闭自来水阀门，关闭进水管阀门 HV118，后续需要加水，则如上操作。

③ 称量碳酸钙：取干燥的碳酸钙，称取 12kg，备用。

（二）工艺流程

1. 配制含 $CaCO_3$ 8%～13%（质量分数）的水悬浮液

（1）打开泵 P102 进口阀 HV122。

（2）打开搅拌釜 R101 釜顶进水阀 HV108。

（3）启动泵 P102。

（4）打开泵 P102 出口阀 HV124。

（5）开始向搅拌釜 R101 中加水，当搅拌釜 R101 液位达到 25cm 时，关闭泵 P102 出口阀 HV124。

（6）关闭泵 P102。

（7）关闭泵 P102 进口阀 HV122。

（8）关闭搅拌釜 R101 釜顶进水阀 HV108。

（9）启动搅拌电机，用变频器控制使其在一定转速下搅拌。

（10）投料，打开釜顶玻璃人孔，将计量好的碳酸钙，缓慢投入到釜中，待投料完毕，关闭釜顶玻璃人孔（此时釜内碳酸钙的浓度在 10%左右）。

（11）搅拌 15min 左右，使得碳酸钙悬浮液搅拌均匀，待用。

2. 板框过滤机的安装

按照 1-2-3-4-5-6 的顺序正确装好滤板、滤框及滤纸。滤纸使用前用水浸湿。滤纸要绷紧，不能起皱（注意：用螺旋压紧时，千万不要把手指压伤，先慢慢转动手轮使板框合上，然后再压紧）。

3. 过滤操作

本装置可进行压缩空气和泵 2 种动力的过滤操作。

（1）以压缩空气为例进行描述（恒压过滤）

开车

① 关闭搅拌电机。

② 打开空压机 P103 出口阀 HV129。

③ 打开空气缓冲罐 V103 罐顶进气阀 HV127。

④ 启动空压机 P103。

⑤ 待空气缓冲罐 V103 内的压力达到 0.3MPa 时，打开空气缓冲罐 V103 罐顶出气阀 HV125。

⑥ 打开搅拌釜 R101 釜顶进气阀 HV106。

⑦ 打开压力定值阀 FV101 前后阀门 HV111、HV112。

⑧ 通过调节压力定值阀 FV101 阀顶的旋钮将压力控制在 0.3MPa（控制压力在 0.1MPa、0.2MPa 时，步骤同上）。

⑨ 向搅拌釜 R101 中充气，稳定 2min 后，打开搅拌釜 R101 釜底出口阀 HV109。

⑩ 打开气体管路阀 HV102。

⑪ 打开板框过滤机 L101 下方出口阀 HV115、HV116。

⑫ 缓慢打开板框过滤机 L101 上方滤浆进口阀 HV114。

⑬ 这样搅拌釜 R101 内的悬浮液被压入到板框过滤机 L101 内进行过滤，过滤后的滤液进入滤液罐 V101 中，直到无滤液出来，则 0.3MPa 下的过滤结束，记录时间和滤液量，然后手动调节压力定值减压阀压力为 0.2MPa，进行 0.2MPa 压力过滤，同样操作方法进行 0.1MPa 压力过滤。

停车

① 关闭板框过滤机 L101 上方滤浆进口阀 HV114。

② 关闭搅拌釜 R101 釜顶进气阀 HV106。

③ 关闭空压机 P103。

④ 缓慢打开搅拌釜 R101 釜顶放空阀 HV107，待压力降至零后，关闭放空阀 HV107。

⑤ 缓慢打开空气缓冲罐 V103 罐顶放空阀 HV126，待压力降至零后，关闭放空阀 HV126。

⑥ 关闭搅拌釜 R101 釜底出口阀 HV109。

⑦ 关闭气体管路阀 HV102。

⑧ 关闭空压机 P103 出口阀 HV129。

⑨ 关闭空气缓冲罐 V103 罐顶进气阀 HV127。

⑩ 关闭空气缓冲罐 V103 罐顶出气阀 HV125。

⑪ 关闭压力定值阀 FV101 前后阀门 HV111、HV112。

⑫ 关闭板框过滤机 L101 下方出口阀 HV115、HV116。

⑬ 将板框过滤机 L101 旋钮拧开，将板框内的滤饼取出，观察其状态及含水量，并将板框过滤机 L101 清洗干净后，按照顺序放回原位。

（2）以泵为例进行描述（非恒压过滤）

开车

① 待搅拌釜中的悬浮液被搅拌均匀后，关闭搅拌电机。

② 打开搅拌釜 R101 釜底出口阀 HV109。

③ 打开泵 P101 进口阀 HV103。

④ 启动泵 P101。

⑤ 打开泵 P101 出口阀 HV101。

⑥ 打开回流阀 HV105。

⑦ 打开板框过滤机 L101 下方出口阀 HV115、HV116。

⑧ 缓慢打开板框过滤机 L101 上方滤浆进口阀 HV114。

⑨ 搅拌釜 R101 内的悬浮液被打入到板框过滤机 L101 内进行过滤，过滤后的滤液进入滤液罐 V101 中，直到无滤液出来，则过滤结束。

停车

① 关闭板框过滤机 L101 上方滤浆进口阀 HV114。

② 关闭泵 P101 出口阀 HV101。

③ 关闭泵 P101。

④ 关闭泵 P101 进口阀 HV103。

⑤ 关闭搅拌釜 R101 釜底出口阀 HV109。

⑥ 关闭回流阀 HV105。

⑦ 关闭板框过滤机 L101 下方出口阀 HV115、HV116。

⑧ 将板框过滤机 L101 旋钮拧开，将板框内的滤饼取出，观察其状态及含水量，并将板框过滤机 L101 清洗干净后，按照顺序 1-2-3-4-5-6 放回原位。

4. 清洗

开车

① 打开泵 P102 进口阀 HV122。

② 启动泵 P102。

③ 打开泵 P102 出口阀 HV124。

④ 打开板框过滤机 L101 下方出口阀 HV115、HV116。

⑤ 缓慢打开板框过滤机 L101 上方清水进口阀 HV113。

⑥ 清水冲洗 5min 后，开始停车。

停车

① 关闭板框过滤机 L101 上方清水进口阀 HV113。

② 关闭泵 P102 出口阀 HV124。

③ 关闭泵 P102。

④ 关闭泵 P102 进口阀 HV122。

⑤ 关闭板框过滤机 L101 下方出口阀 HV115、HV116。

（三）注意事项

(1) 在夹紧滤布时，千万不要把手指压伤，先慢慢转动手轮使板框合上，然后再压紧。

(2) 在放置滤板和滤框时一定要按照顺序依次放好，否则压力过大滤液会喷出。

(3) 滤饼及滤液循环下次实验可继续使用。

(4) 实验结束后搅拌釜要排尽，避免 $CaCO_3$ 沉淀堵塞管路。

五、实验设备

表 6-1 为实验设备一览表。

表 6-1 实验设备一览表

序号	设备名称	规格型号及技术参数	单位	数量
1	框架、楼梯、护栏	对象部分长×宽×高=3700mm×2000mm×3600mm，碳钢材质	套	1
2	R101-中和搅拌釜	φ530mm×600mm，立式	个	1
3	V101-滤液罐	φ400mm×700mm，卧式	个	1
4	V102-清水灌	φ400mm×700mm，卧式	个	1
5	V103-缓冲罐	φ325mm×400mm，立式	个	1
6	P101-浓浆泵	南方水泵，型号 CHL2-20，功率 0.37kW，电压 220V，额定流量 $2m^3/h$，扬程 15m	台	1
7	P102-离心泵	南方水泵，型号 CHL2-20，功率 0.37kW，电压 220V，额定流量 $2m^3/h$，扬程 15m	台	1
8	P103-空压机	无油低噪音空气压缩机，型号 OTS1100-40，功率 1100W，电压 220V，压力 0.7MPa，储气量 40L	台	1
9	L101-卧式板框过滤机	不锈钢 300 型，4 通道，2 块非洗涤板，1 块洗涤板，2 块框，板框直径 300mm	台	1

六、常见故障及处理方法

表 6-2 是实训操作过程中常见故障及处理方法。

表 6-2 实训操作常见故障及处理方法

故障现象	原因分析	处理方法	备注
当启动按钮按下，水泵不能启动	①电源故障 ②接触器线圈有问题 ③按钮指示灯不亮	①首先检查设备控制柜供电是否正常，断路器是否合闸，若没有，则请专业人员对其合闸操作；其次检查控制水泵对应的断路器是否合闸，若没有，则请专业人员对其合闸操作 ②更换接触器 ③按下按钮	
泵出水不均	①在泵进口处没有足够的水 ②液面太低 ③与水温、管路损失和流量相比，进口压力太小 ④进水管或泵中有空气	①增加水量 ②设法升高液面 ③增大进口压力 ④检测及清污	
泵在运转但不出水	①进水管路被杂质堵塞 ②底阀或止回阀在关死位置 ③进水管泄漏 ④进水管或泵中有空气	①检测及清污 ②检修底阀和止回阀 ③检修进水管路 ④重新灌液、排除空气	
当运行按钮按下，搅拌电机不能启动	①电源故障 ②变频器运转不正常	①首先检查设备控制柜供电是否正常，断路器是否合闸，若没有，则请专业人员对其合闸操作；其次检查控制水泵对应的断路器是否合闸，若没有，则请专业人员对其合闸操作 ②变频器操作面板按钮是否已对其操作，若没有，只需“点动”变频器控制面板“RUN”按钮，无需其他设置	

实训操作中处理故障时需注意：

(1) 在拆下电机接线盒盖，拆泵以及加热管等带电设备接线端子之前，必须确保电源已经被完全切断，同时现场须有专业人员看护，以免发生危险。

(2) 检修和维护设备之前，同样需对整套设备完全断电，维修人员必须确保具备相关资质，以免发生事故。

第七章

吸　附

第一节　概　　述

固体颗粒选择性地吸附流体中的一个或几个组分，从而使流体混合物得以分离的方法称为吸附操作。通常称被吸附的物质为吸附质，用作吸附的多孔固体颗粒称为吸附剂。

吸附作用起因于固体颗粒的表面力。此表面力可以是由于范德华力的作用使吸附质分子单层或多层的覆盖于吸附剂的表面，这种吸附属物理吸附。吸附时所放出的热量称为吸附热。物理吸附的吸附热在数值上与组分的冷凝热相当，大致为 42～62kJ/mol。吸附也可因吸附质与吸附剂表面原子间的化学键合作用造成，这种吸附属化学吸附，吸附热相对较高。化工吸附分离多为物理吸附。

与吸附相反，组分脱离固体吸附剂表面的现象称为解吸（或脱附）。与吸收，解吸过程相类似，吸附解吸的循环操作构成一个完整的工业吸附过程。

一、解吸方法

解吸的方法有多种，原则上是升温和降低吸附质的分压以改变平衡条件使吸附质解吸。工业上根据不同的解吸方法，赋予吸附解吸循环操作以不同的名称。

（1）变温吸附　用升高温度的方法使吸附剂的吸附能力降低，从而达到解吸的作用。也即利用温度变化来完成循环操作。小型吸附设备常直接通入蒸汽加热床层，它具有传热系数高，升温快，又可以清扫床层的优点。

（2）变压吸附　降低系统压力或抽真空使吸附质解吸，升高压力使之吸附，利用压力的变化完成循环操作。

（3）变浓度吸附　利用惰性溶剂冲洗或萃取剂抽提而使吸附质解吸，从而完成循环操作。

（4）置换吸附　用其他吸附质把原吸附质从吸附剂上置换下来，从而完成循环操作。

除此之外，改变其他影响吸附质在流固两相之间分配的热力学参数，如 pH 值、电磁场强度等都可实现吸附解吸循环操作。另外，也可同时改变多个热力学参数，如变温变压吸附、变温变浓度吸附等。

二、常用吸附剂

化工生产中常用天然和人工制作的两类吸附剂。天然矿物吸附剂有硅藻土、白土、天然沸石等。虽然其吸附能力小，选择吸附分离能力低，但价廉易得，常在简易加工精制中采用，而且一般使用一次后即舍弃，不再进行回收。人工吸附剂则有活性炭、硅胶、活性氧化铝、合成沸石等等。

（1）活性炭　将煤、椰子壳、果核、木材等进行炭化，再经活化处理，可制成各种不同性能的活性炭，其比表面积可达 $1500m^2/g$。活性炭具有非极性表面，为疏水性和亲有机物的吸附剂。它可用于回收混合气体中的溶剂蒸气，各种油品和糖液的脱色，水的净化，气体的脱臭等。将超细的活性炭微粒加入纤维中，或将合成纤维炭化后可制得活性炭纤维吸附剂。这种吸附剂可以编织成各种织物，因而减少对流体的阻力，使装置更为紧凑。活性炭纤维的吸附能力比一般的活性炭高 1～10 倍。活性炭也可制成炭分子筛，可用于空气分离中氮的吸附。

分子筛是晶格结构一定、具有许多孔径大小均一微孔的物质，能选择性地将小于晶格内微孔的分子吸附于其中，起到筛选分子的作用。

（2）硅胶　硅酸钠溶液用酸处理，沉淀所得的胶状物经老化、水洗、干燥后，制得硅胶。硅胶是一种亲水性的吸附剂，其比表面积可达 $600m^2/g$。硅胶是无定形水合二氧化硅，其表面羟基产生一定的极性，使硅胶对极性分子和不饱和烃具有明显的选择性。它可用于气体的干燥脱水、脱甲醇等。

（3）活性氧化铝　由含水氧化铝加热活化而制得活性氧化铝，其比表面积可达 $350m^2/g$。活性氧化铝是一种极性吸附剂，它对水分的吸附能力大，且循环使用后，其物化性能变化不大。它可用于气体的干燥、液体的脱水以及焦炉气或炼厂气的精制等。

（4）活性土　各种活性土（如漂白土、铁矾土、酸性白土等）由天然矿物（主要成分是硅藻土）在 80～110℃下经硫酸处理活化后制得，其比表面积可达 $250m^2/g$。活性土可用于润滑油或石油重馏分的脱色和脱硫精制等。

（5）合成沸石和天然沸石分子筛　沸石是一种硅铝酸金属盐的晶体，其比表面积可达 $750m^2/g$，它具有较高的化学稳定性，微孔尺寸大小均一，是强极性吸附剂。随着晶体中的硅铝比的增加，极性逐渐减弱。它的吸附选择性强，能起筛选分子的作用。沸石分子筛的用途很广，如环境保护中的水处理、脱除重金属离子及海水提钾等。

（6）吸附树脂　高分子物质，如纤维素、木质素、甲壳素和淀粉等，经过反应交联或引进官能团，可制成吸附树脂。吸附树脂有非极性、中极性、极性和强极性之分。它的性能是由孔径、骨架结构、官能团基的性质和极性所决定的。吸附树脂可用于维生素的分离、过氧化氢的精制等。

三、吸附剂的基本特性

（1）比表面积　吸附剂的比表面积是指单位质量吸附剂所具有的吸附表面积，它是衡量吸附剂性能的重要参数。吸附剂的比表面积主要是由颗粒内的孔道内表面构成的。孔的大小可分为三类：即微孔（孔径＜2nm）、中孔（孔径为 2～200nm）和大孔（孔径＞200nm）。

以活性炭为例，微孔的比表面积占总比表面积的95%以上。而中孔与大孔主要是为吸附质提供进入内部的通道。

(2) 吸附容量 (X_m) 吸附容量为吸附表面每个空位都单层吸满吸附质分子时的吸附量。吸附容量与系统的温度、吸附剂的孔径大小和孔隙结构形状、吸附剂的性质有关系。

吸附容量表示了吸附剂的吸附能力。吸附量指单位质量吸附剂所吸附的吸附质的质量，即 kg 吸附质/kg 吸附剂。吸附量也称为吸附质在固体相中的浓度。观察吸附前后吸附气体体积的变化，或者确定吸附剂经吸附后固体颗粒的增重量，即可确定吸附量。

(3) 根据不同需要，吸附剂密度有不同的表达方式：

① 装填密度 ρ_B 与空隙率 ε_B 装填密度指单位填充体积的吸附剂质量。通常，将烘干的吸附剂颗粒放入量筒中摇实至体积不变。吸附剂质量与量筒所测体积之比即为装填密度。吸附剂颗粒与颗粒之间的空隙体积与量筒所测体积之比为空隙率 ε_B。用汞置换法置换颗粒与颗粒之间的空气，即可测得空隙率。

② 颗粒密度 ρ_p 又称表观密度，它是单位颗粒体积（包括颗粒内孔腔体积）吸附剂的质量。显然，$\rho_p=(1-\varepsilon_B)=\rho_B$。

③ 真密度 ρ_t 指单位颗粒体积（扣除颗粒内孔腔体积）吸附剂的质量。内孔腔体积与颗粒总体积之比为内孔隙率 ε_p。即 $\rho_t=(1-\varepsilon_p)=\rho_p$。

(4) 工业吸附剂应满足下列要求：

① 有较大的内表面。比表面越大吸附容量越大。

② 活性高。内表面都能起到吸附的作用。

③ 选择性高。吸附剂对不同的吸附质具有选择性吸附作用。不同的吸附剂由于结构、吸附机理不同，对吸附质的选择性有显著的差别。

④ 具有一定的机械强度和物理特性（如颗粒大小）。

⑤ 具有良好的化学稳定性、热稳定性以及价廉易得。

第二节 吸附相平衡

一、吸附等温线

气体吸附质在一定温度、分压（或浓度）下与固体吸附剂长时间接触，吸附质在气、固

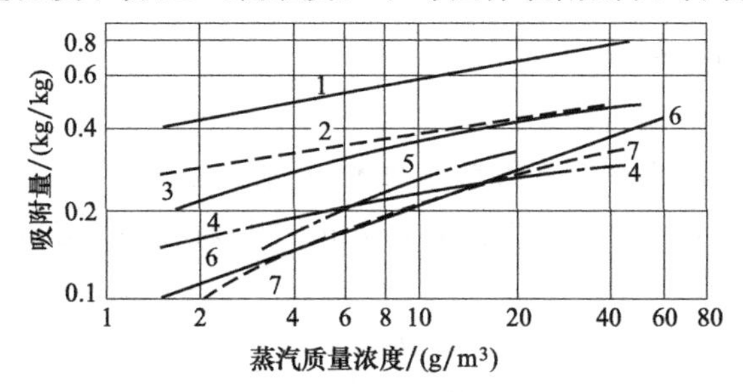

图 7-1 活性炭吸附空气中单个溶剂蒸气的吸附等温线（20℃）

1—CCl_4；2—醋酸乙酯；3—苯；4—乙醚；5—乙醇；6—氯甲烷；7—丙酮

两相中的浓度达到平衡。平衡时吸附剂的吸附量 r 与气相中的吸附质组分分压（或浓度）的关系曲线称为吸附等温线。图 7-1 为活性炭吸附空气中单个溶剂蒸气组分的吸附等温线，图 7-2 为水在不同温度下的吸附等温线。由图可见，提高组分分压和降低温度有利于吸附。

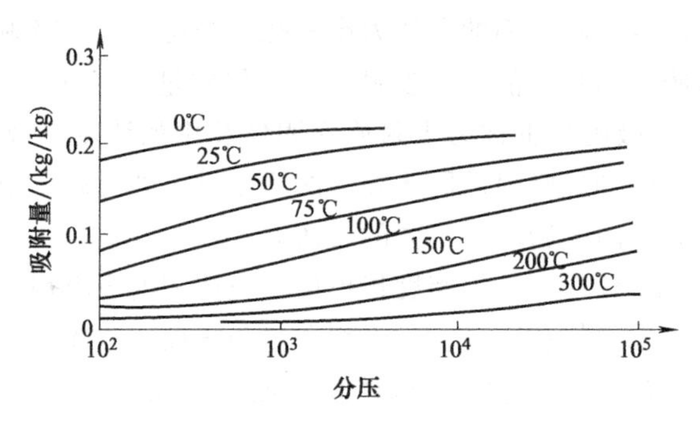

图 7-2　水在 5A 分子筛上不同温度下的吸附等温线

常见的吸附等温线可分为三种类型，见图 7-3，类型Ⅰ表示平衡吸附量随气相吸附质浓度上升开始增加较快，后来较慢，曲线呈向上凸出。类型Ⅰ在气相吸附质浓度很低时，仍有相当高的平衡吸附量，称为有利的吸附等温线类型。

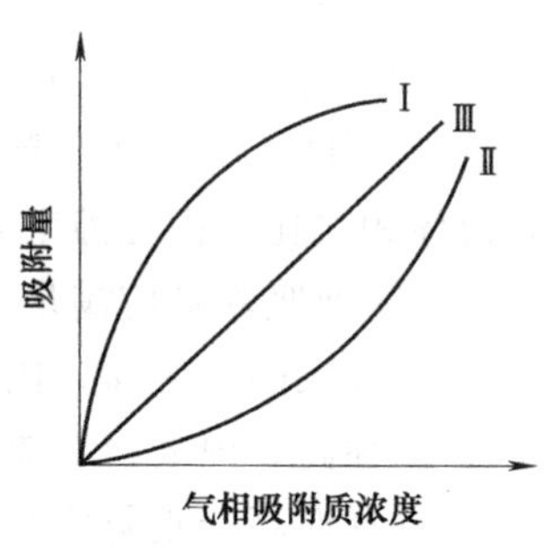

图 7-3　气固吸附等温线的种类

类型Ⅱ则表示平衡吸附量随气相浓度上升开始增加较慢，后来较快，曲线呈向下凹形状，称为不利的吸附等温线。类型Ⅲ是平衡吸附量与气相浓度成线性关系。

二、吸附平衡关系式

基于对吸附机理的不同假设，可以导出相应的吸附模型和平衡关系式。

（1）低浓度吸附（线性关系）

当低浓度气体在均一的吸附剂表面发生物理吸附时，相邻的分子之间互相独立，气相与吸附剂固体相之间的平衡浓度是线性关系，即

$$x=Hc \tag{7-1}$$

或

$$x=H'p \tag{7-2}$$

式中　c——吸附质浓度，kg/m^3；

p——吸附质分压，Pa；

H——比例常数，m^3/kg；

H'——比例常数，Pa^{-1}。

（2）单分子层吸附——朗格缪尔方程

当气相浓度较高时，相平衡不再服从线性关系。记 $\theta=x/x_m$ 为吸附表面遮盖率。吸附速率可表示为 $k_a p(1-\theta)$，解吸速率为 $k_d\theta$。当吸附速率与解吸速率相等时达到吸附平衡，这时

$$\frac{\theta}{1-\theta}=\frac{k_a}{k_d}p=k_L p \tag{7-3}$$

式中，k_L 为朗格缪尔吸附平衡常数，式（7-3）经整理后可得

$$\theta=\frac{x}{x_{m}}=\frac{k_{L}p}{1+k_{L}p} \tag{7-4}$$

式（7-4）即为单分子层吸附朗格缪尔方程，此方程能较好地描述图 7-3 中类型Ⅰ在中、低浓度下的等温吸附平衡。但当气相中吸附质浓度很高、分压接近饱和蒸气压时，蒸气在毛细管中冷凝而偏离了单分子层吸附的假设，朗格缪尔方程不再适用。朗格缪尔方程中的模型参数 x_m 和 k_L 可通过实验确定。

第三节　传质及吸附速率

吸附传质机理组分的吸附传质分外扩散、内扩散及吸附三个步骤。吸附质首先从流体主体通过固体颗粒周围的气膜（或液膜）对流扩散至固体颗粒的外表面，这一传质步骤称为组分的外扩散；然后，吸附质从固体颗粒外表面沿固体内部微孔扩散至固体的内表面，称为组分的内扩散；最后组分被固体吸附剂吸附。对多数吸附过程，组分的内扩散是吸附传质的主要阻力所在，因此吸附过程为内扩散控制。

因吸附剂颗粒孔道的大小及表面性质的不同，内扩散有以下四种类型。

（1）分子扩散　当孔道的直径远比扩散分子的平均自由程大时，其扩散为一般的分子扩散。

（2）努森扩散　当孔道的直径比扩散分子的平均自由程小时，则为努森（Knudsen）扩散。此时，扩散因分子与孔道壁碰撞而影响扩散系数的大小。通常用努森数 K_n 作为判据，即

$$K_{n}=\frac{\lambda}{d}$$

式中，λ 为分子平均自由程；d 为孔道直径。

努森理论认为在混合气体中的每个分子的动能是相等的，即

$$\frac{1}{2}M_{1}u_{1}^{2}=\frac{1}{2}M_{2}u_{2}^{2} \tag{7-5}$$

式中　M_1，M_2——分子量；

u_1，u_2——分子的平均速度。

式（7-5）说明质量大的分子平均速度小。当 $K_n>1$ 时，分子在孔道入口和孔道内不经过碰撞而通过孔道的分子数与分子的平均速度成正比，这一流量称为努森流（Knudsen flow）。因此，微孔中的努森流对不同分子质量的气体混合物有一定程度的分离作用。

（3）表面扩散　吸附质分子沿着孔道壁表面移动形成表面扩散。

（4）固体（晶体）扩散　吸附质分子在固体颗粒（晶体）内进行扩散。

孔道中扩散的机理不仅与孔道的孔径有关，也与吸附质的浓度（压力）、温度等其他因素有关。通过孔道的扩散流 J 一般可用菲克定律表示

$$J=-D\frac{dC}{dx}$$

第四节　技能实训

一、知识背景

近年，在化工分离技术的发展过程中，吸附分离技术占有重要的地位。吸附操作已发展成为一项独立的单元操作，与蒸馏、吸收这些一般熟知的单元操作相并列。利用吸附剂的特性之吸附过程，已被实际应用在各种生产过程中，在石油化工、化学工业、冶金工业、电子、国防、医药、轻工、农业以及环境保护与治理等部门，获得了越来越广泛的应用，吸附分离技术正迅速发展成为一门独立的新兴学科。当然，吸附分离技术获得如此进展，是与分子筛的开发紧密相连。

（一）分子筛吸附剂的择选

吸附剂的种类繁多，用于工业上的有硅胶、氧化铝、活性炭和分子筛等。而分子筛又分为两大类：

1. 沸石分子筛

沸石分子筛是既有筛分分子的作用，又具有沸石骨架结构的铝硅酸盐。吸附分离过程中，人们兴趣较大的是 A 型、X 型。除此之外，也有在 Y 型、L 型和丝光沸石等型号上的吸附分离的研究报道。A 型和 X 型沸石分子筛的特性见表 7-1。

表 7-1　A 型和 X 型沸石分子筛的特性

类型	空腔体积/(cm^3/g)	粒径/μm	吸附特性
3A	—	3.0	只吸附水和少量氨气，不吸附乙烯、乙炔、二氧化碳和更大的分子
4A	0.285	4.0	吸附水、甲醇、乙醇、硫化氢、二氧化碳、乙烯、丙烯；不吸附丙烷和更大的分子
5A	0.292	5.0	吸附正构烷烃和直径小于 5 埃的分子
12X	0.310	9～10	吸附直径小于 10 埃的各种分子；不吸附全氟三丁胺

注：空腔体积以水含量为计算依据。

2. 碳分子筛

碳分子筛是一类引人注目的新型吸附剂。碳分子筛虽为碳物质，但与活性炭不同，它有着比活性炭窄小得多的细孔，可以限制吸附更小的分子，也可以对大小不同的分子进行筛分，其孔结构与沸石分子筛相似，也有着均匀的细小的微孔。

碳分子筛与沸石分子筛不同，他们之间的区别：碳分子筛不具有沸石骨架结构，不是铝硅酸盐，也不含可交换的金属离子；沸石分子筛对水有较大的亲和力，优先吸附水，而碳分子筛对水的吸附力弱，因而可以用来分离湿气体。

由于分子筛分为两类，而每类分子筛又分为许多型号、品种，有其各自的特殊性能，设计分子筛吸附器时，择选分子筛吸附剂，如下几点是必须考虑的：

① 对于需要吸附的组分，具有良好的吸附性能。在吸附分离过程中，必须首先确定好

的是：流体的主要组分是什么？需要吸附的是哪些或哪种组分？择选的分子筛吸附剂，对于需要吸附的组分是否具有良好的吸附性能？

如粗氩的净化，主要组分是氩，需要净化的组分是氮与氧，粗氩中含氮量7%，含氧量3.1%，在液氧温度下（90K）净化粗氩，13X分子筛虽然吸附容量大，但在吸氮的同时，也吸附大量的氩，造成氩气损失大；4A分子筛在有氧、氮同时存在的情况下，不论对氧还是对氮均无明显吸附；在没有氮的存在情况下，4A分子筛能够强烈吸附氧。因此分子筛在低温吸附制氩中，先择选5A分子筛去除其中的氮，然后再择选4A分子筛把剩下的氧除去，经此两个分子筛吸附器后，排出的气体可为纯氩气，纯度在99.99%以上。

又如清除湿空气中的二氧化碳，由于碳分子筛对水的吸附力弱，可择选碳分子筛。

② 吸附剂经过反复使用和再生后，产生的劣化现象小。如石油气的干燥，选用孔径较大的固体吸附剂时，在干燥过程中能将烯烃吸附于微孔内聚合裂解成焦质，阻塞孔道，导致吸附剂的劣化，降低吸附性能，缩短使用寿命，因而择选孔径较小的3A分子筛吸附剂。

③ 有相当好的耐热稳定性。

④ 分子筛吸附剂某些物理性能好。如：对流体的阻力小，充填密度大，机械强度高，耐水强度、耐压强度、耐磨耗强度好。

⑤ 容易脱附。

⑥ 使用安全。

除此之外，在择选最佳分子筛吸附剂时，还应对吸附剂的采购的难易程度、价格、品种、粒径、粒形等众多因素，进行综合考虑。如分子筛吸附器塔径与分子筛吸附剂粒径之比至少要大于10，设计时一般择选的数值为20。

（二）分子筛吸附器

在吸附分离过程中，应用最广泛的吸附方式是：把颗粒状的吸附剂装到吸附柱中，使其与含有吸附组分的流体进行动态吸附。这种分子筛固定床吸附器，在择选出某种类型的分子筛后，设计中主要感兴趣的是：

1. 吸附质组分量

根据流体组成，吸附组分浓度、流量、温度、压力、流速等吸附器入口条件，以及对吸附器出口流出物的要求，即可求出应吸附各组分的量。

2. 有效吸附量

考虑到吸附剂的劣化和残余吸附量，分子筛吸附剂有效平衡吸附量 q_d，可用下式描述：

$$q_d = q_0(1-B) - q_R \tag{7-6}$$

式中 q_0——在等温吸附曲线上气体入口吸附组分浓度所对应的平衡吸附量；

q_R——残留吸附量，意指分子筛吸附剂再生结束后，仍残留在吸附剂中的吸附质组分量；

B——为劣化度，代表吸附剂反复再生后的劣化量（即减少的吸附量）对初始吸附量的比。

在吸附器的设计上，q_d 是作为基础的平衡量来使用的，他远低于等温曲线上的数值。

3. 穿透吸附容量

流体流经吸附器床层时，吸附质即被吸附，吸附后流体不断从底部流出，以流出物浓度 C 对流出体积 V 作图，即得穿透曲线（见图 7-4）。

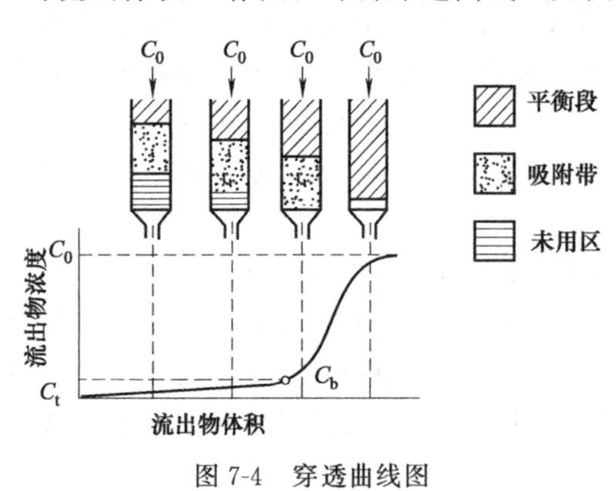

图 7-4　穿透曲线图

当流体进入吸附器一段时间后，上部的吸附剂即达饱和，这一段吸附饱和的区域称为平衡段。此时中段吸附剂还正在进行吸附作用，这段正在进行吸附作用的区域称为吸附带。而吸附器的下部吸附剂还未起吸附作用，称为未用区。

图 7-4 中，当吸附带推进到分子筛吸附器底部时，流出物中吸附质组分的浓度开始急剧上升，即为穿透。图 7-4 中 C_b 即为穿透点，流出物中吸附质组分浓度到达穿透点时，就应停止吸附操作，将分子筛吸附剂进行脱附。流出物达到穿透所用的时间，称为穿透时间。在穿透时间内，吸附器内单位重量吸附剂的平均吸附量，称为穿透吸附容量。

穿透吸附容量是可以计算出来的，从吸附剂静态吸附特性——等温吸附曲线上查得的吸附量作为出发点，在考虑到物质迁移速度的同时，用动态推导方式求出：

$$f(c)=q_0\left(1-\frac{Z_a}{2Z}\right) \tag{7-7}$$

式中　q_0——在等温吸附曲线上气体入口吸附组分浓度所对应的平衡吸附量；

Z_a——吸附带长度；

Z——吸附剂的充填高度。

而吸附带长度 Z_a 可用式（7-8）求出：

$$Z_a=Z\left[\frac{t_E-t_B}{t_E-(1-F)(t_E-t_B)}\right] \tag{7-8}$$

式中　Z——吸附剂的充填高度；

t_B——穿透时间；

t_E——平衡时间；

F——面积比（吸附带中未吸附部分的占比）。多数情况下，F 为 0.4～0.5.

穿透吸附容量也可以用实验求得，在实验台试验或中试规模试验中，将已知重量的吸附剂填入吸附器柱中，用已知浓度、一定流速的流体通过，测定出口浓度，直到对应于穿透时间为止，便可根据式（7-9）求出穿透吸附容量 $f(c)$：

$$f(c)=V\rho(C_0-C_b)T_b/W \tag{7-9}$$

式中　V——气体流量；

ρ——气体密度；

C_0——气体入口吸附质组分浓度；

C_b——穿透时间出口吸附质组分浓度；

T_b——穿透时间；

W——分子筛吸附剂填充质量。

在 C_b 比 C_0 小得多情况下，式（7-9）可用式（7-10）估算：

$$f(c)=V\rho C_0 T_b/W \tag{7-10}$$

4. 总安全系数

考虑到操作时运转条件的变动，如入口条件、再生条件等的波动，应选取适宜的安全系数；对于分子筛吸附剂的劣化，也应留有适当的安全系数。设计中总安全系数一般选取0.2～0.3。

5. 吸附剂应需数量

根据式（7-6）～式（7-9）便可计算出应需分子筛吸附剂的总数量。

6. 吸附器的塔长与塔径

设计中可由以下两项确定：

（1）根据分子筛吸附剂总的应需数量（质量）以及吸附剂的堆比重，计算分子筛吸附剂的容积。

（2）根据流速、塔长与塔径比（小装置设计时一般选取 4，大装置一般小于 4）的设定以及分子筛吸附剂所需容积，确定吸附器塔径、吸附剂的填充高度和吸附器的塔长。

7. 再生系统

再生系统（如：再生气体的选择、再生温度和时间以及再生设备的规模等）直接影响到精制纯度和吸附剂的变劣，因此，为使分子筛吸附器有效地发挥其吸附分离作用，必须选定适宜的再生系统。

除外，对于分子筛吸附的设计，还应考虑床层阻力、装置材质、阀的耐久性以及经济效益等。

（三）分子筛吸附剂的再生

分子筛吸附剂使用一定时间后将逐步失效，通过再生可恢复活性，如再生适当，可反复使用，寿命很长。再生方法如下：

1. 加热再生

（1）直接加热法　将加热的空气、氮气、饱和碳氢化合物等送进吸附器，使之解吸。

（2）间接加热法　在吸附塔的外侧罩以外套，或在吸附器内部安装旋管、直管等，通过安装的这些装置而间接加热，使之解吸。

2. 减压再生

在较高的压力下进行吸附操作，解吸时温度仍保持吸附时的温度，仅将压力降至常压（或低于常压），使之解吸。

3. 清除气解吸再生

先降低吸附质的分压，再使用难以吸附的清除气进行解吸。

4. 置换再生

使用比较易于吸附的物质，使之与原吸附的物质相置换。

二、吸附实训装置工艺

（一）吸附实训装置工艺

吸附实训装置工艺流程如图 7-5 所示。

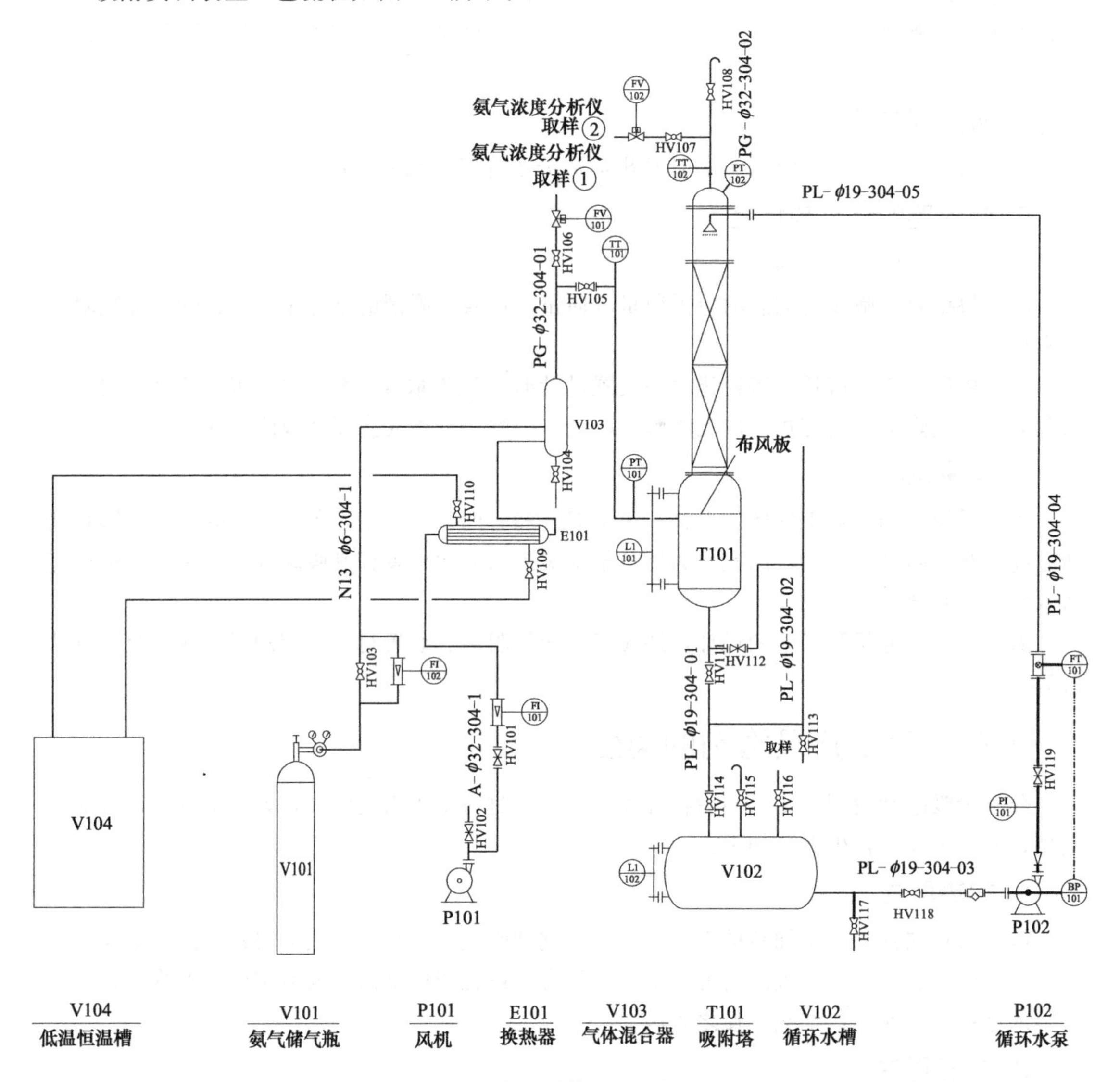

图 7-5 吸附实训装置工艺流程图

（二）配置清单

吸附实训工艺设备系统配置清单，见表 7-2。

表 7-2　吸附实训工艺设备系统配置清单表

分类	主要设备	主要参数	单位	数量	备注
动设备	风机	型号 HG-750，功率 750W，电压 220V，流量 $140m^3/h$	个	1	
	循环水泵	型号 CHL2-20，功率 370W，电压 380V，流量 $2m^3/h$，扬程 20m	个	1	
静设备	氨气储气瓶	40L 液氨钢瓶	个	1	
	循环水槽	φ350mm×400mm，卧式	个	1	
	气体混合器	φ273mm×350mm，立式	个	1	
	低温恒温槽	型号 DC-2020，温度 −20～100℃，槽深 300mm，容积 20L，泵流量 6L/min，精度达 0.01℃，电压 220V，功率 3kW	个	1	
	列管换热器	φ108mm×700mm，立式；内管 φ19mm×700mm×5 根，卧式	个	1	
	吸附塔	φ108mm×1200mm，立式塔，填料为 3A 的分子筛	个	1	

三、实训步骤

（一）开车前准备

（1）检查公用工程用水、电是否处于正常供应状态（水压、水位是否正常，电压、指示灯是否正常）。

（2）检查总电源的电压情况是否良好。

（3）检查控制柜及现场仪表显示是否正常。

（4）确保现场阀门都处于关闭状态。

（二）确定实训项目

1. 以分子筛作为吸附剂

（1）开车

① 打开吸附塔 T101 顶部气体出口阀 HV108。

② 打开吸附塔 T101 顶部取样口阀门 HV107。

③ 打开气体混合器 V103 顶部取样口阀门 HV106。

④ 打开气体混合器 V103 顶部气体出口阀 HV105。

⑤ 打开风机 P101 出口旁路阀 HV102。

⑥ 打开风机 P101。

⑦ 打开风机 P101 出口阀 HV101，并缓慢关闭出口旁路阀 HV102，通过调节出口阀 HV101 的开度来控制风机 P101 的出口风量。

⑧ 打开氨气钢瓶减压阀，设置出口压力为 0.03MPa。

⑨ 调节氨气钢瓶出口转子流量计 FI102，设置流量为 0.5L/min。

⑩ 此时空气和氨气在气体混合器 V103 中混合并通入吸附塔 T101 中，待混合 2min 后，手动打开气体混合器 V103 顶部取样口电磁阀 FV101，记录此时氨气浓度的数值，记录完毕后关闭。

⑪ 打开吸附塔 T101 顶部取样口电磁阀 FV102，记录此时氨气浓度的数值，记录完毕后关闭。

⑫ 通过调节氨气出口流量，多做几组实验，记录数据。

（2）停车

① 关闭氨气钢瓶减压阀。

② 关闭氨气钢瓶出口转子流量计 FI102。

③ 氨气为有毒气体，在关闭氨气通路后，保持风机 P101 打开，时间不低于 5min。

④ 打开风机 P101 出口旁路阀 HV102。

⑤ 缓慢关闭出口阀 HV101。

⑥ 关闭风机 P101。

⑦ 关闭风机 P101 出口旁路阀 HV102。

⑧ 关闭气体混合器 V103 顶部气体出口阀 HV105。

⑨ 关闭气体混合器 V103 顶部取样口阀门 HV106。

⑩ 关闭吸附塔 T101 顶部取样口阀门 HV107。

⑪ 关闭吸附塔 T101 顶部气体出口阀 HV108。

2. 以水作为吸附剂

（1）开车

① 打开循环水槽 V102 顶部进水阀 HV116，向循环水槽 V102 中加水，待液位至 80% 时，关闭循环水槽 V102 顶部进水阀 HV116。

② 打开循环水槽 V102 顶部放空阀 HV115。

③ 打开泵 P102 进口阀 HV118。

④ 给泵 P102 设置一个频率 30Hz，启动泵 P102。

⑤ 打开泵 P102 出口阀 HV119。

⑥ 打开吸附塔 T101 底部液封出口阀 HV112，并通过调节该阀使塔釜保持一定液位，起到液封的效果。

⑦ 打开循环水槽 V102 顶部进料阀 HV114。

⑧ 打开吸附塔 T101 顶部气体出口阀 HV108。

⑨ 打开吸附塔 T101 顶部取样口阀门 HV107。

⑩ 打开气体混合器 V103 顶部取样口阀门 HV106。

⑪ 打开气体混合器 V103 顶部气体出口阀 HV105。

⑫ 打开风机 P101 出口旁路阀 HV102。

⑬ 打开风机 P101。

⑭ 打开风机 P101 出口阀 HV101，并缓慢关闭出口旁路阀 HV102，通过调节出口阀 HV101 的开度来控制风机 P101 的出口风量。

⑮ 打开氨气钢瓶减压阀，设置出口压力为 0.03MPa。

⑯ 调节氨气钢瓶出口转子流量计 FI102，设置流量为 0.5L/min。

⑰ 此时空气和氨气在气体混合器 V103 中混合并通入吸附塔 T101 中，待混合 2min 后，手动打开气体混合器 V103 顶部取样口电磁阀 FV101，记录此时氨气浓度的数值，记录完毕后关闭。

⑱ 打开吸附塔 T101 顶部取样口电磁阀 FV102，记录此时氨气浓度的数值，记录完毕后关闭。

⑲ 通过调节氨气出口流量，多做几组实验，记录数据。

（2）停车

① 关闭氨气钢瓶减压阀。

② 关闭氨气钢瓶出口转子流量计 FI102。

③ 氨气为有毒气体，在关闭氨气通路后，保持风机 P101 打开，时间不少于 5min。

④ 打开风机 P101 出口旁路阀 HV102。

⑤ 缓慢关闭出口阀 HV101。

⑥ 关闭风机 P101。

⑦ 关闭风机 P101 出口旁路阀 HV102。

⑧ 关闭气体混合器 V103 顶部气体出口阀 HV105。

⑨ 关闭气体混合器 V103 顶部取样口阀门 HV106。

⑩ 关闭吸附塔 T101 顶部取样口阀门 HV107。

⑪ 关闭吸附塔 T101 顶部气体出口阀 HV108。

⑫ 关闭泵 P102 出口阀 HV119。

⑬ 关闭泵 P102。

⑭ 关闭泵 P102 进口阀 HV118。

⑮ 关闭吸附塔 T101 底部液封出口阀 HV112。

⑯ 关闭循环水槽 V102 顶部进料阀 HV114。

⑰ 关闭循环水槽 V102 顶部放空阀 HV115。

3. 脱附

（1）开车

① 打开换热器 E101 底部进水阀 HV109。

② 打开换热器 E101 顶部出水阀 HV110。

③ 启动恒温槽 V104，开启循环，开启加热，并设置温度为 80℃。

④ 打开吸附塔 T101 顶部气体出口阀 HV108。

⑤ 打开吸附塔 T101 顶部取样口阀门 HV107。

⑥ 打开气体混合器 V103 顶部气体出口阀 HV105。

⑦ 打开风机 P101 出口旁路阀 HV102。

⑧ 打开风机 P101。

⑨ 打开风机 P101 出口阀 HV101，并缓慢关闭出口旁路阀 HV102，通过调节出口阀 HV101 的开度来控制风机 P101 的出口风量。

⑩ 打开吸附塔 T101 顶部取样口电磁阀 FV102，记录此时氨气浓度的数值，记录完毕后关闭，多次记录，待数值稳定后，开始停车操作。

（2）停车

① 关闭恒温槽 V104，关闭循环，关闭加热。

② 关闭换热器 E101 底部进水阀 HV109。

③ 关闭换热器 E101 顶部出水阀 HV110。

④ 打开风机 P101 出口旁路阀 HV102。

⑤ 缓慢关闭出口阀 HV101。

⑥ 关闭风机 P101。

⑦ 关闭风机 P101 出口旁路阀 HV102。

⑧ 关闭吸附塔 T101 顶部取样口阀门 HV107。

⑨ 关闭吸附塔 T101 顶部气体出口阀 HV108。

⑩ 关闭气体混合器 V103 顶部气体出口阀 HV105。

第八章

蒸 馏

蒸馏就是利用各组分挥发能力的差异分离均相液体混合物的典型单元操作之一。

1. 蒸馏的应用

蒸馏是分离液体混合物的典型单元操作，广泛应用于化工、石油、医药、食品、冶金及环保等领域。

2. 蒸馏分离的目的和依据

目的：对液体混合物的分离、提取或回收有用组分。

依据：液体混合物中各组分挥发性的差异。

例如：液体混合物（如：酒精-水溶液），挥发性大的组分（乙醇），称为易挥发组分或轻组分（A）；

挥发性小的组分（水），称为难挥发组分或重组分（B）。

在本章，各组分含量多少常用摩尔分数表示，表示为：x_A、x_B。若不加下标表示易挥发组分的摩尔分数。

第一节　双组分溶液的气液相平衡

一、双组分理想溶液的气液相平衡

1. 气液相平衡

理想溶液，是指在这种溶液内，组分 A、B 分子间作用力 f_{A-B}，与纯组分 A 的分子间作用力 f_{A-A} 或纯组分 B 的分子间作用力 f_{B-B} 相等。

实验证明：理想物系气液平衡关系遵循拉乌尔定律：

$$p=p^0x$$

式中　p——溶液上方某组分的平衡分压，Pa；

p^0——在当时温度下该纯组分的饱和蒸气压，Pa；

x——溶液中某组分的摩尔分数。

当溶液沸腾（两相平衡）时：

总压 $$P=p_A+p_B=p_A^0x_A+p_B^0(1-x_A)$$

整理得 $$x_A=\frac{P-p_B^0}{p_A^0-p_B^0} \quad \text{(泡点方程)}$$

同时溶液上方蒸气的组成 y_A 为：

$$y_A=\frac{p_A}{P}=\frac{p_A^0x_A}{P} \quad \text{(露点方程)}$$

2. 气液平衡相图

（1）温度-组成（t-x-y）图

如图 8-1 所示，两条线：气相线（露点线），$y_A \sim t$ 关系曲线；液相线（泡点线），$x_A \sim t$ 关系曲线。

三个区域：液相区、气液共存区、气相区。

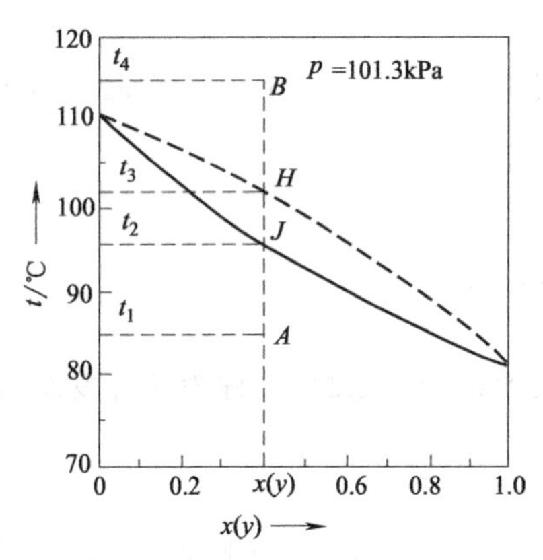

图 8-1 苯-甲苯混合液的 t-x-y 图

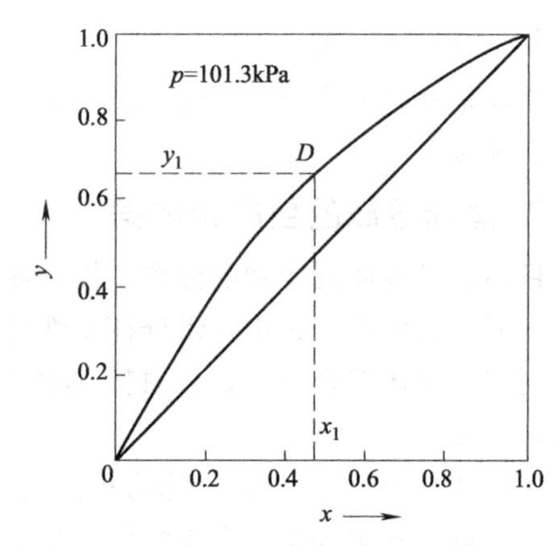

图 8-2 苯-甲苯混合液的 x-y 图

（2）相平衡（x-y）图

如图 8-2 所示，对角线 $y=x$ 为辅助曲线，x-y 曲线上各点具有不同的温度；平衡线离对角线越远，挥发性差异越大，物系越易分离。

二、挥发度和相对挥发度

1. 挥发度

组分的挥发度是该物质挥发难易程度的标志，用 ν 表示。

混合液某组分挥发度：

$$\nu_A=\frac{p_A}{x_A}, \qquad \nu_B=\frac{p_B}{x_B}$$

p_A、p_B——气液平衡时，组分 A、B 在气相中的分压；

x_A、x_B——气液平衡时，组分 A、B 在液相中的摩尔分数。

理想溶液

$$\nu_A=\frac{p_A}{x_A}=\frac{p_A^0x_A}{x_A}=p_A^0$$

$$\nu_B=\frac{p_B}{x_B}=\frac{p_B^0 x_B}{x_B}=p_B^0$$

2. 相对挥发度及相平衡方程

相对挥发度以 α 表示。

一般物系：$\alpha=\frac{\nu_A}{\nu_B}=\frac{p_A/x_A}{p_B/x_B}$

理想气体：$\alpha=\frac{y_A/x_A}{y_B/x_B}$

对于二元物系：$y_B=1-y_A \quad x_B=1-x_A$

$$\frac{y_A}{1-y_A}=\alpha\frac{x_A}{(1-x_A)}$$

由上式解出 y_A，并略去下标可得相平衡方程：

$$y=\frac{ax}{1+(a-1)x}$$

α 的物理意义：

若 $\alpha>1$，则 $y>x$。α 值愈大，表示平衡时的 y 比 x 大的愈多（在 $0<x<1$ 范围内），故愈有利于分离。

若 $\alpha=1$，则 $y=x$，即表示平衡时气相组成等于液相组成，表明这种混合液不能用普通蒸馏方法分开。

故相对挥发度 α 值的大小，可以用来判断某种混合液能否用普通蒸馏方法分开及其可被分离的难易程度。

第二节　蒸馏方式

一、简单蒸馏

简单蒸馏装置如图 8-3 所示。

简单蒸馏（苯-甲苯）过程的 t-x-y 图见图 8-4。

二、精馏

精馏原理：多次部分汽化，多次部分冷凝。

缺点：收率低；设备重复量大，设备投资大；能耗大，过程有相变。

（1）无回流多次部分汽化和多次部分冷凝，如图 8-5。

（2）有回流多次部分汽化和多次部分冷凝，如图 8-6。

1. 连续精馏

连续精馏流程如图 8-7 所示。加入原料液的那层塔板称为加料板；

加料板以上的塔段称为精馏段；

加料板以下的塔段称为提馏段（包括加料板）。

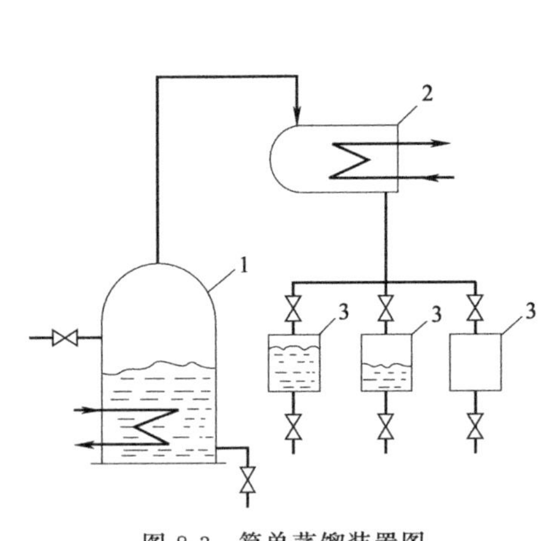

图 8-3 简单蒸馏装置图

1—蒸馏釜；2—冷凝-冷却器；3—馏出液贮槽

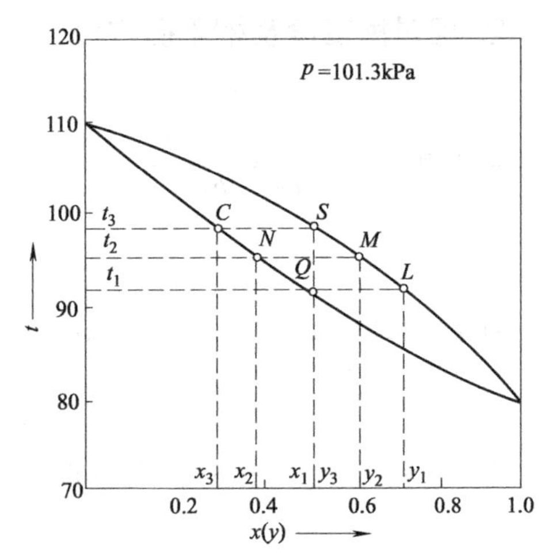

图 8-4 简单蒸馏（苯-甲苯）过程的 t-x-y 图

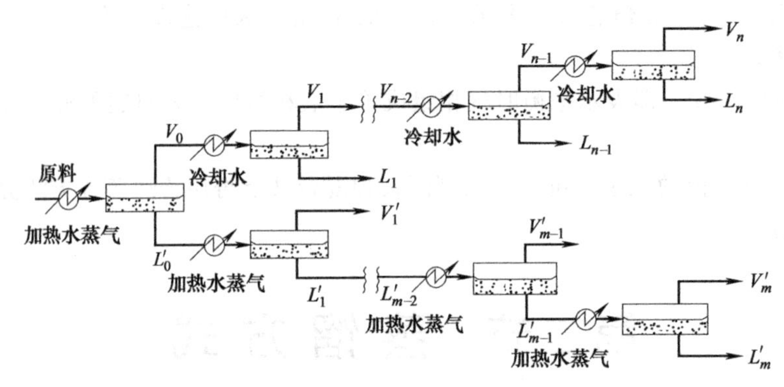

图 8-5 无回流多次部分汽化和多次部分冷凝

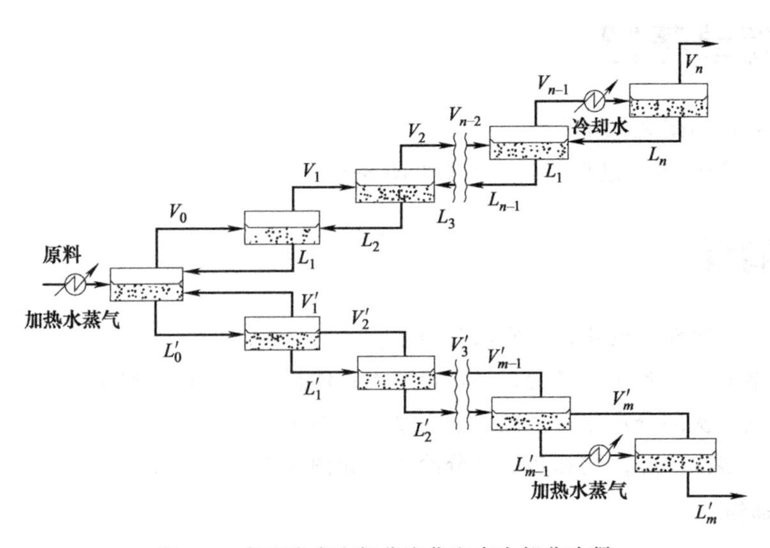

图 8-6 有回流多次部分汽化和多次部分冷凝

2. 间歇精馏

间歇精馏流程如图 8-8 所示。

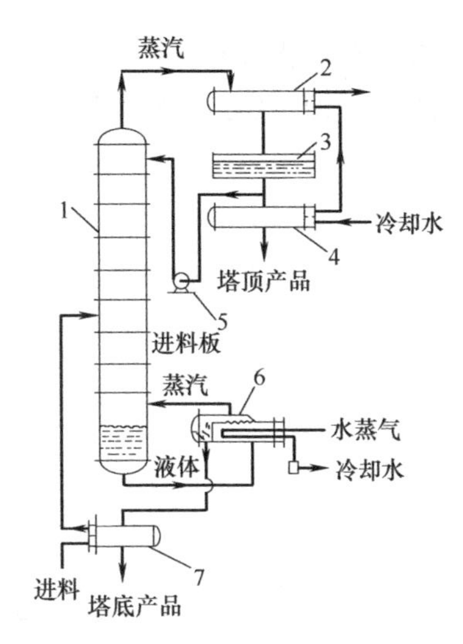

图 8-7 连续精馏流程

1—精馏塔；2—全凝器；3—贮槽；4—冷却器；5—回流液泵；6—再沸器；7—原料预热器

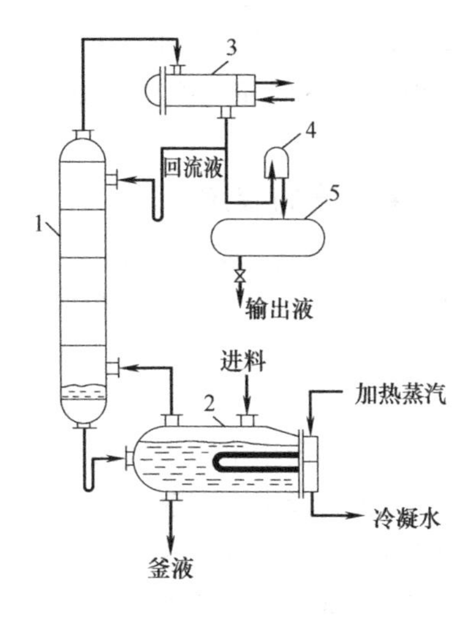

图 8-8 间歇精馏流程

1—精馏塔；2—蒸馏釜（再沸器）；3—全凝器；4—观察罩；5—馏出液贮槽

第三节 双组分混合液连续精馏的分析和计算

一、精馏塔的全塔物料衡算

精馏塔的全塔物料衡算示意见图 8-9。

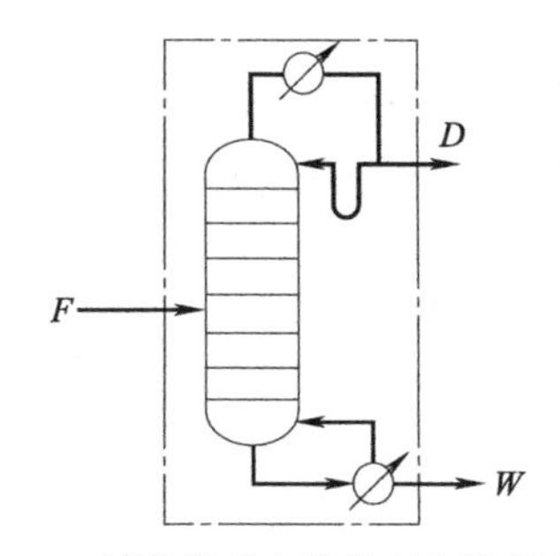

图 8-9 精馏塔的全塔物料衡算示意图

$$\begin{cases} F = D + W \\ F x_F = D x_D + W x_W \end{cases}$$

$$D = \frac{F(x_F - x_W)}{x_D - x_W}$$

$$W = F - D = \frac{F(x_D - x_F)}{x_D - x_W}$$

式中 F——原料液流量，kmol/h；

D——塔顶产品（馏出液）流量，kmol/h；

W——塔底产品（釜残液）流量，kmol/h；

x_F——原料液中易挥发组分的摩尔分数；

x_D——塔顶产品中易挥发组分的摩尔分数；

x_W——塔底产品中易挥发组分的摩尔分数。

二、精馏塔的操作线方程

恒摩尔流假定成立，必须满足以下条件：①各组分的摩尔汽化潜热相等；②气、液两相接触时，因温度不同而交换的显热可以忽略不计；③精馏塔保温良好，热损失可以忽略不计。

1. 恒摩尔流的假定

（1）恒摩尔气流　精馏操作时，在精馏塔的精馏段内，每层塔板上升的蒸气摩尔流量都是相等的；提馏段内也是这样。但两段的上升蒸气摩尔流量不一定相等，即

$$V_1=V_2=\cdots=V_n=V$$
$$V'_1=V'_2=\cdots=V'_m=V'$$

式中　V——精馏段中上升蒸气的摩尔流量，kmol/h；

　　V'——提馏段中上升蒸气的摩尔流量，kmol/h。

式中下标表示塔板的序号。

（2）恒摩尔液流　精馏操作时，在塔的精馏段内，每层塔板下降的液体摩尔流量都是相等的，提馏段内也是这样。但两段的液体摩尔流量不一定相等，即

$$L_1=L_2=\cdots=L_n=L$$
$$L'_1=L'_2=\cdots=L'_m=L'$$

式中　L——精馏段中下降液体的摩尔流量，kmol/h；

　　L'——提馏段中下降液体的摩尔流量，kmol/h。

式中下标表示塔板的序号。

2. 精馏段操作线方程

精馏段操作线方程图，见图 8-10。

$$y_{n+1}=\frac{R}{R+1}x_n+\frac{x_D}{R+1}$$

3. 提馏段操作线方程

提馏段操作线方程的推导，如图 8-11。

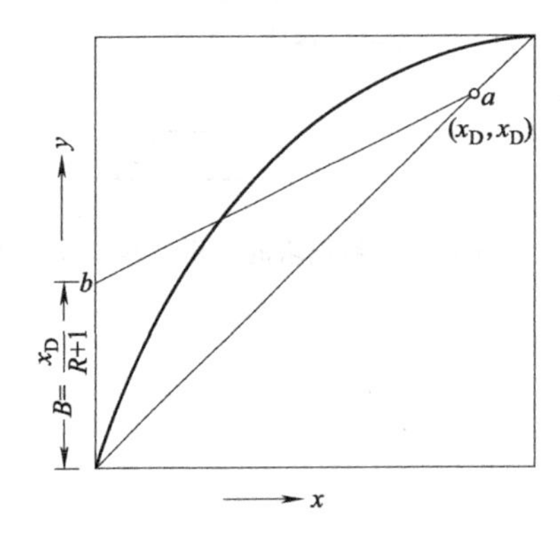

图 8-10　精馏段操作线方程图

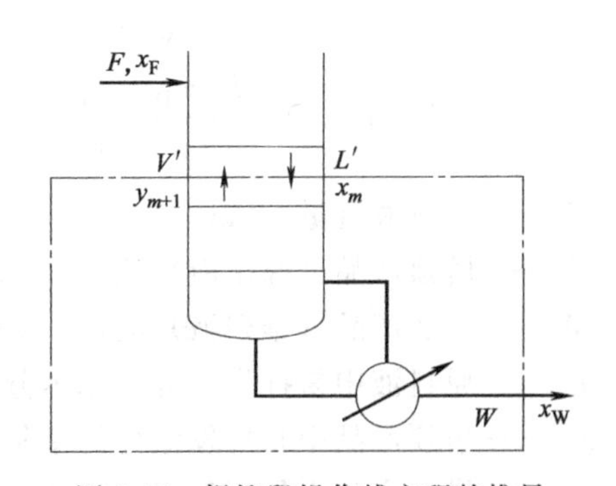

图 8-11　提馏段操作线方程的推导

$$y_{m+1}=\frac{L'}{V'}x_m-\frac{W}{V'}x_W$$
$$=\frac{L'}{L'-W}x_m-\frac{W}{L'-W}x_W$$

L'除了与 L 有关以外，还受操作中进料量及其进料热状况的影响。

4. 进料热状况对操作线的影响

如图 8-12 所示，进料热状况对 L'的影响可通过进料热状况参数 q 来表示。q 的定义式为 $q=\frac{L'-L}{F}$，可以推导出：$L'=L+qF$

$$V=V'+(1-q)F$$

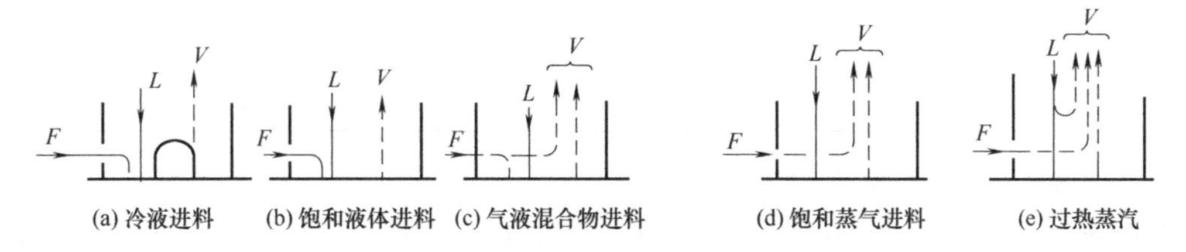

图 8-12　进料板上的物料流向示意

——→液流　- - - -→气流

第四节　理论板层数的求法

1. 逐板计算法

塔顶设全凝器，泡点回流。

$x_n\sim y_n$ 符合平衡关系；$y_n+1\sim x_n$ 符合操作关系。

精馏段（饱和液体进料时）：$y_1=x_D\xrightarrow{\text{平衡}}x_1\xrightarrow{\text{操作}}y_2\cdots\rightarrow x_n\leqslant x_F$

精馏段（$n-1$）块板，第 n 块为加料板。

提馏段：

$$x_n\xrightarrow{\text{操作}}y'_{n+1}\xrightarrow{\text{平衡}}x'_{n+1}\cdots\rightarrow x'_m\leqslant x_W$$

2. 图解法

x-y 图解法求理论板层数的步骤如下：

（1）在 x-y 坐标图上作出平衡曲线和对角线。

（2）在 x-y 坐标图上作出操作线。

① 精馏段操作线的作法　精馏段操作线与对角线的交点，其坐标为 $x=x_D$、$y=x_D$得点 a。依 $x_D/(R+1)$ 值定出在 y 轴的截距，得点 b。连接 a、b 两点的直线即为精馏段操作线。

② 提馏段操作线的作法　由提馏段操作线与对角线的交点坐标为 $x=x_W$、$y=x_W$，得点 c。为了反映进料热状况的影响，另一点通常找提馏段操作线与精馏段操作线的交点 d。

联立两操作线方程式，可得出两操作线交点的轨迹方程，即 q 线方程或进料方程。

$$y=\frac{q}{q-1}x-\frac{x_F}{q-1}$$

将进料方程与对角线方程联立，解得 $x=x_F$、$y=x_F$，得点 e。再从 e 点作斜率为 $q/(q-1)$ 的直线 ef，即为 q 线。

ef 线与精馏段操作线 ab 相交于点 d，连接 c、d 两点的直线，即得到提馏段操作线 cd。

③ 进料热状况对 q 线及操作线的影响　不同进料热状况对 q 线的影响见表 8-1 和图 8-13。

表 8-1　进料热状况对 q 线及操作线的影响

进料热状况	q 值	q 线的斜率	q 线在 x-y 图上的位置
冷液体	>1	$+$	ef_1(↗向上偏右)
饱和液体	1	∞	ef_2(↑垂直向上)
汽液混合物	$0<q<1$	$-$	ef_3(↖向上偏左)
饱和蒸气	0	0	ef_4(←水平线)
过热蒸气	<0	$+$	ef_5(↙向下偏左)

(3) 图解法求理论板层数。

如图 8-14 所示，自对角线上的点 a 开始，在精馏段操作线与平衡线之间作由水平线和铅垂线构成的直角梯级。

当梯级跨过两操作线交点 d 时，则改用在提馏段操作线与平衡线间绘梯级，直到梯级的垂线达到或超过点 c (x_W，x_W) 为止。其中过 d 点的梯级为进料板，最后一个梯级为再沸器。阶梯数目减 1 即为所需的塔板数（不包括再沸器）。

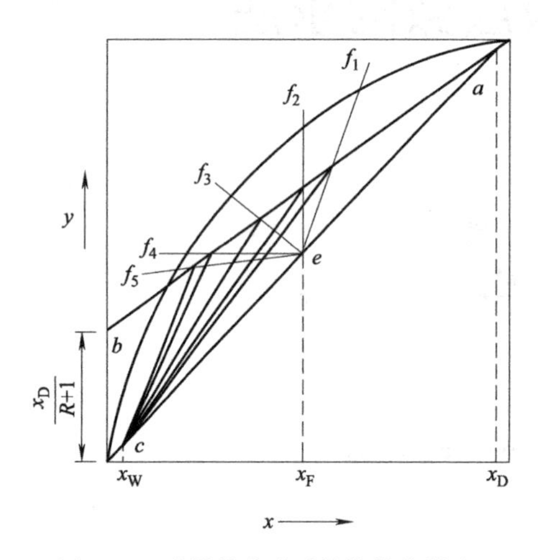

图 8-13　进料热状况对操作线的影响

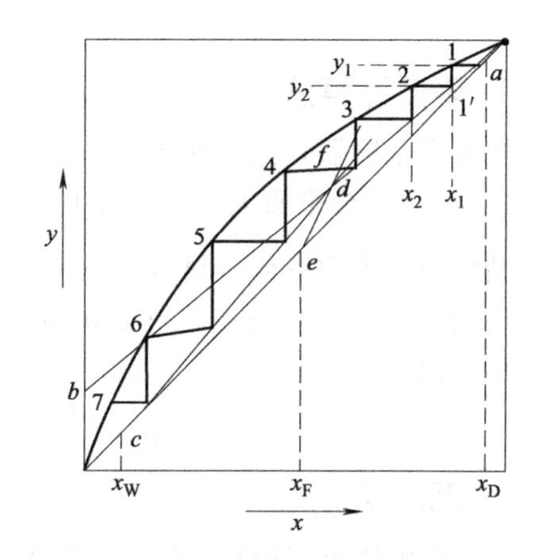

图 8-14　求理论板层数的图解

第五节　回流比的影响及其选择

1. 全回流和最少理论板层数

若塔顶上升蒸气经冷凝后，全部回流到塔内，这种操作方式称为全回流。全回流时回流

比 $R=\infty$。

如图 8-15 所示，操作线与对角线重合，所需的理论板数最少，以 N_{min} 表示。

2. 最小回流比

当回流从全回流逐渐减小时，精馏段操作线的截距则随之逐渐增大，操作线的位置向平衡线靠近，为达到给定分离要求所需理论板层数也逐渐增多，特别是当回流比减小到两段操作线交点逼近平衡线时，理论板层数的增加就更为明显。而当回流比减小到使两操作线的交点正落在平衡线上时，此时若在平衡线和操作线之间绘梯级就无法通过点 d，而且需要无限多的梯级才能达到点 d，这种情况下的回流比称为最小回流比，以 R_{min} 表示。对于给定的分离要求，它是回流比的下限值。

3. 适宜回流比的选择

在通常情况下，一般并不进行详细的经济衡算，而是根据经验选取。如图 8-16 所示，适宜的回流比可取为最小回流比的 1.1～2.0 倍，即：

$$R=(1.1\sim2.0)R_{min}$$

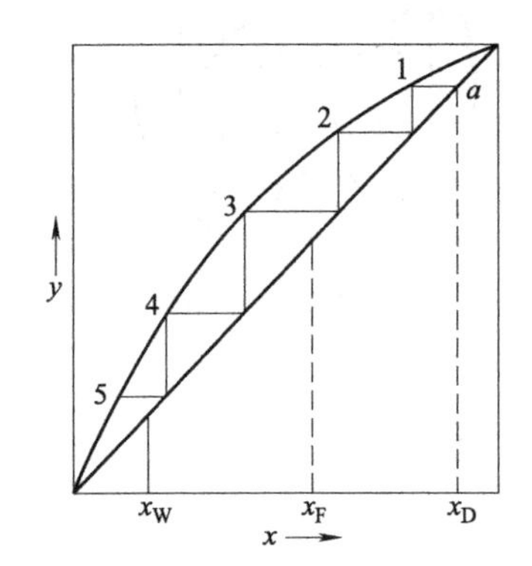

图 8-15　全回流时的理论板层数

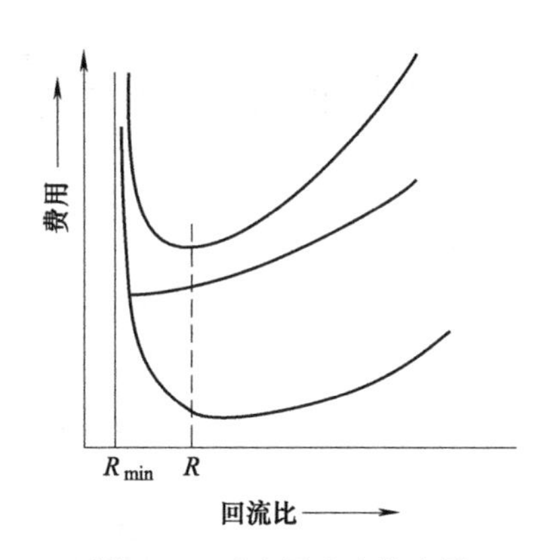

图 8-16　适宜回流比的选择

4. 影响精馏操作的主要因素

（1）保持精馏装置进出物料平衡是保证稳定操作的必要条件。

（2）塔顶回流的影响：R 增大，分离效果变好。

（3）进料组成和进料热状况的影响：对特定的精馏塔，若 x_F 减小，则将使 x_D 和 x_W 均减小，欲保持 x_D 不变，则应增大回流比。

第六节　板　式　塔

一、板式塔主要类型的结构与特点

如图 8-17 所示，板式塔结构类型。

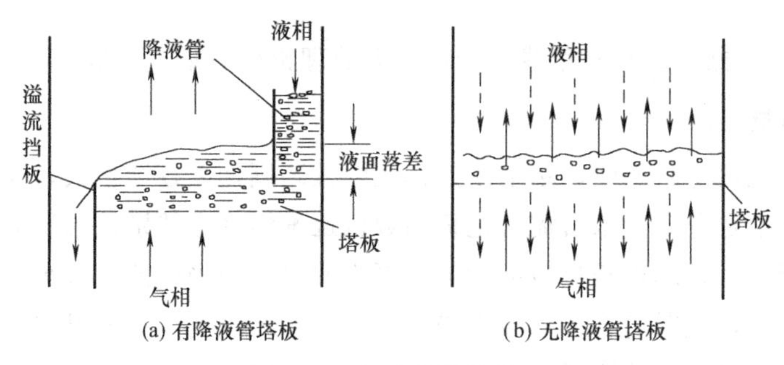

图 8-17　板式塔结构类型

1. 泡罩塔

泡罩塔，如图 8-18 和图 8-19 所示。

优点：操作性能稳定，操作弹性大；塔板不易堵塞，能处理含少量污垢的物料。

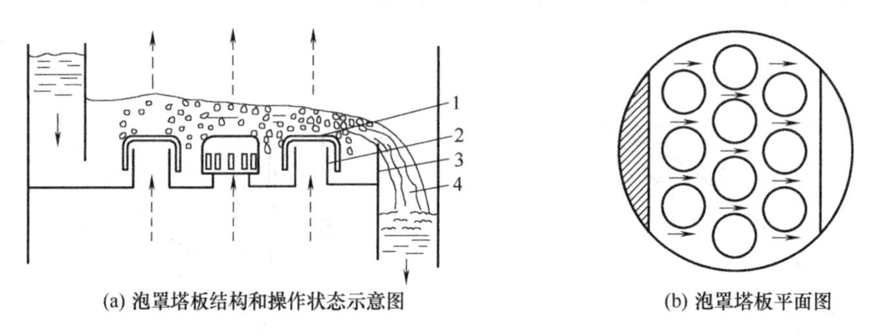

图 8-18　泡罩塔板

1—泡罩；2—升气管；3—堰板；4—溢流堰

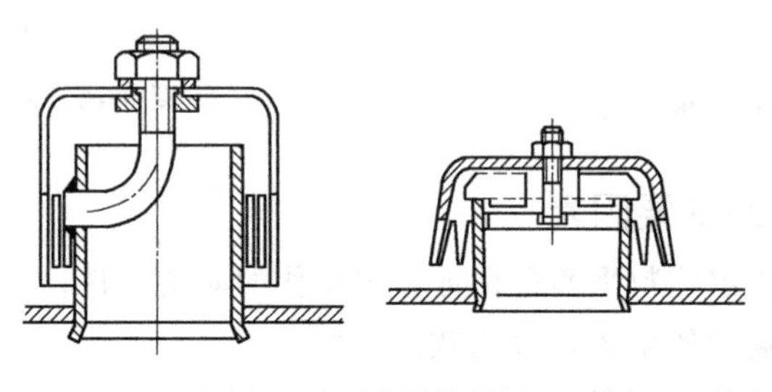

图 8-19　泡罩的结构

缺点：塔板结构复杂、金属耗量大、造价高、安装和维修不便；气体流动路线曲折，气体流动阻力大；液体流过塔板时因阻力而有液面落差，板上液层深浅不同，致使气量分布不均，影响了板效率的提高。

2. 浮阀塔

浮阀塔如图 8-20 所示。

优点：生产能力大；操作弹性大；塔板效率高；气体压强降及液面落差较小；结构较简单，安装亦较方便。

缺点：对浮阀材料的抗腐蚀性要求高，一般采用不锈钢制造。

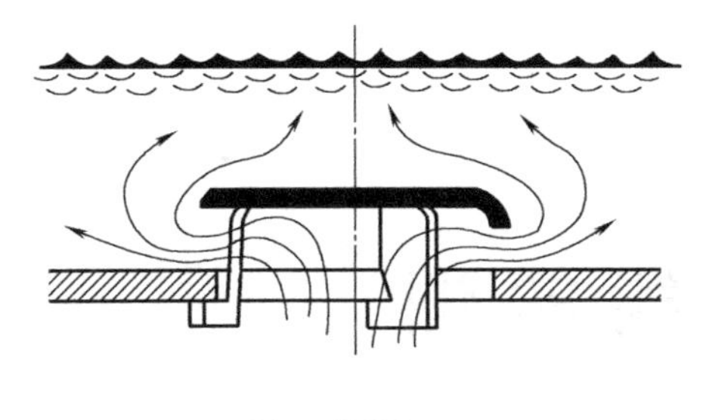
(a) F1型浮阀

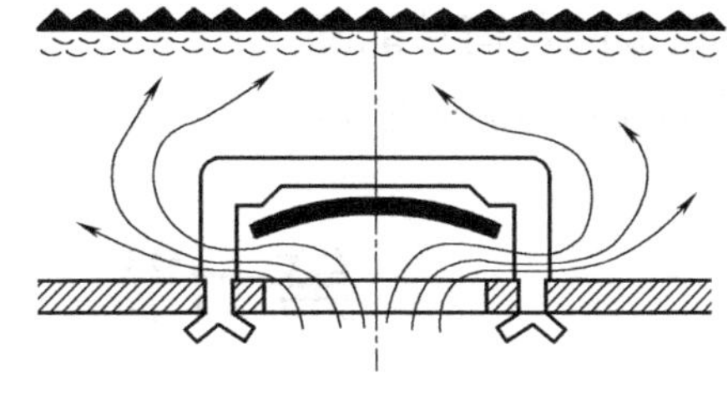
(b) 十字型浮阀

图 8-20　浮阀塔

3. 筛板塔

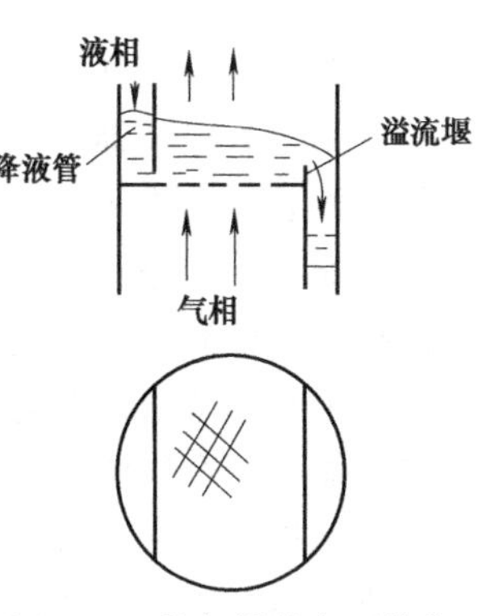

图 8-21　筛板塔的主要结构

筛板塔的主要结构，如图 8-21 所示：

（1）筛孔　提供气体上升的通道。

（2）溢流堰　维持塔板上一定高度的液层，以保证在塔板上气液两相有足够的接触面积。

（3）降液管　作为液体从上层塔板流至下层塔板的通道。

优点：结构简单，金属耗量小，造价低廉；气体压强降小，板上液面落差也较小，而生产能力及板效率较泡罩塔高。

缺点：操作弹性范围较窄，小孔筛板容易堵塞。

二、板式塔的操作性能

1. 塔板上的异常操作现象

（1）液泛

定义：液体进塔量大于出塔量，结果使塔内不断积液，直至塔内充满液体，破坏塔内正常操作，称为液泛。

液泛包括：夹带液泛、溢流液泛。

夹带液泛原因：由液沫夹带引起——汽速过大。

溢流液泛（降液管液泛）原因：由降液管通过液体能力不够而引起——液量过大。

综上所述，造成液泛的原因主要是液量过大、板压降过大（即气量过大）或降液管堵塞。

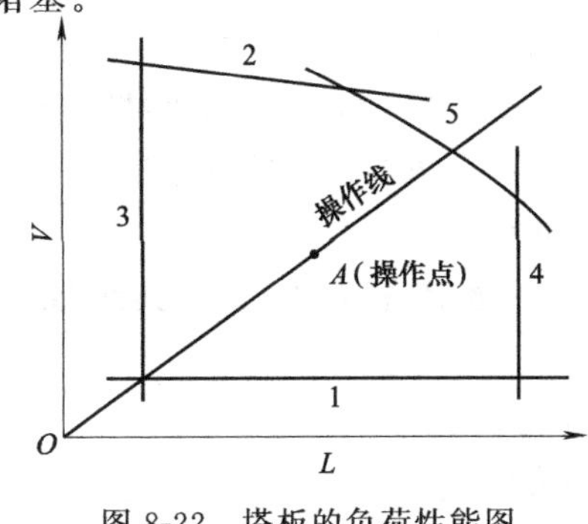

图 8-22　塔板的负荷性能图

（2）液（雾）沫夹带

液沫夹带是指板上液体被上升气流带入上一层塔板的现象。

为维持正常操作，一般允许的液沫夹带量为 0.1kg 液/kg 气以下。

（3）泄漏（漏液）

当气体孔速过小或气体分布不均匀时，使有的筛孔无气体通过，从而造成液体短路，大量液体由筛孔漏下。

产生原因：气量过少，塔板开孔率大。

2. 塔板的负荷性能图

塔板的负荷性能见图 8-22。

第七节 技能实训

一、实验目的

（1）能根据生产任务进行最小回流比的计算，根据现场情况选择适宜的回流比。

（2）简要叙述精馏操作气-液相流程，指出精馏塔塔板、导流管、塔釜再沸器、塔顶全凝器等主要装置的作用，突出传质与传热过程。

（3）能独立地进行精馏岗位开、停车工艺操作，包括开车前的准备、电源的接通、冷却水量的控制、电源加热温度的控制等。

（4）了解塔釜再沸器电加热控制方式。

（5）能进行全回流操作，通过观测仪表对全回流操作的稳定性作出正确的判断。

（6）能进行部分回流操作，通过观测仪表对部分回流操作的稳定性作出正确的判断，按照生产要求达到规定的产量指标和质量指标。

（7）能及时掌握设备的运行情况，随时发现、正确判断、及时处理各种异常现象，特殊情况能进行紧急停车操作。

（8）能正确使用设备、仪表，及时进行设备、仪器、仪表的维护与保养。

二、基本原理

精馏分离是根据溶液中各组分挥发度（或沸点）的差异，使各组分得以分离。其中较易挥发的组分称为易挥发组分（或轻组分），较难挥发的组分称为难挥发组分（或重组分）。它通过气、液两相的直接接触，使易挥发组分由液相向气相传递，难挥发组分由气相向液相传递，是气、液两相之间的传递过程。

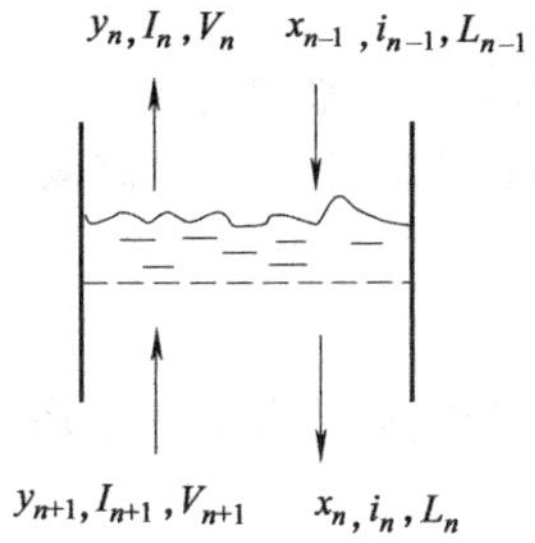

图 8-23 第 n 板的质量和热量衡算图

现以第 n 板（如图 8-23）为例来分析精馏过程和原理。

塔板的形式有多种，最简单的一种是板上有许多小孔（称筛板塔），每层板上都装有降液管，来自下一层（$n+1$ 层）的蒸汽通过板上的小孔上升，而上一层（$n-1$ 层）来的液体通过降液管流到第 n 板上，在第 n 板上气液两相密切接触，进行热量和质量的交换。进、出第 n 板的物流有四种：

（1）由第 $n-1$ 板溢流下来的液体量为 L_{n-1}，其组成为 x_{n-1}，温度为 t_{n-1}；

（2）由第 n 板上升的蒸汽量为 V_n，组成为 y_n，温度为 t_n；

（3）从第 n 板溢流下去的液体量为 L_n，组成为 x_n，温度为 t_n；

（4）由第 $n+1$ 板上升的蒸汽量为 V_{n+1}，组成为 y_{n+1}，温度为 t_{n+1}。

因此，当组成为 x_{n-1} 的液体及组成为 y_{n+1} 的蒸汽同时进入第 n 板，由于存在温度差和浓度差，气液两相在第 n 板上密切接触进行传质和传热的结果会使离开第 n 板的气液两相平衡（如果为理论板，则离开第 n 板的气液两相成平衡），若气液两相在板上的接触时间长，接触比较充分，那么离开该板的气液两相相互平衡，通常称这种板为理论板（y_n，x_n 成平衡）。精馏塔中每层板上都进行着与上述相似的过程，其结果是上升蒸汽中易挥发组分浓度逐渐增高，而下降的液体中难挥发组分越来越浓，只要塔内有足够多的塔板数，就可使混合物达到所要求的分离纯度（共沸情况除外）。

加料板把精馏塔分为二段，加料板以上的塔，即塔上半部完成了上升蒸汽的精制，即除去其中的难挥发组分，因而称为精馏段。加料板以下（包括加料板）的塔，即塔的下半部完成了下降液体中难挥发组分的提浓，除去了易挥发组分，因而称为提馏段。一个完整的精馏塔应包括精馏段和提馏段。

精馏段操作方程为：

$$y_{n+1}=\frac{R}{R+1}x_n+\frac{x_D}{R+1}$$

提馏段操作方程为：

$$y_{m+1}=\frac{L+qF}{L+qF-W}x_m-\frac{W}{L+qF-W}x_W$$

其中，R 为操作回流比，F 为进料摩尔流量，W 为釜液摩尔流量，L 为提馏段下降液体的摩尔流量，q 为进料的热状态参数。部分回流时，进料热状况参数的计算式为：

$$q=\frac{C_{pm}(t_{BP}-t_F)+r_m}{r_m}$$

式中　t_F——进料温度，℃；

t_{BP}——进料的泡点温度，℃；

C_{pm}——进料液体在平均温度 $(t_F+t_{BP})/2$ 下的比热容，J/(mol·℃)；

r_m——进料液体在其组成和泡点温度下的汽化热，J/mol。

$$C_{pm}=C_{p_1}M_1x_1+C_{p_2}M_2x_2$$

$$r_m=r_1M_1x_1+r_2M_2x_2$$

式中　C_{p_1}，C_{p_2}——分别为纯组分 1 和组分 2 在平均温度下的比热容，kJ/(kg·℃)；

r_1，r_2——分别为纯组分 1 和组分 2 在泡点温度下的汽化热，kJ/kg；

M_1，M_2——分别为纯组分 1 和组分 2 的摩尔质量，kg/kmol；

x_1，x_2——分别为纯组分 1 和组分 2 在进料中的摩尔分数。

精馏操作涉及气、液两相间的传热和传质过程。塔板上两相间的传热速率和传质速率不仅取决于物系的性质和操作条件，而且还与塔板结构有关，因此它们很难用简单方程加以描述。引入理论板的概念，可使问题简化。

所谓理论板，是指在其上气、液两相都充分混合，且传热和传质过程阻力为零的理想化塔板。因此不论进入理论板的气、液两相组成如何，离开该板时气、液两相达到平衡状态，即两相温度相等，组成互相平衡。

实际上，由于板上气、液两相接触面积和接触时间是有限的，因此在任何形式的塔板上，气、液两相难以达到平衡状态，即理论板是不存在的。理论板仅用作衡量实际板分离效率的依据和标准。通常，在精馏计算中，先求得理论板数，然后利用塔板效率予以修正，即求得实际板数。引入理论板的概念，对精馏过程的分析和计算是十分有用的。

对于二元物系，如已知其气液平衡数据，则根据精馏塔的原料液组成，进料热状况，操作回流比及塔顶馏出液组成，塔底釜液组成可由图解法或逐板计算法求出该塔的理论板数 N_T。按照下式可以得到总板效率 E_T，其中 N_P 为实际塔板数。

$$E_T=\frac{N_T-1}{N_P}\times 100\%$$

三、实验装置与流程

（一）实验装置

1. 实验主要设备

（1）精馏塔 T101：φ76mm×2000mm×2mm，16 块塔板，带有一段观测段，外保温，塔顶装有丝网除沫器，塔底有十字防涡器。塔釜：φ219mm×600mm；

（2）再沸器 V102：φ300mm×600mm×1.5mm，40L，卧式，带保温，配加热棒 6kW/220V；

（3）预热器 V107：φ159mm×200mm，外保温，内置加热棒 1kW/220V，固态继电器控制加热；

（4）塔顶、底冷凝器 E102、E103：φ159mm×500mm×1.5mm，20 根 φ20mm×500mm 不锈钢管，列管换热器；

（5）离心泵 4 台：CHLF2-20，370W/380V，扬程 20m，流量 $2m^3/h$；

（6）流量计 4 台：玻璃转子流量计；LZB-6，2.5～25L/h；

（7）温度计 10 个：PT100/L-60，0～100℃。

2. 实验装置流程示意图

板式精馏塔操作实训装置工艺流程见图 8-24。

（二）实验流程

原料液乙醇水溶液经原料泵送入精馏塔釜，釜内液体由电加热器加热产生蒸汽逐板上升，经与各板上液体传质后，进入塔顶冷凝器的管程，冷凝成液体后进入回流罐，回流罐中的冷凝液经回流泵一部分作为回流液从塔顶流入塔内，另一部分作为产品采出，进入塔顶产品罐，塔釜残液经塔底冷凝器冷凝后进入塔底产品罐。

四、实验步骤

实验前准备：配制好一定浓度乙醇水溶液留作备用，然后打开装置的总电源开关，控制面板电源开关，初始状态，装置中所有阀门处于关闭状态。

1．输送原料到塔釜

打开阀门 HV101、HV102，将事先准备好的乙醇水溶液加入到原料罐中，加满，并测

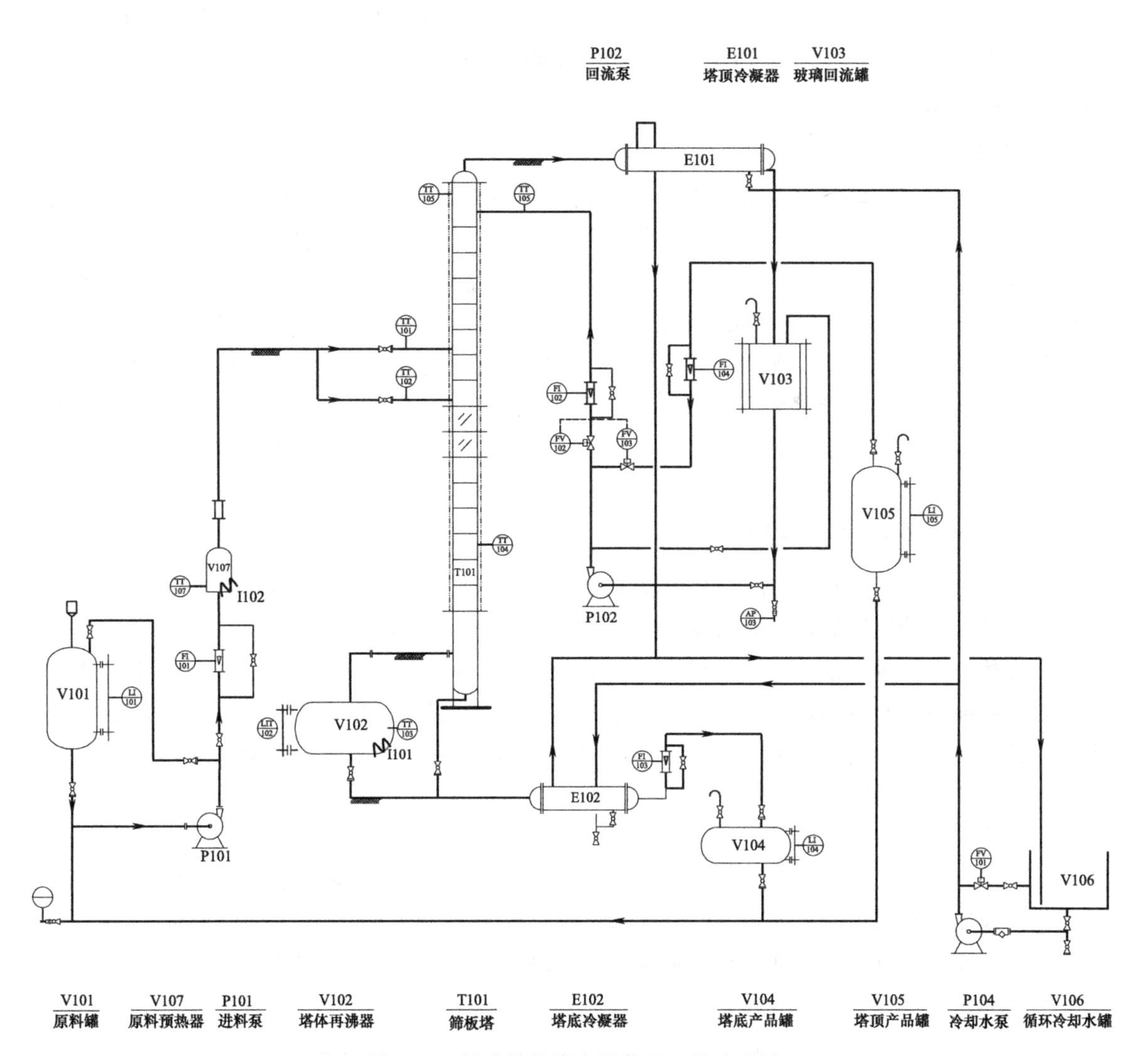

图 8-24　板式精馏塔实训装置工艺流程图

量原料罐中溶液的浓度，用酒精计测量，并记录下来。

打开阀门 HV103，在控制面板上开启进料泵 P101 按钮，泵启动后，打开阀门 HV105，先让泵打回流，然后打开阀门 HV107、HV109，再慢慢打开玻璃转子流量计旋钮阀门，同时关小回流阀门 HV105，调节出口流量，向精馏塔釜进料，刚开始是，进料量可以控制大一点，观察塔釜液位上升情况，当塔釜液位达到实验要求液位时，关闭阀门 HV103、HV107、HV105、HV109 和玻璃转子旋钮阀门，然后在控制面板上停进料泵按钮，进料完毕。

2. 原料加热

在精馏现场电力控制柜上，按下“塔釜加热管电源”启动按钮。在 MCGS 软件上设置所需加热温度，一开始温度设置在 50℃，投自动，当温度加热到 50℃时，稳定 5 分钟，再将温度设置到 60℃，再稳定 5 分钟，重复操作，直到塔釜温度升到 85℃左右，塔顶温度 TT106 升到 75℃左右时，开始稳定塔釜温度。同时注意塔柱上温度点 TT105 的变化，若

TT105温度开始上升，此时应准备开循环水。打开阀门HV128，在控制面板上启动泵P103按钮，打开阀门HV130，先打回流，然后打开阀门HV132、HV133，关小阀门HV130，至一定开度控制冷却水量。

3. 全回流操作

随着加热进行，塔釜温度的上升，当釜内温度达到混合物的沸点后，蒸汽从塔底往上升，经塔顶冷凝器E101冷凝后到回流罐，待回流罐V104液位积累到1/2时，此时可以进行回流操作。打开阀门HV111，在控制面板上打开回流泵开关，回流泵启动后打开阀门HV114、HV113和玻璃转子流量计旋钮阀门，用旋钮阀门控制回流流量在6L/h，并注意回流罐液位，如果液位上升，则增大回流流量到8L/h，若液位降低，则把回流流量减小到5L/h，总之注意保持回流罐液位基本不变，若回流罐液位保持基本不变，则此时回流量为最大回流流量。全回流稳定后开始计时，40min左右后取样分析，取样浓度达到产品浓度要求后，则可以准备进入部分回流，若未达到要求则继续回流。

4. 部分回流及塔顶产品采出操作

打开塔顶产品罐V105顶部进料阀HV120，放空阀HV117，打开阀门FV102、FV103和玻璃转子流量计旋钮阀门，在控制面板上设置回流比控制器的回流和采出电磁阀打开时间，自动控制回流量和采出量，这样塔顶一部分回流，一部分采出，同时关闭阀门HV114。

在控制面板上开启预热器按钮，在组态软件上设置温度在60℃左右，然后在控制面板上开启进料泵，打开阀门HV103、HV107、HV109，用玻璃转子流量计旋钮阀门控制进料流量在20L/h，这样塔连续进料。

塔釜采出之前应先将塔釜产品冷却器E102的循环冷却水投用，打开E102冷却水进出水阀门HV134即可。然后打开阀门HV121、HV125、HV126和玻璃转子流量计阀门，用旋钮阀门控制塔釜采出量在10L/h，视再沸器液位控制量。

这样操作一段时间后，在取样点取出塔顶产品、塔釜产品，进行浓度检测。

5. 停车

实验结束，先停再沸器加热，预热器加热，再关闭进料泵出口阀门，停进料泵，关塔底产品泵出口阀门，停塔底产品泵，关回流泵出口阀门停回流泵，关控制面板电源开关和总电源开关。

五、实验注意事项

（1）塔顶回流罐上阀门HV110一定要打开，否则容易因塔内压力过大导致危险。

（2）塔釜加热采用加热棒，为防止加热棒被烧毁，故设置防干烧装置，液位过低，再沸器加热将启动不起来。

（3）实验过程中要特别注意安全，实验所用物系是易燃物品，操作过程中避免洒落，以免发生危险。

（4）停车时要先停加热，等塔上温度降至50℃左右时再停冷却水。

（5）实验进行回流时，塔釜加热需要控制好，不要过大，防止产生蒸汽量过大，出现液泛。

六、实验结果（举例）

（1）实验记录数据如表 8-2。

表 8-2　实验记录数据

项目	全回流	部分回流
塔顶温度/℃	77.6	77.7
塔底温度/℃	91.7	91.9
进料液温度/℃	34	34
入口进料流量/(m^3/h)	11.0	11.0
入口进料液浓度/%	21 $x_F=0.0942$	21 $x_F=0.0942$
塔顶出口流量/(m^3/h)	—	1
塔顶回流流量/(m^3/h)	—	3
塔顶产物质量浓度/%	95 $x_D=0.884$	93.5 $x_D=0.849$
塔底产物质量浓度/%	13 $x_W=0.0552$	12 $x_W=0.0508$

（2）全回流操作

全回流图见图 8-25。

图 8-25 中阶梯数为 12，即全回流理论塔板数 $N_T=12-1=11$。而实际塔板数 $N_P=16$。故全塔效率 $E_T=\frac{N_T}{N_P}\times100\%=68.75\%$。

（3）部分回流

回流比 $R=3$ 时，部分回流图见图 8-26。

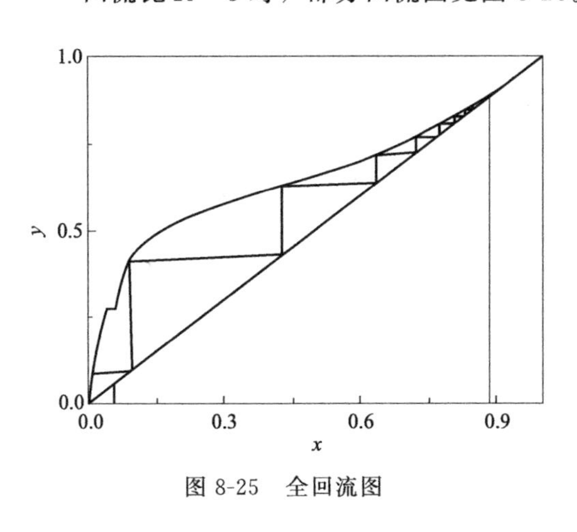

图 8-25　全回流图

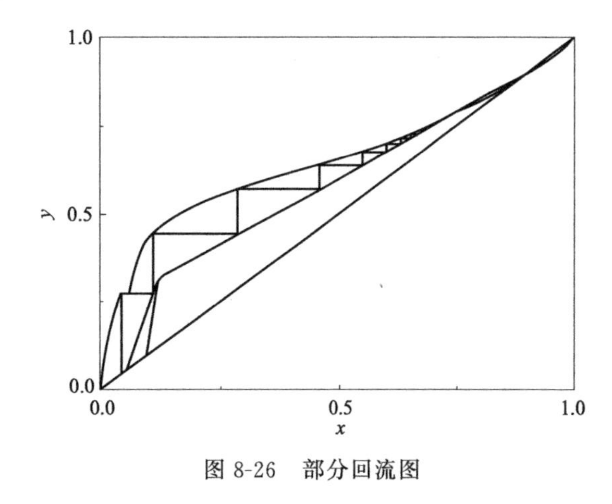

图 8-26　部分回流图

图 8-26 中阶梯数为 13，即部分回流理论塔板数 $N_T=13-1=12$。而实际塔板数 $N_P=16$。故全塔效率 $E_T=\frac{N_T}{N_P}\times100\%=75\%$。

七、结果讨论

1. 由上面全回流图和部分回流图可以看出，实验测得的塔板效率偏低（通过和其他组同学实验对比），原因可能是直接把体积分数当做质量分数计算引进的误差；还有取出的馏分未充分冷却便测量体积分数；密度计测量不够精确；部分回流比难精确控制。

2. 实验测得全回流 x_D 大于部分回流 x_D 符合一般规律，均未超过酒精水溶液的恒沸点。但部分回流实验时发觉难恒定回流比，原因可能是塔内气压过大，应及时排去挥发造成的过剩压力，保证实验进行。

第九章

化工机械基础

第一节　化工常用材料

一、材料的性能

化工生产中所用的各种机械设备都是用金属或非金属材料制成的，为了保证其在生产上经久耐用、价格低廉、安全可靠和制造过程中工艺性能良好，就必须了解材料的物理性能、化学性能、工艺性能以及材料价格和来源情况。这样才能在选材上做到技术可靠、经济合理。

1. 物理性能

材料的物理性能是指材料本身具有的，且不发生化学反应所表现出来的性能。包括密度、熔点、热膨胀性、导电性、导热性等。

（1）密度　单位体积内的质量。如要求质量轻和惯性小的零件，均采用密度小的铝合金制造。

（2）熔点　是材料从固态向液态转变时的温度。熔点高的金属材料可以用来制造耐高温零件。

（3）热膨胀性　金属随着温度变化而膨胀、收缩的特性。

（4）导电性　金属传导电流的性能。纯金属的导电性比合金好。常用纯铜、纯铝作导电材料，用导电性差的铜合金和铝合金作电热元件。

（5）导热性　金属传导热量的能力。一般说，金属纯度越高，其导热能力就越大。制造散热器、热交换器与活塞等零件时，常选用导热性好的金属。

2. 耐腐蚀性能

材料在室温或高温条件下，抗化学介质侵蚀的能力称为耐腐蚀性能。同一材料在不同情况下其耐腐蚀性能也是不同的，如钢在空气中不易腐蚀，而在氨中则不耐腐蚀。

3. 加工工艺性能

加工工艺性能是指材料进行冷热加工时的难易程度，主要包括材料的可切削性能、可铸造性能、可熔性能、可焊性能和热处理性能。

4. 机械性能

① 强度：在规定的荷载作用下，材料发生破坏时的应力。

② 硬度：抵抗硬物压入其表面的能力。

③ 塑性：受外力变形后，恢复原状的能力。

④ 韧性：抵抗冲击而不破坏的性能。

⑤ 脆性：受冲击无明显变形就发生断裂的现象。

⑥ 疲劳：低于强度极限下的断裂现象。

⑦ 蠕变：高温下，发生缓慢永久性的变形现象。

二、常用材料

1. 金属材料

(1) 碳素钢　含碳量小于2%的铁碳合金。主要分为普通碳素结构钢、优质碳素结构钢、碳素工具钢和铸钢四大类。

① 普通碳素结构钢　分为A、B、C三类，数字（序号）越大，含碳越多；C类既保证化学成分又保证机械性能。A3钢最为常用。

② 优质碳素结构钢　分为低、中、高三类，用于制造重要的焊接件和零件。牌号中的两位数字表示干重平均含碳的万分之几，如20#钢即表示钢中含碳0.2%。

③ 碳素工具钢　主要用于制造模具、量具和手工工具，用字母T表示。如T8就表示含碳量0.8%的碳素工具钢。

④ 铸钢　一般用于制造形状复杂、难以锻造，而要求强度较高的零件。用ZG表示，后面的数字表示含碳量，数字后标注Ⅰ、Ⅱ、Ⅲ表明质量级别。

(2) 铸铁　含碳量大于2%的铁碳合金。主要分为白口铸铁、灰口铸铁、球墨铸铁和可锻铸铁四大类。

① 白口铸铁　其断面为白色，硬度极高，性脆，耐磨，不能进行切削加工，主要用于铸件表面，延长使用寿命。

② 灰口铸铁　其断面为灰色，削切性能良好，主要用于铸造零件。用HT+两组数字表示，前者表示抗拉强度，后者表示抗弯强度。如HT15-35即抗拉强度为$15kg/mm^2$，抗弯强度为$32kg/mm^2$。

③ 球墨铸铁　具有较高的强度，合适的塑性和韧性，综合性能优于灰口铸铁。用QT+两组数字表示，前者表示抗拉强度，后者表示延伸率。

④ 可锻铸铁　首先把铸铁浇铸成白口铸铁，然后经可锻化热处理而成。用QT+两组数字表示，前者表示抗拉强度，后者表示延伸率。

(3) 合金钢　在碳素钢的冶炼中有目的的加入一种或多种合金元素。主要有铬、镍、锰、钼及钛。按用途主要分为合金结构钢、合金工具钢和特殊用途钢三大类。编号方式及其意义如下：

① 合金结构钢　二位数字+化学元素符号+数字，前二位数字表示含碳量的万分之几，后面数字表示合金元素的百分之几。小于1.5%时，只标明元素。如40Cr就表示含碳量

0.4%，铬含量小于1.5%以下。

② 合金工具钢　一位数字+化学元素符号+数字，前一位数字表示含碳量的千分之几，含碳量大于1%不标出。W18Cr4V则表示含碳量大于1%，钨含量18%，铬含量4%，钒含量小于1.5%以下。

③ 特殊用途钢　同合金工具钢的方法。

(4) 有色金属及其合金　主要包括铜、铝、铅、镍、钛等及其合金。

① 铜及其合金具有很高的导热性、导电性和塑性，低温下有较高的强度和冲击韧性。

② 镍及其合金具有良好的物理、机械性能，但较贵重，多做涂层增加防腐性能和美观。

③ 铝及其合金具有很好的导热性、导电性和加工性能。

④ 铅及其合金具有很好的延展性和耐腐蚀性，导电性差。

⑤ 钛及其合金具有很强的抗拉强度和耐腐蚀性。

2. 非金属材料

非金属材料主要分无机非金属材料和有机非金属材料。

(1) 无机非金属材料　陶瓷、搪瓷、岩石、玻璃等。

(2) 有机非金属材料　塑料、涂料、不透性石墨等。

第二节　机械传动

一、机械设备

1. 机械设备的组成

如图9-1所示，机械设备主要是由动力部分、传动部分和工作部分三部分组成。

图9-1　机械设备的组成

2. 转速和传动比

(1) 转速　转动零件单位时间内旋转的圈数，单位是r/min，用n表示。

(2) 传动比　连传送动力的零件叫主动轮，而接受动力的叫从动轮，而两者之间的转速比即传动比，用i表示。

$$i=n_1/n_2$$

二、机械传动的常见类型

1. 带传动

(1) 原理　利用紧套在带轮上的挠性环形带与带轮间的摩擦力来传递动力和运动的机械传动。

（2）特点

① 优点　传动平稳、结构简单、成本低、使用维护方便、有良好的挠性和弹性、过载打滑。

② 缺点　传动比不准确、带寿命低、轴上载荷较大、传动装置外部尺寸大、效率低。

（3）带传动的类型　如图 9-2 所示。

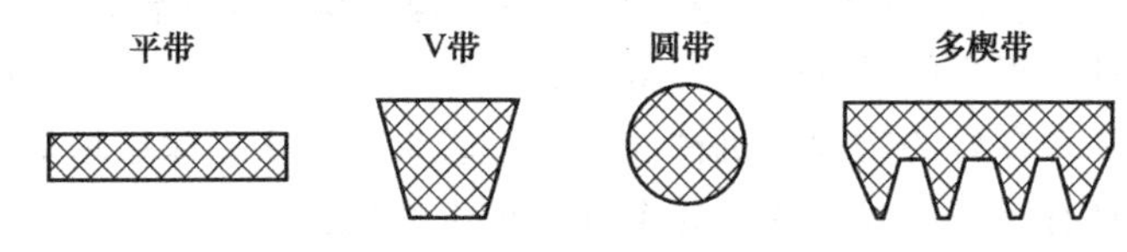

图 9-2　带传动的类型

2. 链传动

（1）原理　利用链与链轮轮齿的啮合来传递动力和运动的机械传动。

（2）特点　链传动平均传动比准确，传动效率高，轴间距离适应范围较大，能在温度较高、湿度较大的环境中使用；但链传动一般只能用作平行轴间传动，且其瞬时传动比波动，传动噪声较大。

（3）链传动的类型　如图 9-3 所示。

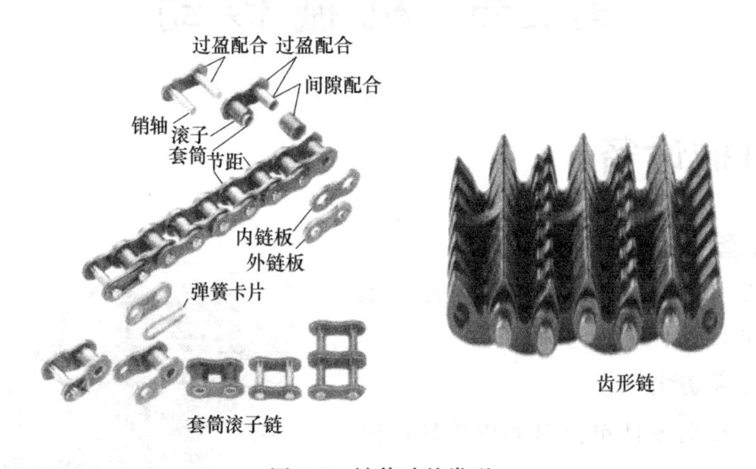

图 9-3　链传动的类型

3. 齿轮传动

（1）原理　利用两齿轮的轮齿相互啮合传递动力和运动的机械传动。

（2）特点　效率高、传动比稳定、结构紧凑、工作可靠、寿命长；但制作安装精度高，价格较贵。

（3）齿轮传动的类型　如图 9-4 所示。

4. 齿轮变速器

（1）原理　利用若干对齿轮，组成实现用户想要的传动比及正反转要求的传动系统。

（2）特点　效率高、传动比稳定、结构紧凑、使用维护简单，购买方便。

（3）齿轮变速器的类型　如图 9-5 所示。

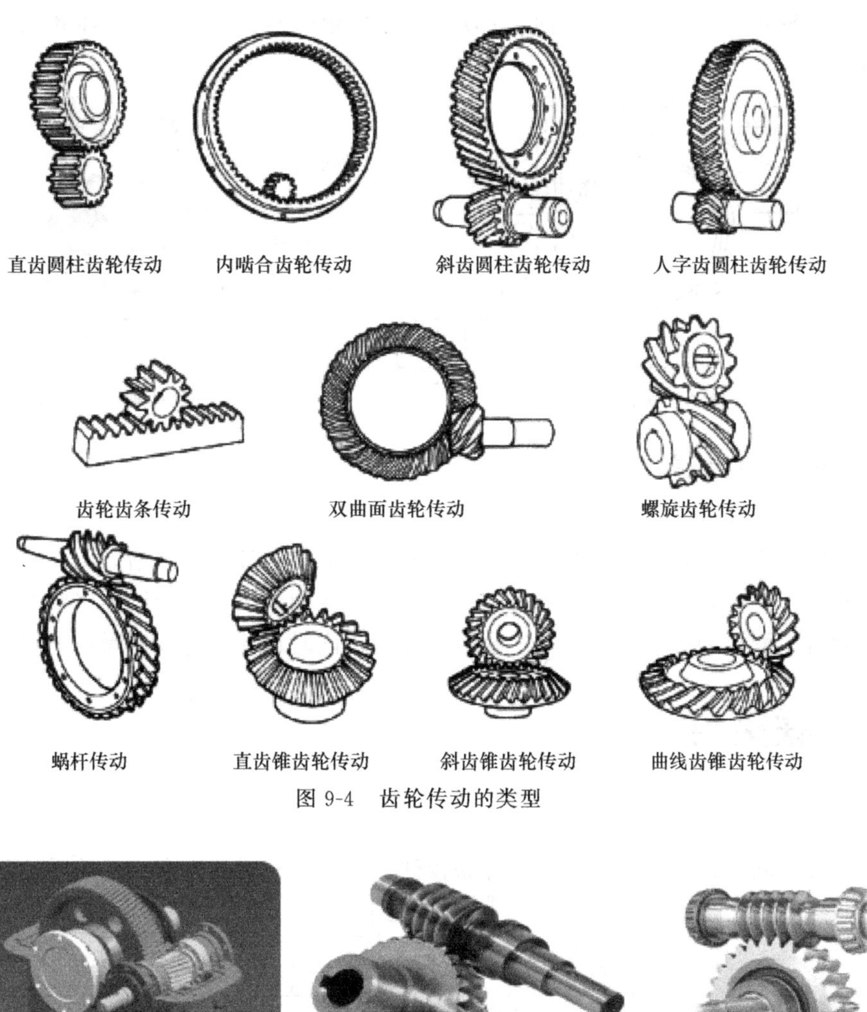

图 9-4　齿轮传动的类型

齿轮型　　蜗轮型　　齿轮-蜗轮型

图 9-5　齿轮变速器的类型

第三节　轴承和联接件

一、轴承

当其他机件在轴上彼此产生相对运动时，用来保持轴的中心位置及控制该运动的机件。根据支撑面和轴颈表面的摩擦方式不同分为滑动轴承和滚动轴承。

1. 基本结构

（1）滑动轴承的基本结构　如图 9-6 所示，由轴承座、轴承盖、紧固螺钉和轴瓦组成。

（2）滚动轴承的基本结构　如图 9-7 所示，主要由内圈、外圈、滚动体和保持架组成。

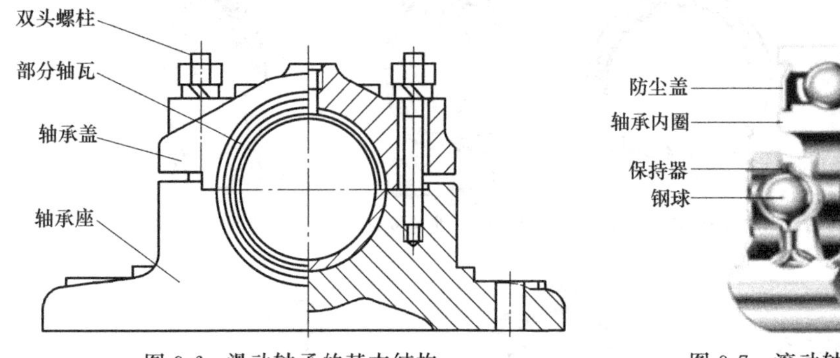

图 9-6　滑动轴承的基本结构　　图 9-7　滚动轴承的基本结构

2. 轴承的维护保养

需注意三点：温度、噪声和润滑。

（1）温度　主要通过温度测量仪表及现场测量仪器相印证加以判断。

（2）噪声　主要通过振动及位移等测量仪表及现场测量仪器相印证加以判断。

（3）润滑　润滑的好坏是“五定”执行的表现，同时也能从温度和噪声上加以反映。

二、联接件

1. 螺纹联接件

（1）定义　利用螺钉、螺栓和螺母等联接件，把需要相对固定在一起的零件联接起来。

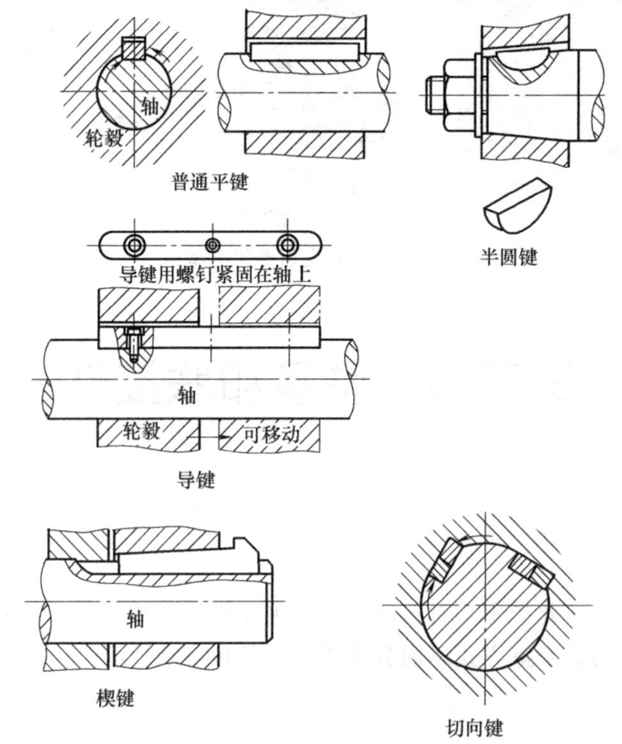

图 9-8　键联接的类型

（2）常见类型　螺栓联接、双头螺栓联接、螺钉联接等。

（3）特点　结构简单、联接可靠、装卸方便。

（4）安装要求　对角预紧，分次全紧。

2. 键联接件

（1）定义　用来联接轴和轴上零件（齿轮、皮带轮等）的，是两者周向固定用以传动扭矩。

（2）特点　结构简单、联接可靠、装卸方便。

（3）常见类型　如图 9-8 所示，平键、半圆键、导键、楔键和切向键等。

（4）材料　一般采用 45 号钢。

3. 销联接件

（1）定义　用来固定零件之间的相互位置，并可传递不大的扭矩，也可用以定位或安全保险。

（2）特点　结构简单、联接可靠、装卸方便。

（3）常见类型　如表 9-1 所示，圆柱销、圆锥销、安全销和开口销等。

（4）材料　一般采用 35 号或 45 号钢。

表 9-1　销联接件常见类型

名称及标准	主要尺寸与标记	连接示意图
圆柱销 GB/T 119.1—2000	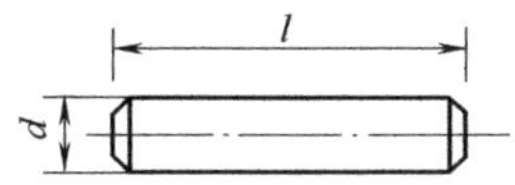 l d	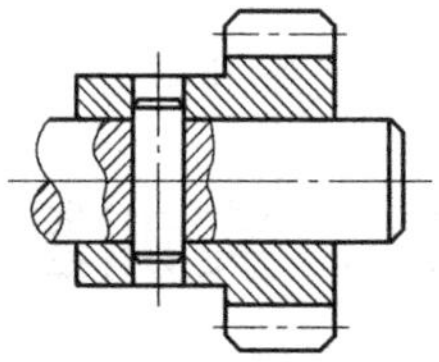
圆锥销 GB/T 117—2000	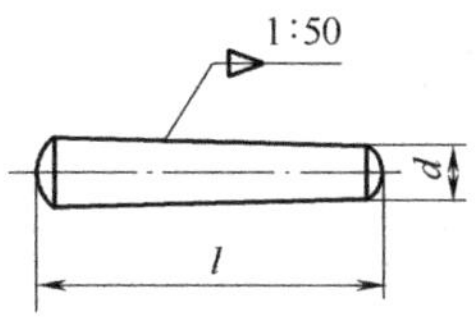 1∶50 d l	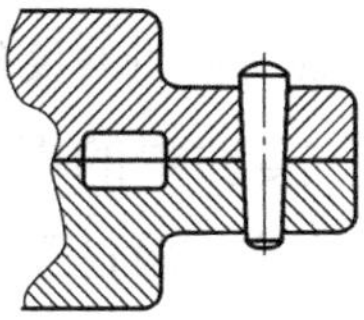
开口销 GB/T 91—2000	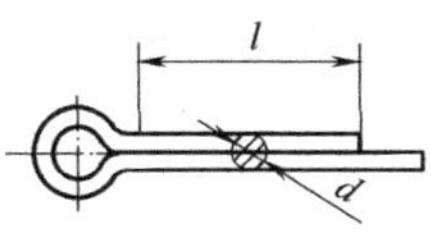 l d	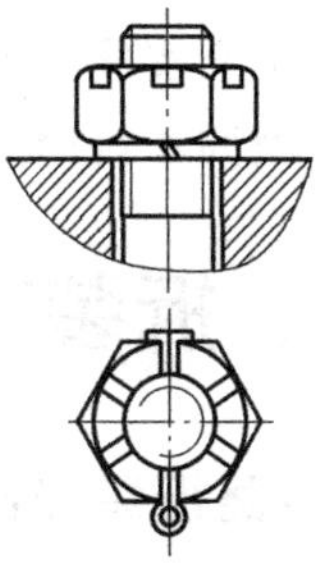

第四节　化工管路维修维护技能实训

为了更好地实现管道拆装及流体实验参数的测定，本管道拆装系统的管道多采用法兰连接，并配用转子流量计、温度计、压力表、液面计等检测仪表，强调学生树立工程概念，特别是大化工观点的认知；强化手动操作技能训练，各动手单元如管子拆装、管件更换、基本检测器的接线、仪表参数整定；设置的故障检修点诊断等。通过自行设计流程、组装管路及调试，可以训练学生的动手能力和解决问题的能力，为今后实际工作打下一定的专业基础。

一、实训目标

(1) 了解和熟悉化工生产过程中常见离心泵的控制方法及工作原理；了解各种仪表的性能、使用方法和适用场合。

(2) 了解并学会工业控制中仪表、测量、执行器的成套方法，学会按照实际手动被控系统要求进行实际控制系统的设计和实现；了解各种阀门的结构及适用场合，合理选用并进行管路组装。

(3) 培养学生观察问题、分析问题和实验数据处理的能力，提高相关学科知识的综合运用能力。

(4) 了解和掌握用科学实验解决工程问题的方法。

二、实训基本要求

1. 实训前的预习

要求学生做好实验前的预习，明确实验目的、原理、要求、拆装步骤、实验需测定的数据，了解所使用的设备、仪器、仪表及工具。

2. 实训中的操作训练

学生在实验过程中应细心操作，仔细观察，发现问题，思考问题，在实验中培养自己严谨的科学作风，养成良好的学风。

3. 实训后的总结

实训完后，认真整理数据，根据实训结果及观察到的现象，加以分析，给出结论，并按规定要求提交实验报告。实验报告内容包括：实验目的、实验流程、操作步骤、数据处理、实验结论及问题讨论。实验报告是考核实训成绩的主要方面，应认真对待。

三、拆装实训

1. 管路拆装操作步骤

(1) 首先按照化工管道的拆装要求及相关的设备、阀门、仪表等配备相应的拆装工器具，包括高处管路拆装时需要准备两个木凳，以便于拆装。

（2）拆装时首先要将动力电源关闭，并挂警示牌，检查无误后才准许工作。

（3）化工管路拆装一般是拆卸与安装顺序正好相反，拆卸时一般是从高处往下逐步拆卸，注意拆卸每一零部件都要按顺序进行编号，并按照顺序依次摆在地面上，每组学生在拆装时要相互配合，防止管道或管件掉落而砸伤手脚或地面。

（4）仪表拆装时要轻拿轻放，防止破碎。认真观察各种阀门的结构和区别，了解其使用特点，拆装时要注意阀门的方向和具体位置。

（5）所有密封部位的密封材料一般在拆装后需要更换，将原来的密封垫拆下来，按原样用剪刀进行制作并更换，密封垫位置要放置合适，不能偏移，所有螺栓都应该按照螺帽在上方的顺序紧固。

（6）紧固螺栓时必须对角分别用力紧固，然后再依次紧固，防止法兰面倾斜发生泄漏，另外螺栓紧固用臂力即可，不需要套管紧固。

（7）装配过程中应使用水平尺进行度量，要注意保证管道的横平竖直，严禁发生倾斜。管路支架固定可靠，不能松动。

（8）水泵电机接线盒及电源控制箱属于电气部分，不需要学生拆卸，要防止拆装时有水分进入，导致发生短路事故。

（9）拆装完成后进行管路的试漏检验，在启动水泵前务必由指导教师进行开车前检查，没有问题后才准许送电运行。

（10）运行后若局部有泄漏，不需要断电。可用工具进行紧固，若还是不能解决泄漏，需要停泵后检查垫片的情况。

（11）拆装过程中要树立团结协作、严肃认真、安全第一的指导思想，服从实训指导教师的统一安排。

2. 拆装实训装置

本实验用化工管道拆装系统进行实验，其装置如图 9-9 所示。离心泵用三相电动机带动，将水从水槽中吸入，然后由压出管排至水槽。在吸入管内进口处装有 Y 型过滤器，以免污物进入水泵。在泵的吸入口和压出口处，分别装有真空表和压力表，以测量水的进出口

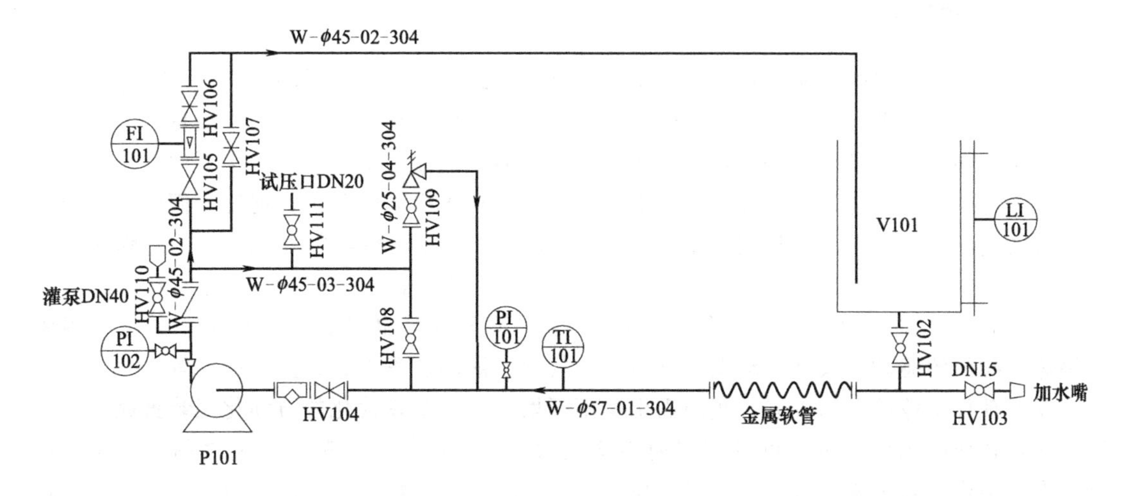

图 9-9　化工管道拆装系统装置图

处的压力，泵的出口管线装有转子流量计，用来计量水的流量，并装有阀门，用来调节水的流量或管内压力。

3. 实训装置运行步骤

（1）了解设备，熟悉流程及所用仪表，特别是压力表、真空表，要阅读使用说明。

（2）检查泵的轴承润滑情况，用手转动联轴节视其是否转动灵活。

（3）检查水箱的水位是否合适，旋开泵进水阀门，向泵内自动灌水至满。

（4）充满水后，关闭泵的出口阀门，此时转子流量计要关闭。

注意：上述工作准备妥当，经指导教师同意，可接通电源起动电动机，使泵运转，在运转中要注意安全，防止触电及注意电机是否过热、有噪声或其他故障，如有不正常现象，应立即停车，与指导教师讨论其原因及处理办法。

（5）水泵启动后，慢慢开启出口阀，让水流经流量计，调节流量计的开度，可以读出泵的实际流量。

（6）用出口阀调节流量，从零到最大或反之，观察流量、压力的变化，关闭出口阀，停泵。

（7）实验结束后，打开管路上部的放空阀排气，并关闭泵进口阀门，排出泵内存水。

第五节　阀门拆装技能实训

一、实验目的

（1）通过实训使学生认识工程中常用的阀门，了解其功用、特点和应用场合。

（2）掌握常用阀门的工作原理和调整维护方法。

（3）掌握常用阀门的拆装操作要领和注意事项。

二、概述

阀门是流体管路的控制装置，其基本功能是接通或切断管路介质的流通，改变介质的流通，改变介质的流动方向，调节介质的压力和流量，保护管路的设备的正常运行。

工业上阀门的大量应用是在瓦特发明蒸汽机之后，近二三十年来，由于石油、化工、电站、冶金、船舶、核能、宇航等方面的需要，对阀门提出更高的要求，促使人们研究和生产高参数的阀门，其工作温度从超低温−269℃到高温1200℃，甚至高达3430℃，工作压力从超真空 1.33×10^{-8}MPa（1×10^{-1}mmHg）到超高压1460MPa；阀门通径从1mm到600mm，甚至达到9750mm；阀门的材料从铸铁、碳素钢发展到钛及钛合金、高强度耐腐蚀钢等，阀门的驱动方式从手动发展到电动、气动、液动、程控、数控、遥控等。

随着现代工业的不断发展，阀门需求量不断增长，一个现代化的石油化工装置就需要上万只各式各样的阀门，由此可见阀门使用量很大。由于阀门开闭频繁，加之制造、使用选型、维修不当，发生跑、冒、滴、漏现象，由此引起火灾、爆炸、中毒、烫伤事故，或者造成产品质量低劣，能耗提高，设备腐蚀，物耗提高，环境污染，甚至造成停产等事故，并且屡见不鲜，因此化工企业希望获得高质量的阀门，同时也要求提高阀门的使用、维修水平。这时对从事阀门操作人员、维修人员以及工程技术人员，提出新的要求，除了要精心设计、合理选用、正确操作阀门之外，还要及时维护、修理阀门，使阀门的跑、冒、滴、漏及各类事故降到最低限度。

三、阀门的分类

阀门的用途广泛，种类繁多，分类方法也比较多。总的可分两大类：

(1) 自动阀门　依靠介质（液体、气体）本身的能力而自行动作的阀门。如止回阀、安全阀、调节阀、疏水阀、减压阀等。

(2) 驱动阀门　借助手动、电动、液动、气动来操纵动作的阀门。如闸阀、截止阀、节流阀、蝶阀、球阀、旋塞阀等。

此外，阀门的分类还有以下几种方法：

(1) 按结构特征　根据关闭件相对于阀座移动的方向可分：

① 截门形　关闭件沿着阀座中心移动。

② 闸门形　关闭件沿着垂直阀座中心移动。

③ 旋塞和球形　关闭件是柱塞或球，围绕本身的中心线旋转。

④ 旋启形　关闭件围绕阀座外的轴旋转。

⑤ 碟形　关闭件的圆盘，围绕阀座内的轴旋转。

⑥ 滑阀形　关闭件在垂直于通道的方向滑动。

(2) 按阀门的不同用途可分：

① 开断用　用来接通或切断管路介质，如截止阀、闸阀、球阀、蝶阀等。

② 止回用　用来防止介质倒流，如止回阀。

③ 调节用　用来调节介质的压力和流量，如调节阀、减压阀。

④ 分配用　用来改变介质流向、分配介质，如三通旋塞、分配阀、滑阀等。

⑤ 安全阀　在介质压力超过规定值时，用来排放多余的介质，保证管路系统及设备安全，如安全阀、事故阀。

⑥ 其他特殊用途　如疏水阀、放空阀、排污阀等。

四、常用阀门的拆装实训

（一）闸阀

1. 工作原理及特点

闸阀是指关闭件（闸板）沿通路中心线的垂直方向移动的阀门。闸阀在管路中主要作切断用。闸阀是使用很广的一种阀门，一般口径 $DN \geqslant 50\text{mm}$ 的切断装置都选用它，有时口径很小的切断装置也选用闸阀。

闸阀有以下优点：

① 流体阻力小。

② 开闭所需外力较小。

③ 介质的流向不受限制。

④ 全开时，密封面受工作介质的冲蚀比截止阀小。

⑤ 体形比较简单，铸造工艺性较好。

闸阀也有不足之处：

① 外形尺寸和开启高度都较大。安装所需空间较大。

② 开闭过程中，密封面间有相对摩擦，容易引起擦伤现象。

③ 闸阀一般都有两个密封面，给加工、研磨和维修增加一些困难。

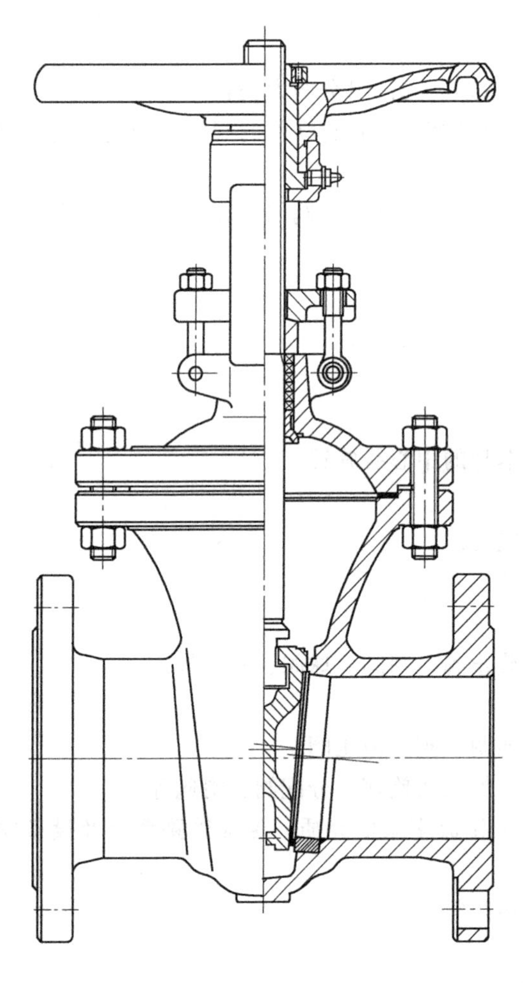

图 9-10 闸阀结构图

2. 基本结构

闸阀的基本结构，如图 9-10 所示。

3. 阀门的解体

① 解体前做好配合记号，按顺序进行拆卸，并做好记录。

② 解体时阀门应处于开启状态。

③ 注意拆卸顺序，按照指导老师要求按顺序拆卸，并做好记录。

④ 注意填料的保护，不能硬撬，以免损伤填料，不要损伤零部件表面。

⑤ 用干布擦干净卸下的螺栓及零件。

⑥ 对合金钢阀门的内部零件应进行观察，了解其密封结构。

4. 闸阀的组装

(1) 阀门组装时，阀门应处于开启状态。

(2) 安装前须检查阀门腔内和密封面等部位，不允许有污物或砂粒附着。

(3) 按配合顺序组装，遵循拆卸过程的记录，按照相反的顺序进行依次组装。

(4) 各连接部位螺栓，要求均匀拧紧；闸板部位补充润滑剂。

(5) 更换填料。

(6) 调整闸板与阀座的接触面积。

(7) 按顺序装入闸板。

(8) 均匀紧固各部连接件。

(9) 检查各部装配要求、间隙：

① 阀门在关闭状态下，闸板中心应比阀座中心高（单闸板为 2/3 密封面高度，双闸板为 1/2 密封面高度）。

② 闸杆与闸板连接牢靠，阀杆吻合良好。

③ 各部间隙如下：

a. 垫圈与阀体阀盖间隙为0.10～0.30mm。

b. 阀杆与压盖间隙为0.10～0.30mm。

c. 填料与压盖间隙为0.10～0.15mm。

d. 阀杆与座圈的间隙为0.10～0.20mm。

e. 座圈与填料箱的间隙为0.10～0.15mm。

5. 组装质量检查考核

① 对组装后的闸阀进行开关试验，校对开关开度指示，检查开关情况，阀门在开关全行程无卡涩和虚行程。

② 检查支架上的阀杆螺母是否拧紧，检查支架有无损伤。

③ 阀座与阀体结合牢固，无松动现象。

④ 阀盖与自密封垫圈结合面平整、光洁，填料压盖位置合理。

⑤ 检查填料部位要求压紧，既保证填料的密封性，也要保证闸板开启灵活。

（二）截止阀

1. 工作原理及特点

截止阀是关闭件（阀瓣）沿阀座中心线移动的阀门。

优点：

① 结构简单，制造和维修比较方便。

② 工作行程小，启闭时间短。

③ 密封性好，密封面间摩擦力小，寿命较长。

缺点：

① 流体阻力大，开启和关闭时所需力较大。

② 不适用于带颗粒、黏度较大、易结焦的介质。

③ 调节性能较差。

2. 基本结构

截止阀的基本结构如图9-11所示。

3. 阀门的解体

① 解体前做好配合记号，按顺序进行拆卸，并做好记录。

② 解体时阀门应处于开启状态。

③ 注意拆卸顺序，先拆手轮螺帽，然后拆卸填料压盖，拆出填料，将阀芯拆出，并做好记录。

④ 注意填料的保护，不能硬撬，以免损伤填料，不要损伤零部件表面。

⑤ 用干布擦干净卸下的螺栓及零件。

⑥ 对合金钢阀门的内部零件应进行观察，了解其密封结构。

4. 阀门的组装

① 组装前应按截止阀解体时的反方向顺序进行。如发现密封面有损伤，需重新研磨，组装后转动手轮，不得有卡阻现象。

② 组装前，阀体内应吹扫干净，以免杂物损伤密封面，造成阀门零部件装配不到位；

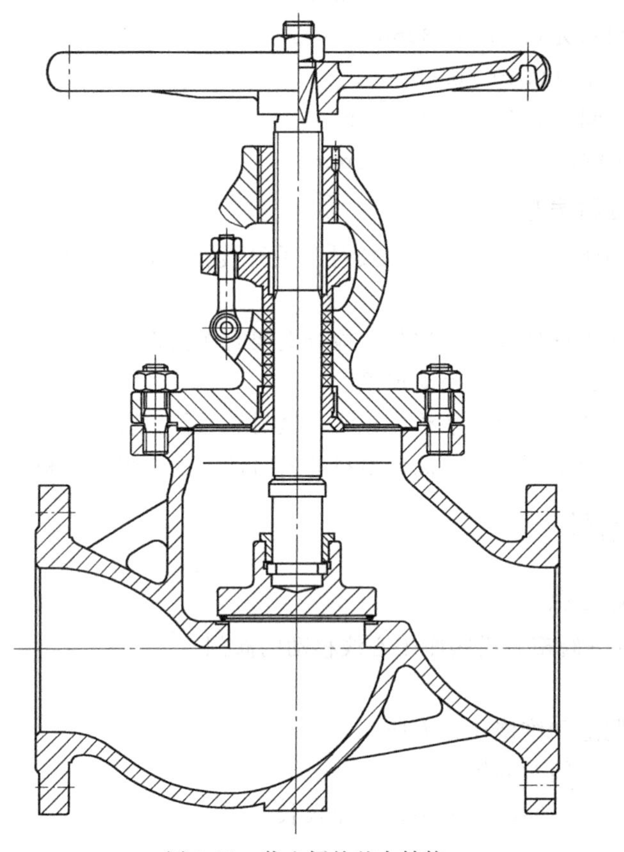

图 9-11 截止阀的基本结构

若在工厂就会导致阀门泄漏事故。

③ 阀门按阀体上所示介质流向箭头安装在管道上，阀门可以垂直安装，也可以水平安装，但不可倒装；学生进行组装阀门时与方向无关。

④ 截止阀门的填料函内，一般装条形填料，有时也装柔性石墨填料，学生在组装后填料压盖螺母不能太紧，以免影响开闭。在工厂里，阀门投运前将填料压盖处的活节螺栓螺母拧紧（填料函处填料压缩量约为填料总高度的 10%），以免运行中填料被介质冲坏产生严重泄漏；如在投运中发现填料函处冒泡或轻微泄漏，须及时对填料函处活节螺栓螺母再次拧紧，直至不漏。

⑤ 中法兰密封垫为石棉板（XB450）衬垫或柔性石墨缠绕垫片，组装时注意放置到位，不能有破损。在工厂里，截止阀在投运前中法兰密封副的压紧螺母必须对称拧紧，用力均匀，投运后发现泄漏，须及时再次拧紧，直至不漏。

⑥ 停炉检修时，须对阀门密封面进行研磨，更换填料及中法兰处密封垫，重新组装调试。

5. 组装质量检查考核

① 对组装后的闸阀进行开关试验，校对开关开度指示，检查开关情况，阀门在开关全行程无卡涩和虚行程。

② 检查手柄上的阀杆螺母是否拧紧，检查支架有无损伤。

③ 阀座与阀体结合牢固，无松动现象。

④ 阀盖与自密封垫圈结合面平整、光洁，填料压盖位置合理。

⑤ 检查填料部位要求压紧，既保证填料的密封性，也要保证阀杆开启灵活。

（三）球阀

球阀又称法兰球阀。

1. 工作原理及特点

球阀和闸阀是同属一个类型的阀门，区别在它的关闭件是个球体，球体绕阀体中心线做旋转来达到开启、关闭的一种阀门。球阀在管路中主要用来作切断、分配和改变介质的流动方向。球阀是近年来被广泛采用的一种新型阀门。

它具有以下优点：

① 流体阻力小，其阻力系数与同长度的管段相等。

② 结构简单、体积小、重量轻。

③ 紧密可靠，目前球阀的密封面材料广泛使用塑料，密封性好，在真空系统中也已广泛使用。

④ 操作方便，开闭迅速，从全开到全关只要旋转 90°，便于远距离的控制。

⑤ 维修方便，球阀结构简单，密封圈一般都是活动的，拆卸更换都比较方便。

⑥ 在全开或全闭时，球体和阀座的密封面与介质隔离，介质通过时，不会引起阀门密封面的侵蚀。

⑦ 适用范围广，通径从小到几毫米，大到几米，从高真空至高压力都可应用

2. 基本结构

球阀的基本结构如图 9-12 所示。

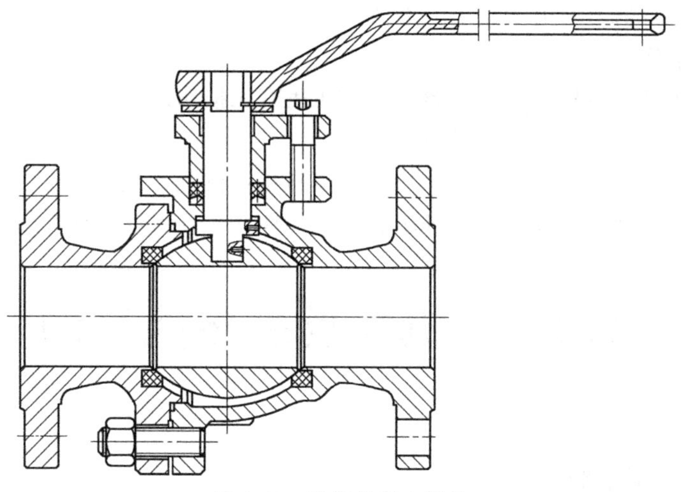

图 9-12　球阀的基本结构

3. 球阀的解体

① 解体前做好配合记号，按顺序进行拆卸，并做好记录。

② 解体时阀门应处于开启状态。

③ 注意拆卸顺序，按照指导老师要求按顺序拆卸，并做好记录。

④ 注意填料的保护，不能硬撬，以免损伤填料，不要损伤零部件表面。

⑤ 用干布擦干净卸下的螺栓及零件。

⑥ 对合金钢阀门的内部零件应进行观察，了解其密封结构。

4. 球阀的组装

① 组装前应按球阀解体时的反方向顺序进行。如发现密封面有损伤，需重新研磨，组装后转动手柄，不得有卡阻现象。

② 组装前，阀体内应吹扫干净，以免杂物损伤密封面，造成阀门零部件装配不到位；若在工厂就会导致阀门泄漏事故。

③ 阀门按阀体上所示介质流向箭头安装在管道上，阀门可以垂直安装，也可以水平安装，但不可倒装；学生进行组装阀门时与方向无关。

④ 球阀的填料函内，一般装条形填料，有时也装柔性石墨填料，学生在组装后填料压盖螺母不能太紧，以免影响开闭。在工厂里，阀门投运前将填料压盖处的活节螺栓螺母拧紧（填料函处填料压缩量约为填料总高度的10%），以免运行中填料被介质冲坏产生严重泄漏；如在投运中发现填料函处冒泡或轻微泄漏，须及时对填料函处活节螺栓螺母再次拧紧，直至不漏。

⑤ 球阀阀座与阀体法兰密封垫为石棉板（XB450）衬垫或柔性石墨缠绕垫片，组装时注意放置到位，不能有破损。在工厂里，截止阀在投运前中法兰密封副的压紧螺母必须对称拧紧，用力均匀，投运后发现泄漏，须及时再次拧紧，直至不漏。

⑥ 停炉检修时，须对阀门密封面进行研磨，更换填料及中法兰处密封垫，重新组装调试。

5. 组装质量检查考核

① 对组装后的球阀进行开关试验，校对开关开度指示，检查开关情况，阀门在开关全行程无卡涩和虚行程。

② 检查手柄上的压盖螺母是否拧紧，检查压盖有无损伤。

③ 阀座与阀体结合牢固，无松动现象。

④ 阀盖与自密封垫圈结合面平整、光洁，填料压盖位置合理。

⑤ 检查填料部位要求压紧，既保证填料的密封性，也要保证阀杆开启灵活。

第六节　机泵拆装技能实训

一、实验目的

（1）了解单级离心泵的结构，熟悉各零件的名称、形状、用途及各零件之间的装配关系。

（2）通过对离心泵总体结构认识，掌握离心泵的工作原理。

（3）掌握离心泵的拆装顺序以及在拆装过程中的注意事项和要求。

(4) 培养对离心泵主要零件尺寸及外观质量的检查和测量能力。

图 9-13　单级离心泵

二、实验设备和工具

1. 实验设备

单级离心泵，如图 9-13 所示。离心泵内部结构如图 9-14 所示。

2. 实验工具

磁性表座、百分表、钢板尺、水平仪、活动扳手、呆扳手、铜锤、螺丝刀、专用扳手、拉马等。

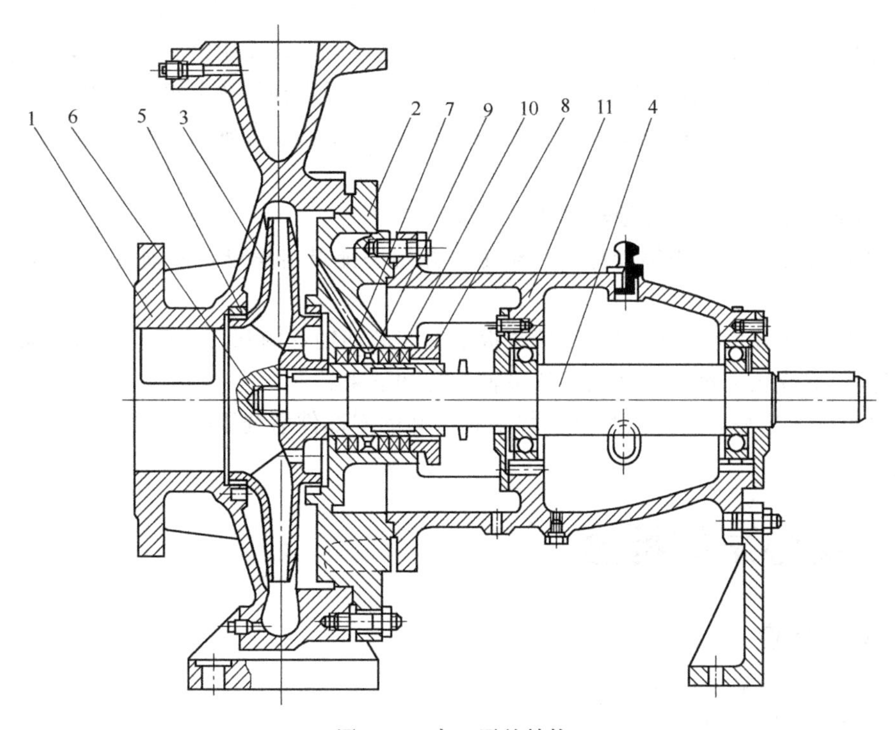

图 9-14　离心泵的结构

1—泵体；2—泵盖；3—叶轮；4—轴；5—密封环；6—叶轮螺母；7—轴套；8—填料压盖；9—填料环；10—填料；11—悬架轴承部件

三、拆装步骤

1. 拆装注意事项

(1) 对一些重要部件拆卸前应做好记号（或者用手机拍照），以备复装时定位。

(2) 拆卸的零部件应妥善安放，以防丢失。

(3) 对各接合面和易于碰伤的地方，应采取必要的保护措施。

2. 拆卸顺序

（1）机座螺栓的拆卸

（2）泵壳的拆卸

① 拆卸泵壳，首先将泵盖与泵壳的连接螺栓松开拆除，将泵盖拆下。

② 用专用扳手卡住叶轮前端的轴头螺母，沿离心泵叶轮的旋转方向拆除螺母，并用双手将叶轮从轴上拉出。

③ 拆除泵壳与泵体的连接螺栓，将泵壳沿轴向与泵体分离。泵壳在拆除过程中，应将其后端的填料压盖松开，拆出填料，以免拆下泵壳时增加滑动阻力。

（3）泵轴的拆卸

① 拆下泵轴后端的大螺帽，用拉力器将离心泵的半联轴节拉下来，并且用通芯螺丝刀或錾子将平键冲下来。

② 使用拉力器卸联轴节，具体方法是：将轴固定好，先拆下固定联轴节的锁紧帽，再用拉力器的拉勾钩住联轴节，而其丝杆顶正泵轴中心，慢慢转动手柄，即可将联轴节在钩拉过程中，可用铜锤或铜棒轻击联轴节，如果拆不下来，可用棉纱蘸上煤油，沿着联轴器四周燃烧，使其均匀热膨胀，这样便会容易拆下，但为了防止轴与联轴器一起受热膨胀，应用湿布把泵轴包好。

③ 拆卸轴承压盖螺栓，并把轴承压盖拆除。

④ 用手将叶轮端的轴头螺母拧紧在轴上，并用手锤敲击螺母，使轴组沿轴向后端退出泵体。

⑤ 拆除防松垫片的锁紧装置，用锁紧扳手拆卸滚动轴承的圆形螺母，并取下防松垫片。

⑥ 用拉力器或压力机将滚动轴承从泵轴上拆卸下来。

离心泵拆卸完毕后，应用轻柴油或煤油将拆卸的零部件清洗干净，按顺序放好，以备检查和测量。

四、离心泵的检查

1. 叶轮的检查

叶轮遇有下列缺陷之一时，应予记录。

（1）表面出现较深的裂纹或开式叶轮的叶瓣断裂。

（2）表面因腐蚀而出现较多的砂眼或穿孔。

（3）轮壁因腐蚀而显著变薄，影响了机械强度。

（4）叶轮进口处有较严重的磨损而又难以修复。

（5）叶轮已经变形。

2. 泵壳的检查

泵壳在工作中，往往因机械应力或热应力的作用出现裂纹。检查时可用手锤轻轻敲泵壳，如出现破哑声，则表明泵壳已有裂纹，必要时可用放大镜查找。裂纹找到后，可先在裂纹处浇以煤油，擦干表面，并涂上一层白粉，然后用手锤轻敲泵壳，使裂纹内的煤油因受震动而渗出，浸湿白粉，从而显示出一条清晰的黑线，借此可判明裂纹的走向和长度。如果泵壳有缺陷，应予以记录。

3. 转子的检查

泵轴拆洗后外观检查，并对下列情况予以记录。

（1）泵轴已产生裂纹。

（2）表面严重磨损或腐蚀而出现较大的沟痕，以至影响轴的机械强度。

（3）键槽扭裂扩张严重。

泵轴要求笔直，不得弯曲变形，拆洗后可在平板上检查泵轴弯曲量。检查时，在平板上放置好两块V型铁，将泵轴两端置于其上，将百分表架放在平板上，装好百分表，将百分表顶针顶在泵轴中间的外圆柱面上，用手慢慢转动泵轴，观察百分表指针的变化，记录下最大值和最小值及轴面上的位置，百分表读数的最大值和最小值之差的一半即为轴的弯曲量。

上述测量实际上是测量轴的径向跳动量，一般轴的径向跳动量，中间不超过0.05mm，两端不超过0.02mm，否则应校直。

转子的测量与泵轴的测量方法相同，一般叶轮密封环处的径向跳动不超过0.03mm，轴套不超过0.04mm，两轴颈不超过0.02mm。

4. 轴承的检查

对于滚动轴承，检查时发现松动，转动不灵活等缺陷则应予以记录。

滚动轴承其常见故障有：滚子和滚道严重磨损、表面腐蚀等。一般来说轴承磨损严重，其运转时噪声较大，主要是因磨损后其径向和轴向间隙变大所致。一般轴承的内径为30～50mm时，径向间隙不大于0.035～0.045mm。

滚动轴承径向间隙的测量方法为：将轴承平放于板上，磁性百分表架置于平板上，装好百分表，然后将百分表顶针顶在轴承外圆柱面上（径向），一只手固定轴承内圈，另一只手推动轴承的外圈，观察百分表指针的变化量，其最大值与最小值之差即为轴承的径向间隙。

滚动轴承轴向间隙的测量方法为：在平板上放好两高度相同的垫块，将轴承外圈放在垫板上，使内圈悬空，然后将磁性表座置于平板上，装好百分表，将百分表顶于内圈上平面，然后一只手压住外圈，另一只手托起内圈。观察百分表指针的变化量，其最大值与最小值之差即为轴承的轴向间隙。

5. 叶轮密封环间隙的检查

测量叶轮密封环间隙：通过测量叶轮吸入口外圆和密封环内圆上下、左右两个位置的直径，分别取平均值，其差值的一半为其间隙，记录这个间隙值。

五、离心泵的安装

离心泵零部件检查后即可进行装配。

（1）整个转子除叶轮外，其余全部组装完毕，这包括轴套、滚动轴承、定位套、联轴器侧轴承端盖、小套、联轴器及螺母等的安装。

（2）转子从联轴器侧穿入泵内，注意填料压盖不要忘记装，轴承端盖上紧后，必须保证：

① 轴承端盖应压住滚动轴承外圈。

② 轴承端盖对外圈的压紧力不要过大，轴承的轴向间隙不能消失。然后用手盘动转子，

应灵活轻便。

③ 把叶轮及其键、螺母等装在轴上，装上泵盖，盘动转子，看叶轮与密封环是否出现相应摩擦现象。

④ 轴封的装配。该泵采用填料密封，打开填料压盖，依泵原旧填料的根数，然后一根一根地将旧填料压入，压入时每根接口应 180°错开，最后装上压盖，但不拧紧螺丝，等到泵工作时，再慢慢拧紧螺丝，直到不漏为止。

⑤ 将泵放到泵座并将其固定。

第十章

化工仪表基础

检测元件、变送器及显示装置统称为检测仪表。

一次仪表　一般为将被测量转换为便于计量的物理量所使用的仪表，即为检测元件。一次测量仪表是与介质直接接触，是在室外就地安装的，即所谓的现场传感器。

二次仪表　将测得的信号变送转换为可计量的标准电气信号并显示的仪表。即包括变送器和显示装置。

第一节　温度仪表

温度仪表按使用的测量范围分：常把测量600℃以上的测温仪表叫高温计；测600℃以下的测温仪表叫温度计；按工作原理分：分为膨胀式温度计、热电偶温度计、热电阻温度计和辐射高温计。

一、膨胀式温度计

膨胀式温度计是基于物体受热时体积膨胀的性质而制成的。玻璃管温度计属于液体膨胀式温度计，双金属温度计属于固体膨胀式温度计。

如图10-1，双金属温度计中的感温元件是用两片膨胀系数不同的金属片叠焊在一起而制成的。双金属片受热后，由于两金属片的膨胀长度不同而产生弯曲，温度越高产生的膨胀长度差就越大，因而引起弯曲的角度就越大。双金属温度计就是基于这一原理而制成的，它是用双金属片制成螺旋形感温元件，外加金属保护套管，当温度变化时，螺旋的自由端便围绕着中心轴旋转，同时带动指针在刻度盘上指示出相应的温度数值。

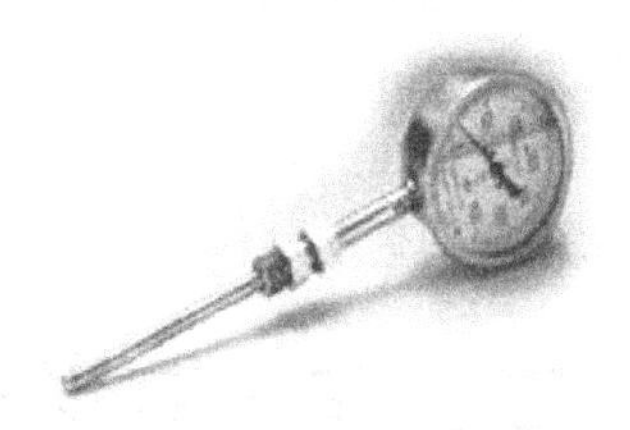

图10-1　双金属温度计

双金属温度计是一种测量中低温度的现场检测仪表。可以直接测量各种生产过程中的−80～500℃范围内液体、蒸汽和气体介质温度。其适用于就地显示，其特点：现场显示温度，直观方便；安全可靠，使用寿命长；多种结构形式，可满足不同要求。

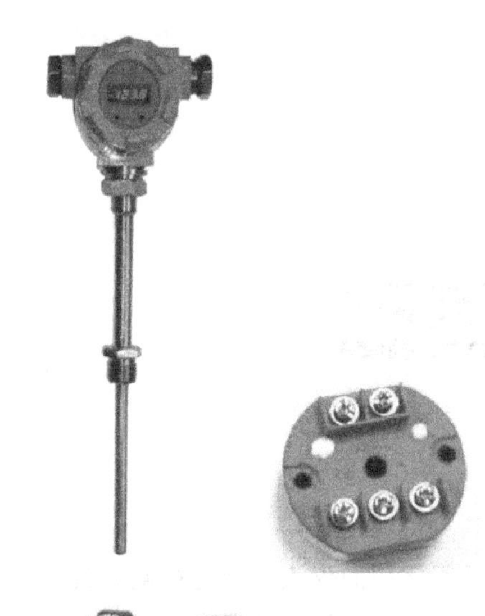

二、热电阻温度计

热电阻测温原理及材料：热电阻测温是基于金属导体的电阻值随温度的增加而增加这一特性来进行温度测量的。热电阻大都由金属材料制成，目前应用最多的是铂。热电阻测温系统的组成：热电阻测温系统一般由热电阻、连接导线和数码温度控制显示表等组成。

三、一体化温度变送器

如图 10-2 所示，温度变送器就是基于热电阻原理开发的，它是将电阻信号转换成标准电流信号输出并显示。

图 10-2　一体化温度变送器

四、一体化温变的选型

（1）测量范围，也就是量程；（2）被测介质；（3）是否需要就地显示；（4）插入深度；（5）安装场所；（6）现场环境。

第二节　压 力 仪 表

一、压力变送器

工作原理：如图 10-3 所示，压力变送器介质压力直接作用于敏感膜片上，分布于敏感膜片上的电阻组成的惠斯通电桥，利用压阻效应实现了压力信号向电信号的转换，通过电子线路将敏感元件产生的电信号放大为工业标准信号。应用：用于测量液体、气体或蒸汽的液位、密度和压力，然后将压力信号转变成 4～20mA DC 信号输出。类型：主要有电容式压力变送器和扩散硅压力变送器、陶瓷压力变送器、应变式压力变送器等。

二、差压变送器

如图 10-4 所示，差压变送器的基本原理是将一个空间用敏感元件（多用膜盒）分割成两个腔室，分别向两个腔室引入压力时，传感器在两方压力共同作用下产生位移（或位移的趋势），这个位移量和两个腔室压力差（差压）成正比，将这种位移转换成可以反映差压大小的标准信号输出。特点：差压变送器是丈量变送器两端压力之差的变送器，输出规范信号（如 4～20mA，1～5V）。差压变送器与普通的压力变送器不同的是它们均有 2 个压力接口，差

图 10-3　压力变送器

图 10-4　差压变送器

压变送器普通分为正压端和负压端，普通状况下，差压变送器正压端的压力应大于负压段压力。

三、压力变送器与差压变送器的区别

差压变送器有两个接口，分别为高压侧和低压侧，主要测两个口之间的差压；压力变送器就一个接口。压力变送器是将实践的压力值转换成规范的电信号输出，而差压变送器是比较两个压力值之间的压力差，将这个差值转换成规范信号输出（实践就是做减法，然后输出差值）。

第三节　液 位 仪 表

一、磁翻板液位计

工作原理：如图 10-5 所示，磁翻板液位计根据浮力原理和磁性耦合作用研制而成。当被测容器中的液位升降时，液位计本体管中的磁性浮子也随之升降，浮子内的永久磁钢通过磁耦合传递到磁翻柱指示器，驱动红、白翻柱翻转 180°，当液位上升时翻柱由白色转变为红色，当液位下降时翻柱由红色转变为白色，指示器的红白交界处为容器内部液位的实际高度，从而实现液位清晰的指示。

特点：可就地显示也可远传信号，液位显示直观，不局限于被测容器的样式，测量精度不高（精度在 10mm 左右），不适合黏稠状液体、固体、液体与固体的混合物质的测量。

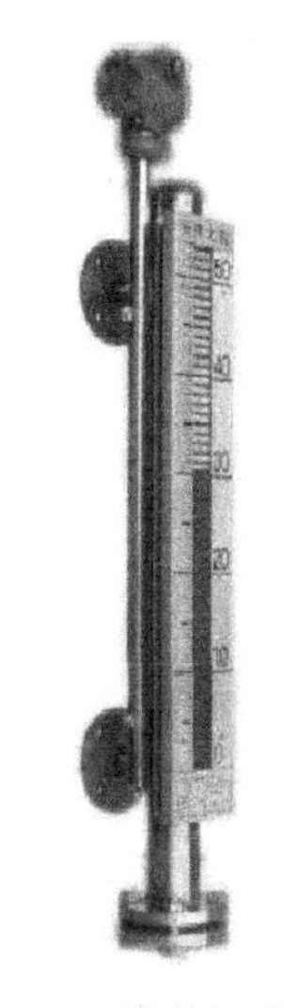

图 10-5　磁翻板液位计

二、超声波液位计

如图 10-6 所示，超声波液位计是采用超声波测距原理，是利用超声波在空气中的传播速度为已知，测量声波在发射后遇到障碍物反射回来的时间，根据发射和接收的时间差计算出发射点到障碍物的实

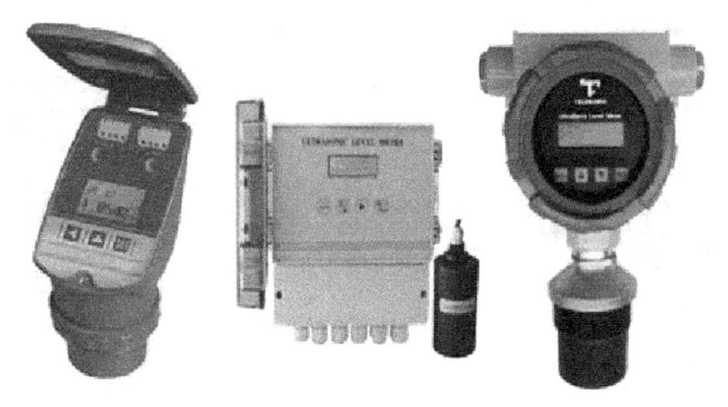

图 10-6　超声波液位计

际距离。超声波液位计适用于黏稠状液体、固体、液体与固体的混合物质的测量。

三、安装方式

磁翻板液位计和超声波液位计的安装如图 10-7 所示。

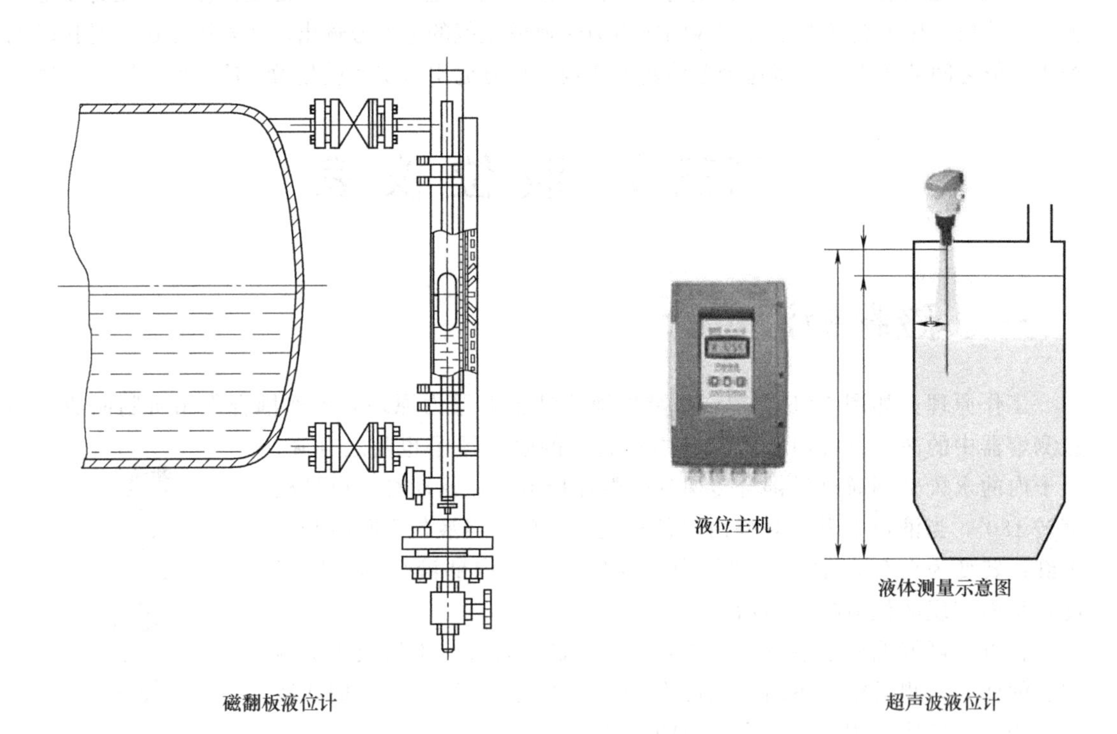

图 10-7　液位计的安装方式

第四节　流 量 仪 表

流量仪表按测量原理分类，力学原理：差压式（孔板流量计）、浮子式、靶式、涡街等；

声学原理：超声波式等；电学原理：电磁式等。

一、孔板流量计

如图 10-8 所示，孔板流量计当充满管道的流体流经孔板时，将产生局部收缩，流束集中，流速增加，静压力降低，于是在孔板前后产生一个静压力差，该压力差与流量存在着一定的函数关系，流量越大，压力差就越大。通过导压管将差压信号传递给差压变送器，转换成 4～20mA DC 标准信号，经流量显示仪，便显示出管道内的瞬时和累积流量。适用介质：各种液体、气体、饱和蒸汽、过热蒸汽等。

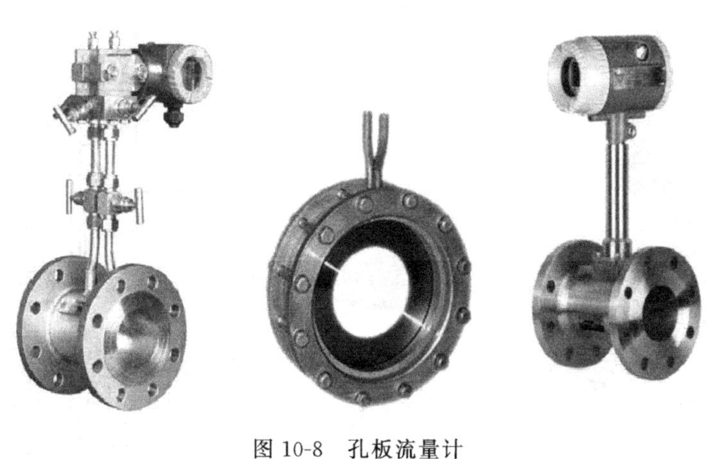

图 10-8　孔板流量计

二、电磁流量计

如图 10-9 所示，电磁流量计所依据的基本理论是法拉第电磁感应定律。当导体切割磁力线运动时，导体内将产生感应电动势。根据该原理，可测量管内流动的导电流体的体积，导电流体流动的方向与电磁场的方向垂直，在导管垂直方向施加一个交变的磁场，并在有绝缘衬里的导管内壁两侧安装一对电极，两电极的连线既与导管轴线垂直，又与磁场方向垂直，当导电液体流经导管时，因切割磁力线，两个电极上就产生感应电动势。

图 10-9　电磁流量计

电磁流量计的特点：

（1）测量不受液体密度、黏度、温度、压力变化的影响。

（2）测量管内无节流装置，无压损、不堵塞，可测量含有纤维、固体颗粒和悬浮物的液体。

（3）仪表反应灵敏，量程范围可以任意选定。

（4）仪表不受液体流动方向的影响，正反向安装均可测量，并安装方便，对直管段要求不高。

（5）电磁流量计的电极及内衬材料耐腐性和耐磨性极好，寿命长。可按用户特殊工况要求生产电磁流量计。

（6）仪表不能测量气体及不导电液体。

三、金属浮子流量计

如图 10-10 所示，金属浮子流量计当流体向上流经管子时浮子向上移动，在某一位置浮子所受升力与浮子重力达到平衡，此时浮子与孔板（或锥管）间的流通环隙面积保持一定。环隙面积与浮子的上升高度成比例，即浮子的某一高度代表流量的大小。浮子上下移动时，以磁耦合的形式将位置传递到外部指示器，使指示器的指针跟随浮子移动，并借助凸轮板使指针线性地指示流量值的大小。

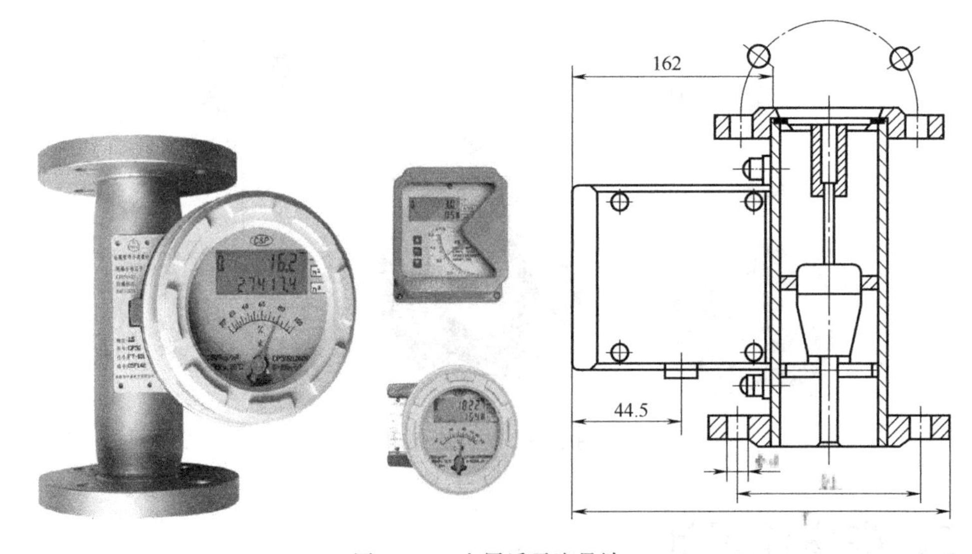

图 10-10　金属浮子流量计

金属浮子流量计的特点：

（1）金属浮子流量计适用于小管径和低流速。

（2）大部分浮子流量计没有上游直管段要求，或者说对上游直管段要求不高。

（3）大部分结构浮子流量计只能用于自下向上垂直流的管道安装。

（4）测量不受液体密度、温度、压力变化的影响。

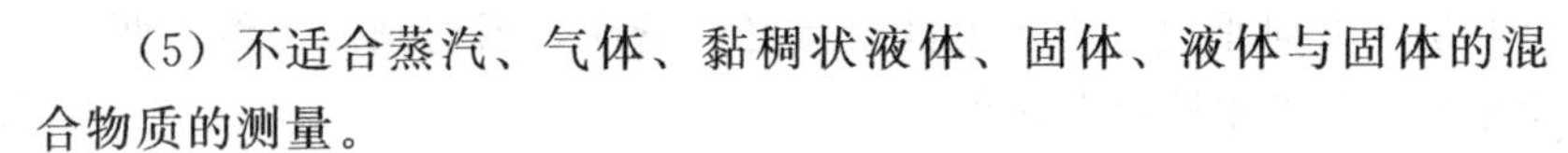

（5）不适合蒸汽、气体、黏稠状液体、固体、液体与固体的混合物质的测量。

（6）比较适合不导电液体（乙醇、甲醇、纯净水等等）。

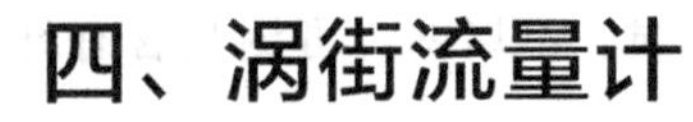

四、涡街流量计

如图 10-11 所示，涡街流量计是应用流体振荡原理来测量流量的，流体在管道中经过涡街流量变送器时，在三角柱的旋涡发生体后上下交替产生正比于流速的两列旋涡，通过测量旋涡频率就可以计算出流过旋涡发生体的流体平均速度。

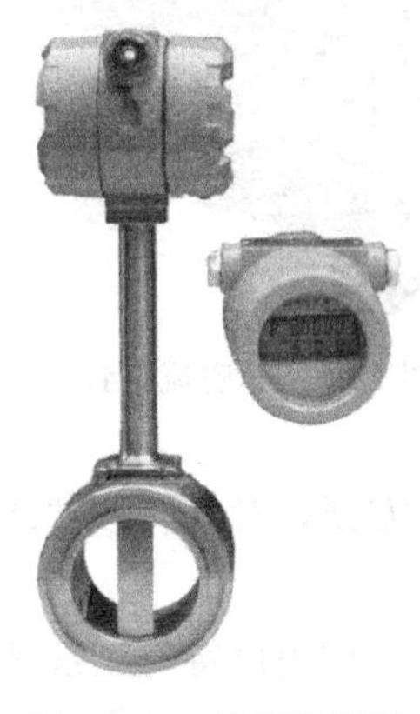

图 10-11　涡街流量计

涡街流量计的特点：

（1）压力损失小、量程范围大、精度高。

（2）在测量流量时几乎不受流体密度、压力、温度、黏度等参数的影响。

（3）安装简单，维护十分方便。

（4）应用范围广，蒸汽、气体、液体的流量均可测量。

（5）要求有一定的前后直管路距离。

五、超声波流量计

如图 10-12 所示，超声波流量计的基本原理利用超声波可以透过物体的特性，在流体管道外设置超声波发送装置，测量管内流体流速，超声波在流动的流体中传播时就载上流体流速的信息。因此通过接收到的超声波就可以检测出流体的流速，从而换算成流量。

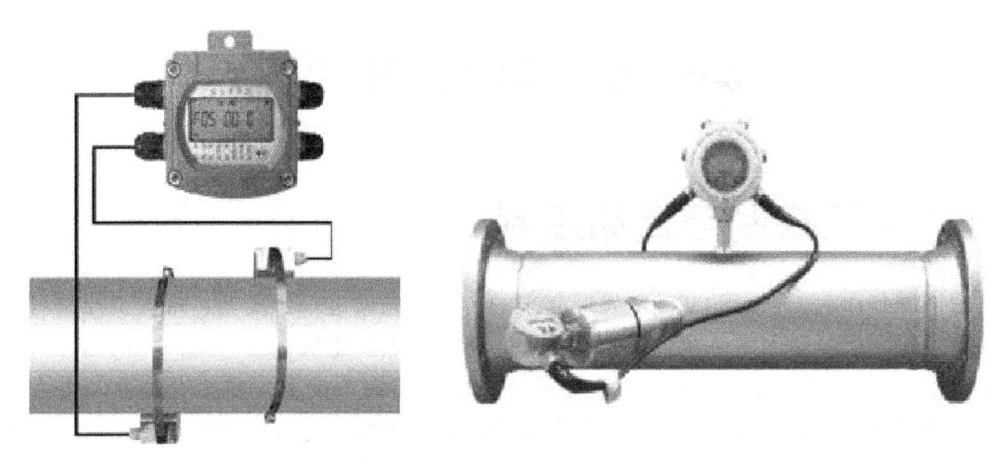

图 10-12　超声波流量计

超声波流量计的特点：

（1）超声波流量计是一种非接触式仪表，它既可以测量大管径的介质流量也可以用于不易接触和观察的介质的测量。

（2）测量准确度很高，尤其可以解决其他仪表不能对强腐蚀性、非导电性、放射性、高黏度及易燃易爆介质的流量测量问题。

（3）目前在我国只能用于测量 200℃以下的流体。

第十一章

过程控制基础

第一节　基础知识

一、人工控制与自动控制

自动控制是在人工控制的基础上发展起来的。下面先通过一个实例，将人工控制与自动控制进行对比分析，从而进一步认识自动控制系统的特点及组成。

如图 11-1 (a) 所示是工业生产中常见的生产蒸汽的锅炉设备。在生产过程中将锅炉汽包内的水位高度保持在规定范围内是非常重要的，如果水位过低，则会影响产汽量，且锅炉易烧干而发生事故；若水位过高，将使生产的蒸汽附带水滴，会影响蒸汽质量，这些都是危险的。因此对汽包液位严加控制是保证锅炉正常生产必不可少的重要条件。

如果一切条件（包括给水流量、蒸汽量等）都近乎恒定不变，只要将进水阀置于某一适当开度，则汽包液位就能保持在一定高度。但实际生产过程中这些条件是变化的，如进水阀前的压力变化、蒸汽流量的变化等。此时若不进行控制（即不去改变阀门开度），则液位将偏离规定高度。因此，为保持汽包液位恒定，操作人员应根据液位高度的变化情况，控制进水量。

在此，把工艺所要求的汽包液位高度称为设定值，把所要求控制的液位参数称为被控变量或输出变量，那些影响被控变量使之偏离设定值的因素统称为扰动作用，如给水量、蒸汽量的变化（设定值和扰动作用都是系统的输入变量）等；用以使被控变量保持在设定值范围内的作用称为控制作用。

如图 11-1 (b) 所示为人工控制示意图。为保持汽包液位恒定，操作人员应根据液位高度的变化情况控制进水量。手工控制的过程主要分为三步。

① 用眼睛观察玻璃液位计中的水位高低以获取测量值，并通过神经系统传送到大脑。

② 大脑根据眼睛看到的水位高度，与设定值进行比较，得出偏差大小和方向，然后根据操作经验发出控制命令。

③ 根据大脑发出的命令，用双手去改变给水阀门的开度，使给水量与产汽量相等，最终使水位保持在工艺要求的高度上。

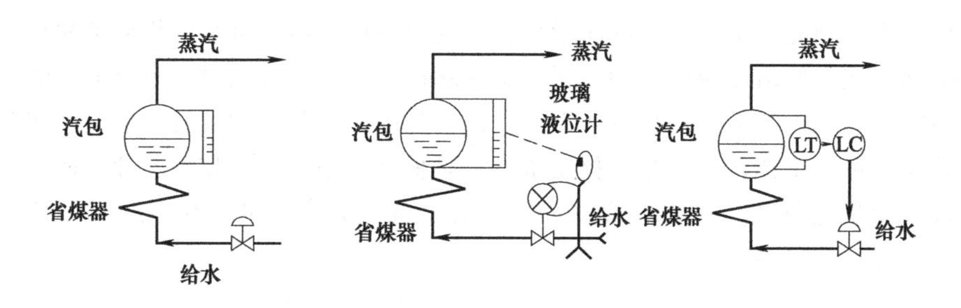

图 11-1　锅炉汽包水位控制示意图

在整个手工控制过程中，操作人员的眼、脑、手三个器官，分别担负了检测、判断和运算、执行三个作用，来完成测量、求偏差、再施加控制操作以纠正偏差的工作过程，保持汽包水位的恒定。

如采用检测仪表和自动控制装置来代替人工控制，就成为自动控制系统。如图 11-1（c）所示为锅炉汽包液位自动控制系统示意图。这里以此为例来说明自动控制系统的工作原理。

当系统受到扰动作用后，被控变量（液位）发生变化，通过检测变送仪表得到其测量值；控制器接受液位测量变送器送来的测量信号，与设定值相比较得出偏差，按某种运算规律进行运算并输出控制信号；控制阀接受控制器的控制信号，按其大小改变阀门的开度，调整给水量，以克服扰动的影响，使被控变量回到设定值，最终达到控制汽包水位稳定的目的。这样就完成了所要求的控制任务。这些自动控制装置和被控工艺设备组成了一个没有人直接参与的自动控制系统。

通常，设定值是系统的输入变量，而被控变量是系统的输出变量。系统的输出变量通过适当的测量变送仪表又引回到系统输入端，并与输入变量相比较，这种做法称为“反馈”。当反馈信号与设定值相减时，称为负反馈；反馈信号取正值与设定值相加，称为正反馈。输出变量与输入变量相比较所得的结果叫作偏差，控制装置根据偏差的方向、大小或变化情况进行控制，使偏差减小或消除。发现偏差，然后去除偏差，这就是反馈控制的原理。利用这一原理组成的系统称为反馈控制系统，通常也称为自动控制系统。在一个自动控制系统中，实现自动控制的装置可以各不相同，但反馈控制的原理却是相同的。由此可见，有反馈存在、按偏差进行控制，是自动控制系统最主要的特点。

二、控制系统的基本形式

控制系统一般有两种基本控制方式。通常按照控制系统是否设有反馈环节来对其进行分类：不设反馈环节的，称为开环控制系统；设有反馈环节的，称为闭环控制系统。这里所说的“环”，是指由反馈环节构成的回路。下面介绍这两种控制系统的控制特点。

1. 开环控制系统

若系统的输出信号对控制作用没有影响，则称为开环控制系统，即系统的输出信号不反馈到输入端，不形成信号传递的闭合环路。

在开环控制系统中，控制装置与被控对象之间只有顺向作用而无反向联系。如图 11-2 所示的数控加工机床中广泛应用的精密定位控制系统，是一个没有反馈环节的开环控制系统。其工作流程是预先设定的加工程序指令，通过运算控制器（可为微机或单片机）去控制脉冲的产生和分配，发出相应的脉冲；再由这些脉冲（通常还要经过功率放大）驱动步进电机，通过精密传动机构带动工作台（或刀具）进行加工。此系统的被控对象是工作台；加工程序指令是输入量；工作台位移是被控变量，它只根据控制信号（控制脉冲）而变化。系统中既不对被控变量进行测量，也无反馈环节，输出量（被控变量）并不返回来影响控制部分，因此这个定位控制系统是开环控制。

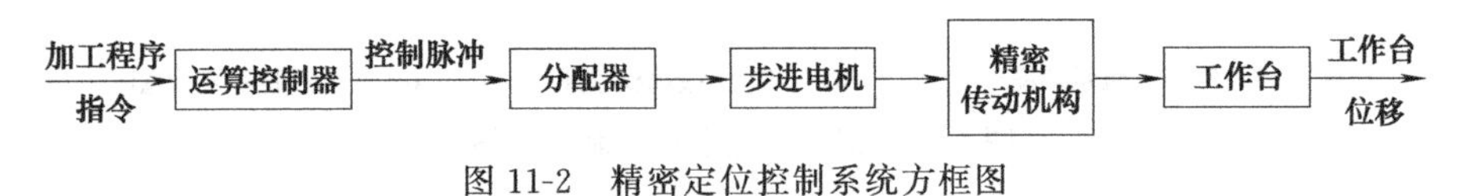

图 11-2　精密定位控制系统方框图

此系统结构比较简单，但不能保证消除误差，图 11-2 中步进电机是一种由“脉冲数”控制的电机，只要输入一个脉冲，电机就转过一定角度，称为“一步”。所以根据工作台所需要移动的距离，输入端给予一定的脉冲。如果因为外界扰动，步进电机多走或少走了几步，系统并不能“察觉”从而造成误差。

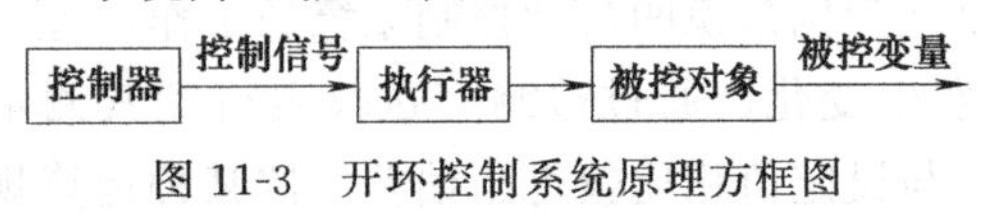

图 11-3　开环控制系统原理方框图

开环控制系统原理方框图如图 11-3 所示。由此可见，由于开环控制方式不需要对被控变量进行测量，只根据输入信号进行控制，所以开环控制方式的特点是无反馈环节；系统结构和控制过程均很简单，容易构成；操作方便；成本比相应的闭环系统低。由于不测量被控变量，也不与设定值比较，所以系统受到扰动作用后，被控变量偏离设定值，且无法消除偏差，因此开环控制的缺点是抗扰动能力差、控制精度不高。

故一般情况下开环控制系统只能适用于对控制性能要求较低的场合。其具体应用原则如下：当不易测量被控变量或在经济上不允许时，采用开环控制比较合适；在输出量和输入量之间的关系固定，且内部参数或外部负载等扰动因素不大或这些扰动因素产生的误差可以预先确定并能进行补偿的情况下，也应尽量采用开环控制系统。但是当系统中存在无法预计的扰动因素，并且对控制性能要求较高时，开环控制系统便无法满足技术要求，这时就应考虑采用闭环控制系统。

2. 闭环控制系统

凡是系统的输出信号对控制作用有直接影响的控制系统，就称为闭环控制系统。在闭环控制系统中，系统的输出信号通过反馈环节返回到输入端，形成闭合环路，故又称为反馈控制系统。

图 11-1（c）中的锅炉汽包液位自动控制系统就是一个具有反馈环节的闭环控制系统，其原理方框图如图 11-4 所示。

从图 11-4 中可以看出，为使被控变量稳定在工艺要求的设定值附近，闭环控制系统均

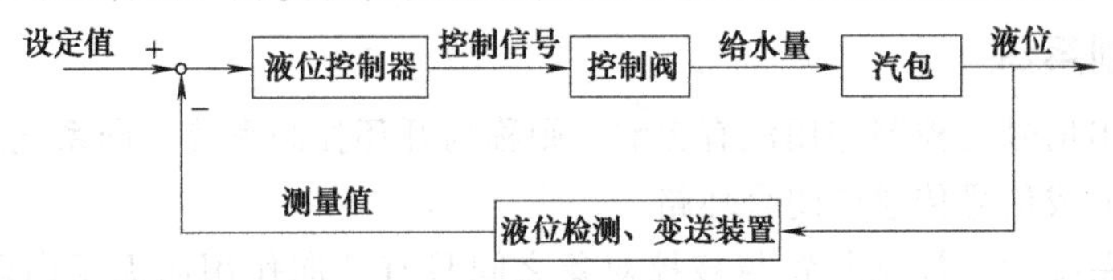

图 11-4　锅炉汽包液位闭环控制系统原理方框图

采用负反馈方式。在一个负反馈控制系统中，将被控变量通过反馈环节送回输入端，与设定值进行比较，根据偏差控制被控变量，从而实现控制作用。因此，采用负反馈环节、按偏差进行控制是闭环控制系统在结构上的最大特点。不论什么原因引起被控变量偏离设定值，只要出现偏差，就会产生控制作用，使偏差减小或消除，达到被控变量与设定值一致的目的，这是闭环控制的优点。这一优点使得闭环控制系统具有较高的控制精度和较强的抗扰动能力。因此，在实现对生产过程进行自动控制的过程控制系统中，均采用闭环控制。

闭环控制需要增加检测、反馈比较、控制器等部件，这会使系统较为复杂、成本提高。特别需要指出的是，闭环控制会带来使系统的稳定性变差甚至造成不稳定的副作用。这是由于闭环控制系统按偏差进行控制，所以尽管扰动已经产生，但在尚未引起被控变量变化之前，系统是不会产生控制作用的，这就使控制不够及时。此外，如果系统内部各环节配合不当，则会引起剧烈振荡，甚至会使系统失去控制。这些是闭环控制系统的缺点，在自动控制系统的设计和调试过程中应加以注意。

三、自动控制系统的组成

在研究自动控制系统时，为了更清楚地说明控制系统各环节的组成、特性和相互间的信号联系，一般都采用方框图来表示自动控制系统的原理。方框图也是过程控制系统中的一个重要概念和常用工具之一。

图 11-5 为通用的自动控制系统原理方框图，对该方框图说明如下。

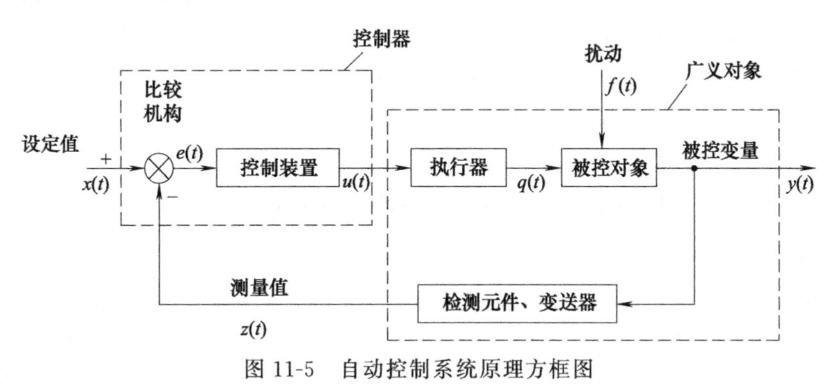

图 11-5　自动控制系统原理方框图

（1）图中每个方框表示组成系统的一个环节，两个方框之间用一条带箭头的线段表示它们相互间的信号联系（而不表示具体的物料或能量），箭头方向表示信号传递的方向，线上的字母说明传递信号的名称。

（2）进入环节的信号为环节输入，离开环节的信号为环节输出。输入会引起输出变化，而输出不会反过来直接引起输入的变化，环节的这一特性称为“单向性”，即箭头具有单向性。

（3）在方框图中，任何一个信号沿着箭头方向前进，最后又回到原来的起点，构成一个闭合回路。闭环控制系统的闭合回路是通过检测元件及变送器，将被控变量的测量值送回到输入端与设定值进行比较而形成的，所以自动控制系统是一个反馈闭环控制系统。

（4）方框图中的各传递信号都是时间函数，它们随时间而不断变化。在定值控制系统中，扰动作用使被控变量偏离设定值，控制作用又使它恢复到设定值。扰动作用与控制作用构成一对主要矛盾时，被控变量则处于不断运动之中。图 11-5 中符号说明如下：

$x(t)$——设定值；$z(t)$——测量值；$e(t)$——偏差，$e(t)=x(t)-z(t)$；$u(t)$——控制作用（控制器输出）；$y(t)$——被控变量；$q(t)$——操纵变量；$f(t)$——扰动。

由图 11-5 可以看出，一般自动控制系统包括被控对象、检测变送单元、控制器和执行器。

1. 被控对象

被控对象也称被控过程（简称过程），是指被控制的生产设备或装置。工业生产中的各种塔器、反应器、换热器、泵和压缩机及各种容器、储槽都是常见的被控对象，甚至一段管道也可以是一个被控对象。在复杂的生产设备（如精馏塔、吸收塔等）中，一个设备上可能有几个控制系统，这时在确定被控对象时，就不一定是生产设备的整个装置，只有该装置的某一与控制有关的相应部分才是某一个控制系统的被控对象。如在图 11-1 中，被控对象就是锅炉汽包。

2. 检测变送单元

检测变送单元一般由检测元件和变送器组成。其作用是测量被控变量，并将其转换为标准信号输出，作为测量值，即把被控变量 $y(t)$ 转化为测量值 $z(t)$。例如，用热电阻或热电偶测量温度，并用温度变送器转换为统一的气压信号（20～100kPa）或直流电流信号（0～10mA 或 4～20mA）。

3. 控制器

控制器也称调节器。它将被控变量的测量值与设定值进行比较得出偏差信号 $e(t)$，并按某种预定的控制规律进行运算，给出控制信号 $u(t)$。

特别需要指出的是，在自动控制系统分析中，把偏差 $e(t)$ 定义为 $e(t)=x(t)-z(t)$。然而在仪表制造行业中，却把$[z(t)-x(t)]$作为偏差，即 $e(t)=z(t)-x(t)$，控制器以 $e(t)=z(t)-x(t)$进行运算给出控制信号。两者的符号恰好相反。

4. 执行器

在过程控制系统中，常用的执行器是控制阀，其中以气动薄膜控制阀最为多用。执行器接受控制器送来的控制信号 $u(t)$，直接改变操纵变量 $q(t)$。操纵变量是被控对象的一个输入变量，通过操作这个变量可克服扰动对被控变量的影响，操纵变量通常是执行器控制的某一工艺变量。

通常将系统中控制器以外的部分组合在一起，即将被控对象、执行器和检测变送环节合并为广义对象。因此，也可以将自动控制系统看成是由控制器和广义对象两部分组成的。

四、自动控制系统的分类

自动控制系统的分类方法有多种，每一种分类方法都反映了控制系统某一方面的特点。这里为了便于分析反馈控制系统的特性，按设定值的变化情况，将自动控制系统分为三类，即定值控制系统、随动控制系统和程序控制系统。

1. 定值控制系统

设定值保持不变（为恒定值）的反馈控制系统称为定值控制系统。在定值控制系统中，由于设定值是固定不变的，扰动就成为引起被控变量偏离设定值的主要因素，因此定值控制系统的基本任务就是要克服扰动对被控变量的影响，使其保持为设定值。所以也把仅以扰动量作为输入的系统叫作定值控制系统。本书叙述的自动控制系统均为定值控制系统。

工业生产中大多数都是定值控制系统，如各种温度、压力、流量、液位等控制系统，恒温箱的温度控制，稳压电源的电压稳定控制等。换热器出口温度控制系统和图 11-1（c）所示的锅炉汽包水位自动控制系统即属于定值控制系统。

如图 11-6（a）所示，是一个用电阻丝加热的恒温箱温度控制系统。控制变压器活动触点的位置即改变了输入电压，使通过电阻丝的电流产生变化，从而将恒温箱控制在不同的温度值上。所以，控制活动触点的位置可以达到控制温度的目的。这里的被控变量是恒温箱的温度，经热电偶测量并与设定值比较后，其偏差经过放大器放大，控制电动机的转向，然后经过传动装置，移动变压器的活动触点位置，其控制结果使偏差减少，直到温度达到设定值为止。其系统方框图如图 11-6（b）所示。

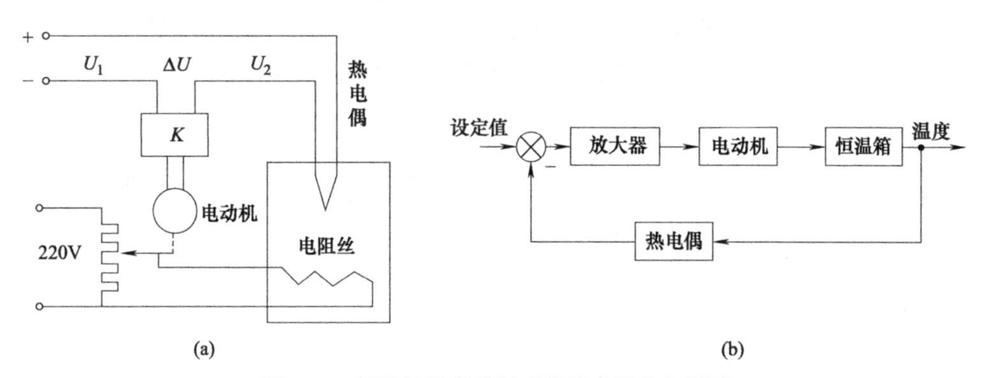

图 11-6　恒温箱温度控制系统示意图及方框图

2. 随动控制系统

随动控制系统也称跟踪控制系统。这类控制系统的特点是设定值在不断变化，而且没有确定的规律，是时间的未知函数，并且要求系统的输出（被控变量）随之而变化。自动控制的目的是要使被控变量能够及时而准确地跟踪设定值的变化。例如，雷达跟踪系统就是典型的随动控制系统；各类测量仪表中的变送器本身亦可以看作是一个随动控制系统，它的输出（指示值）应迅速、正确地随着输入（被测变量）而变化。

如图 11-7（a）所示，是工业生产中常用的比值控制系统。现以加热炉燃料与空气的混合比例控制系统为例说明其控制过程。在该系统中，燃料量是按工艺过程的需要而手动或自动地不断改变的，控制系统应使空气量跟随燃料量而变化，并自动按规定的比例增、减空气量，保证燃料经济地燃烧。如图 11-7（b）所示是该系统的方框图，从图中可以清楚地看出，该系统也是一个随动控制系统。

3. 程序控制系统

程序控制系统的设定值是根据工艺过程的需要而按照某种预定规律变化的，是一个已知的时间函数，自动控制的目的是使被控变量以一定的精度、按规定的时间程序变化，以保证生产过程顺利完成。程序控制系统主要用于实现对周期作业的工艺设备的自动控制，如某些间歇式反应器的温度控制、冶金工业中退火炉的温度控制、程序控制机床等。

如图 11-8 所示，是电炉炉温程序控制系统示意图。给定电压 U_0 由程序装置给出（根据

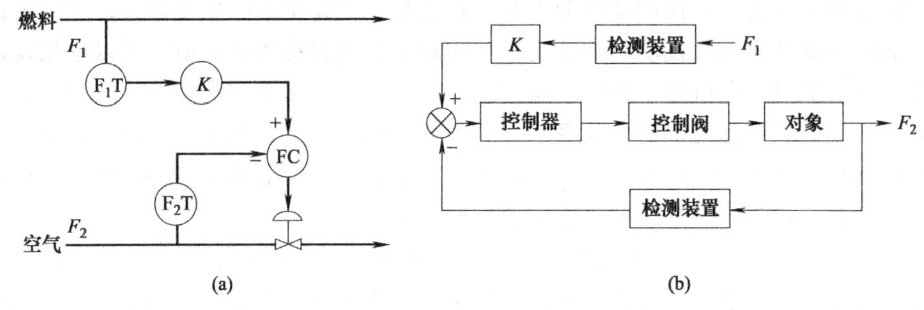

图 11-7　比值控制系统示意图及方框图

需要按时间变化，由时钟机构和凸轮产生)，并与热电偶所产生的热电势 U_1 比较。若 $U_1 \neq U_0$，则放大器输入端有偏差电压 $U=U_0-U_1$ 产生，此电压经放大后送到电动机。电动机根据偏差大小和极性而动作，经减速器改变电炉电阻丝的电流，使电炉内的温度发生变化，直至 $U_1 \neq U_0$ 为止。此时放大器输入的偏差电压 $U=U_0-U_1=0$，电动机不转动。当 U_0 按一定程序变化时，电炉温度也随之而变化，使热电势时时跟踪给定电压 U_0。

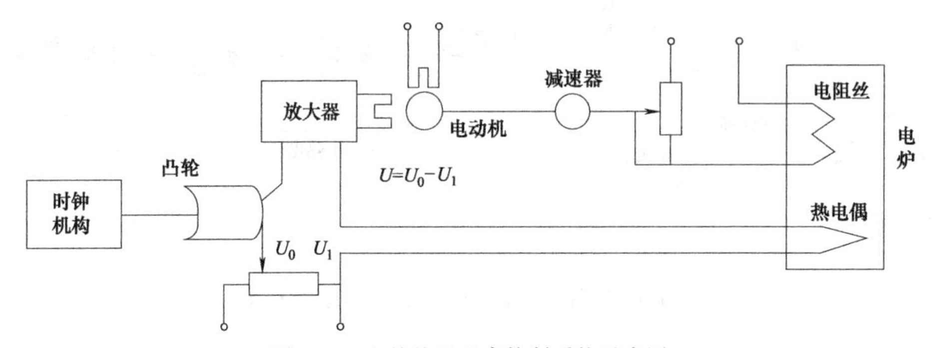

图 11-8　电炉炉温程序控制系统示意图

上述各种反馈控制系统中，各环节间信号的传送都是连续变化的，故称为连续控制系统或模拟控制系统，通称为常规过程控制系统。在石油、化工、冶金、电力、陶瓷、轻工、制药等工业生产中，定值控制系统占大多数，是主要的控制系统，其次是程序控制系统与随动控制系统。

五、自动控制系统的基本要求

自动控制理论是研究各种自动控制系统的共同规律的一门学科。尽管自动控制系统有不同的类型，对每个系统也都有不同的特殊要求，但是，对于每一种类型的控制系统，对被控变量变化全过程提出的基本要求都是一样的。

由于系统在控制过程中存在着动态过程，所以自动控制系统性能的好坏，不仅取决于系统稳态时的控制精度，还取决于动态时的工作状况。因此，对自动控制系统的基本技术性能的要求，包含静态和动态两个方面，一般可以将其归纳为稳定性、快速性和准确性，即“稳、快、准”的要求。

1. 稳定性

稳定性是指系统受到外来作用后，其动态过程的振荡倾向和系统恢复平衡的能力。如果系统受到外来作用后，经过一段时间，其被控变量可以达到某一稳定状态，则称系统是稳定的；否则，则称系统是不稳定的。

稳定性是保证控制系统正常工作的先决条件。一个稳定的控制系统，其被控变量偏离设定值的初始偏差应随时间的增长而逐渐减小或趋近于零。具体来说，对于稳定的定值控制系统当被控变量因扰动作用而偏离设定值后，经过一个动态过程，被控变量应恢复到原来的设定值状态；对于稳定的随动控制系统，被控变量应能始终跟踪设定值的变化。反之，不稳定的控制系统，其被控变量偏离设定值的初始偏差将随时间的增长而发散，因此，不稳定的控制系统无法实现预定的控制任务。

线性自动控制系统的稳定性是由系统结构和参数所决定的，与外界因素无关。因此，保证控制系统的稳定性，是设计和操作人员的首要任务。

2. 快速性

一个能在工业生产中实际应用的控制系统，仅仅满足稳定性要求是不够的。为满足生产实际的要求，还必须对其动态过程的形式和快慢提出要求，一般称为动态性能。

快速性是通过动态过程持续时间的长短来表征的。输入变化后，系统重新稳定下来所经历的过渡过程的时间越短，表明快速性越好；反之亦然。快速性表明了系统输出对输入响应的快慢程度。因此，提高响应速度、缩短过渡过程的时间，对提高系统的控制效率和控制过程的精度都是有利的。

3. 准确性

理想情况下，当过渡过程结束后，被控变量达到的稳态值（即平衡状态）应与设定值一致。但实际上，由于系统结构和参数、外来作用的形式等非线性因素的影响，被控变量的稳态值与设定值之间会有误差存在，称为稳态误差（余差）。稳态误差是衡量控制系统静态控制精度的重要标志，在技术指标中一般都有具体要求。

稳定性、快速性和准确性往往是互相制约的。在设计与调试过程中，若过分强调系统的稳定性，则可能会造成系统响应迟缓和控制精度较低的后果；反之，若过分强调系统响应的快速性，则又会使系统的振荡加剧，甚至引起不稳定。

怎样根据工作任务的不同分析和设计一个自动控制系统，使其对三方面的性能要求有所保证并兼顾其他，以全面满足要求，正是本课程所要研究的内容。

第二节　简单控制系统

一、结构组成

简单控制系统，通常是指由一个控制器、一个执行器（控制阀）、一个被控对象和一个检测变送器（检测元件及变送器）所组成的单闭环负反馈控制系统，也称为单回路控制系统。

如图 11-9 所示，为两个简单控制系统。图 11-9（a）所示为蒸汽换热器的温度控制系统，被加热物料的出口温度，是该控制系统的被控制变量。蒸汽流量是操纵变量。该控制系统由蒸汽换热器、温度检测元件及温度变送器TT、温度控制器TC和蒸汽流量控制阀组成。控制的目标是通过改变进入换热器的载体（蒸汽）的流量，将换热器出口物料的温度维持在工艺规定的数值上，通过改变蒸汽流量以控制被加热物料的出口温度，是工业生产中最为常见的换热器控制方案。

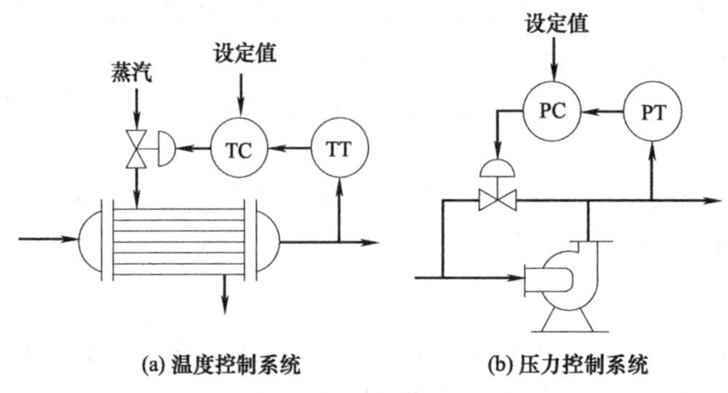

图 11-9　简单控制系统示例

图11-9（b）所示为一个压力控制系统，它由流体输送泵及管路、压力变送器PT、压力控制器PC、流体回流量控制阀组成。控制的目标是通过改变回流量来保持泵的出口压力恒定。

在这些控制系统中，检测元件和变送器（测量变送装置）检测被控变量并转换为标准信号（作为测量值），当系统受到扰动影响时，测量信号与设定值之间就有偏差，检测变送信号（测量信号）在控制器中与设定值相比较，并将其偏差值按一定的控制规律运算，输出控制信号驱动执行器（控制阀）改变操纵变量，使被控变量回到设定值上。

如图11-10所示是简单控制系统的典型方框图。图11-11是将图11-10用传递函数描述的另外一种表示方法。由图可知，简单控制系统有着共同的特征，它们均由四个基本环节组成，即被控对象、测量变送器、控制器和执行器。对于不同对象的简单控制系统，尽管其具体装置与变量不相同，但都可以用相同的方框图来表示。这就便于对它们的共性进行研究。

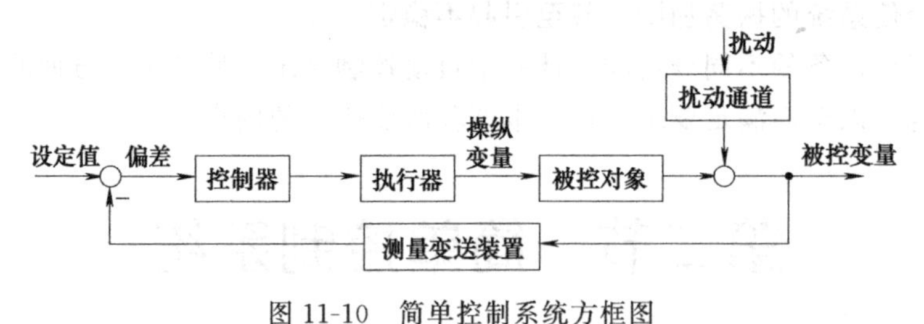

图 11-10　简单控制系统方框图

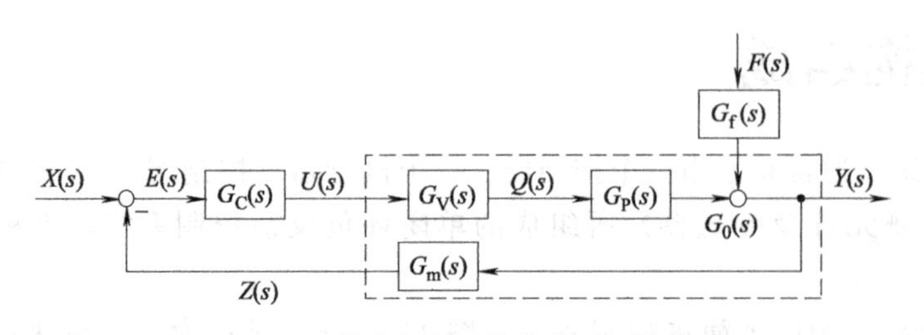

图 11-11　简单控制系统的传递函数描述

简单控制系统的结构比较简单，所需的自动化装置数量少，投资低，操作维护也比较方便，而且在一般情况下，都能满足控制质量的要求。因此，简单控制系统在工业生产过程中得到了广泛的应用，生产过程中80%左右的控制系统是简单控制系统。

由于简单控制系统是最基本、应用最广泛的系统，因此，学习和研究简单控制系统的结构、原理及使用是十分必要的。同时，简单控制系统是复杂控制系统的基础，掌握了简单控制系统的分析和设计方法，将会给复杂控制系统的分析和研究提供很大的方便。

二、控制过程分析

在此，仍以图11-9（a）所示的蒸汽换热器出口温度控制系统为例来分析简单控制系统的工作过程。为便于分析，设本例测量变送装置选用分度号为Pt100的铂热电阻及与配套的温度变送器；采用电动控制器，且设置为 E 上升 U 也上升，E 下降时 U 也下降；所用执行器为一台带电-气阀门定位器的气动控制阀，且将其作用方式设置为 U 上升时 Q 上升，U 下降时 Q 亦下降。

1. 平衡状态

当流入系统的蒸汽传递给冷流体的热量使被加热物料的出口温度 T 维持在所要求的温度值时，设蒸汽的流量及品质保持不变，冷流体的流量及品质也保持不变，则控制系统处于平衡状态，并将保持这个动态平衡，直至有新的扰动量发生，或人们对被加热物料的出口温度有新的要求。

2. 扰动分析

该系统的主要扰动如下所述：

冷流体流量的变化。冷流体的流量增大，出口温度 T 下降。

冷流体温度的变化。冷流体的温度上升，出口温度 T 升高。

蒸汽的压力变化（如果蒸汽源不够稳定）。蒸汽压力上升导致蒸汽流量增大，出口温度 T 升高。

蒸汽温度的变化、换热器环境温度的变化也会影响出口温度 T 的变化。这些扰动一般都是随机性的、无法预知的，但当它们最终影响到出口温度 T 发生变化时，控制系统都能够加以克服。

3. 控制过程

无论是由于何种原因、何种扰动，只要其作用使出口温度 T 有了变化，则控制系统就能通过控制器来克服扰动对出口温度 T 的影响，使之回到原来的平衡状态。

当温度 T 偏离平衡状态而升高时，测温用铂热电阻的阻值增大。由温度变送器将该阻值的变化转换为输出电流的增大，作为测量值 Z 送给控制器。控制器将 Z 与设定值 X 相比较，由于设定值 X 保持不变，而 Z 上升，由 $X-Z=E$ 可知，E 将下降。由所设置的控制器性质可知，此时 U 下降。再由所设置执行器的性质，此时进入换热器的蒸汽流量 Q 将减小。显然，可获得较满意的控制效果。这个控制过程可用符号简洁地表达为

$$\text{扰动}\rightarrow T\uparrow\rightarrow Z\uparrow\rightarrow E\downarrow\rightarrow U\downarrow\rightarrow Q\downarrow\rightarrow T\downarrow$$

类似地，当扰动使出口温度 T 下降时有

$$\text{扰动} \rightarrow T\downarrow \rightarrow Z\downarrow \rightarrow E\uparrow \rightarrow U\uparrow \rightarrow Q\uparrow \rightarrow T\uparrow$$

由此可见，简单控制系统的工作过程就是应用负反馈原理的控制过程。因此，方框图中 Z 信号旁的“－”很重要，如果把这个“－”去掉，系统就成为正反馈，就不能克服扰动，此时，系统的控制作用不能使被控变量回归到设定值：

$$\text{扰动} \rightarrow T\uparrow \rightarrow Z\uparrow \rightarrow E\uparrow \rightarrow U\uparrow \rightarrow Q\uparrow \rightarrow T\uparrow$$

另外，如果控制器和执行器的作用方向选错了，系统也不能克服扰动（这些将在后面的系统设计中予以介绍）。

第三节　串级控制系统

简单控制系统由于结构简单，而得到广泛的应用，其数量占所有控制系统总数的 80%以上，在绝大多数场合下已能满足生产要求。但随着科技的发展，新工艺、新设备的出现，生产过程的大型化和复杂化，必然导致对操作条件的要求更加严格，变量之间的关系更加复杂。同时，现代化生产往往对产品的质量提出更高的要求，例如造纸过程成纸页定量偏差±1%以下，甲醇精馏塔的温度偏离不允许超过 1℃，石油裂解气的深冷分离中，乙烯纯度要求达到 99.99%等，此外，生产过程中的某些特殊要求，如物料配比问题、前后生产工序协调问题、为了安全而采取的软保护问题、管理与控制一体化问题等，这些问题的解决都是简单控制系统所不能胜任的，因此，相应地就出现了复杂控制系统。

在简单反馈回路中增加了计算环节、控制环节或其他环节的控制系统统称为复杂控制系统。复杂控制系统种类较多，按其所满足的控制要求可分为两大类：

(1) 以提高系统控制质量为目的的复杂控制系统，主要有串级和前馈控制系统；

(2) 满足某些特定要求的控制系统，主要有：比值、均匀、分程、自动、选择性控制系统等。

本章将重点介绍串级控制系统。串级控制系统是所有复杂控制系统中应用最多的一种，它对改善控制品质有独到之处。当过程的容量滞后较大，负荷或扰动变化比较剧烈、比较频繁，或是工艺对生产质量提出的要求很高，采用简单控制系统不能满足要求时，可考虑采用串级控制系统。如图 11-12 所示，串级控制系统的通用原理方框图。

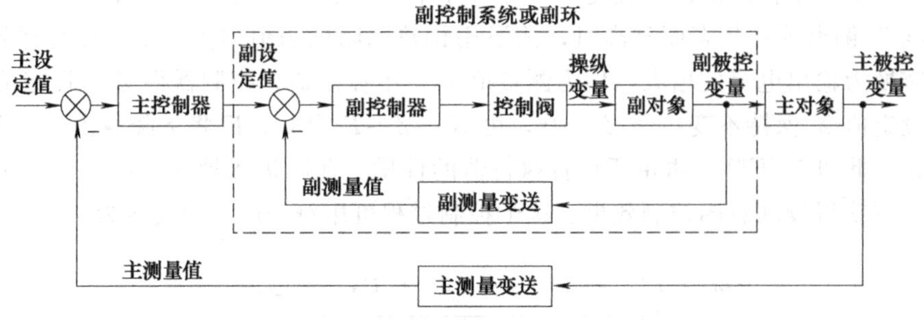

图 11-12　串级控制系统通用原理方框图

1. 串级控制系统特征

串级控制系统是一种常用的复杂控制系统，它根据系统结构命名。它由两个控制器串联连接组成，一个控制器的输出作为另一个控制器的设定值。由图 11-12 可以看出串级控制系统在结构上具有以下特征：

（1）将原被控对象分解为两个串联的被控对象；

（2）以连接分解后的两个被控对象的中间变量为副被控变量，构成一个简单控制系统，称为副控制系统、副回路或副环；

（3）以原对象的输出信号为主被控变量，即分解后的第二个被控对象的输出信号，构成一个控制系统，称为主控制系统、主回路或主环；

（4）主控制系统中控制器的输出信号作为副控制系统控制器的设定值，副控制系统的输出信号作为主被控对象的输入信号；

（5）主回路是定值控制系统。对主控制器的输出而言，副回路是随动控制系统；对进入副回路的扰动而言，副回路是定值控制系统。

2. 常用的名词术语

为了便于分析问题，下面介绍串级控制系统常用的名词术语。

（1）主被控变量　是生产过程中的工艺控制指标，在串级控制系统中起主导作用的被控变量，简称主变量。

（2）副被控变量　串级控制系统中为了稳定主被控变量而引入的中间辅助变量，简称副变量。

（3）主对象（主过程）　生产过程中所要控制的，为主变量表征其特性的生产设备。其输入量为副变量，输出量为主变量，它表示主变量与副变量之间的通道特性。

（4）副对象（副过程）　为副变量表征其特性的生产设备。其输入量为操纵量，输出量为副变量，它表示副变量与操纵变量之间的通道特性。

（5）主控制器　按主变量的测量值与设定值的偏差而工作，其输出作为副变量设定值的那个控制器。

（6）副控制器　其设定值来自主控制器的输出，并按副变量的测量值与设定值的偏差进行工作的那个控制器，其输出直接去操纵控制阀。

（7）主设定值　主变量的期望值，由主控制器内部设定。

（8）副设定值　是指由主控制器的输出信号提供的、副控制器的设定值。

（9）主测量值　由主测量变送器测得的主变量的值。

（10）副测量值　由副测量变送器测得的副变量的值。

（11）副回路　处于串级控制系统内部的，由副控制器、控制阀、副对象和副测量变送器组成的闭合回路，又称内回路，简称副环或内环。

（12）主回路　由主控制器、副回路、主对象和主测量变送器组成的闭合回路。主回路为包括副回路的整个控制系统，又称外回路，简称主环或外环。

（13）一次扰动　指作用在主对象上、不包含在副回路内的扰动。

（14）二次扰动　指作用在副对象上，即包含在副回路内的扰动。

3. 应用范围

（1）用于具有较大纯滞后的过程。一般工业过程均具有纯滞后，而且有些比较大。当工业过程纯滞后时间较长，用简单控制系统不能满足工艺控制要求时，可考虑采用串级控制系统。其设计思路是在离控制阀较近、纯滞后较小的地方，选择一个副变量，构成一个控制通道短且纯滞后较小的副回路，把主要扰动纳入副回路中。这样就可以在主要扰动影响主变量之前，由副回路对其实施及时控制，从而大大减小主变量的波动，提高控制质量。

应该指出，利用副回路的超前控制作用来克服过程的纯滞后仅仅是对二次扰动而言的。当扰动从主回路进入时，这一优越性就不存在了。这是因为一次扰动不直接影响副变量，只有当主变量改变以后，控制作用通过较大的纯滞后才能对主变量起控制作用，所以对改善控制品质作用不大。

（2）用于具有较大容量滞后的过程。在工业生产中，有许多以温度或质量参数作为被控变量的控制过程，其容量滞后往往比较大，而生产上对这些参数的控制要求又比较高。如果采用简单控制系统，则因容量滞后较大，对控制作用反应迟钝而使超调量增大，过渡过程时间长，其控制质量往往不能满足生产要求。如果采用串级控制系统，可以选择一个滞后较小的副变量组成副回路，使等效副过程的时间常数减小，以提高系统的工作频率，加快响应速度，增强抗各种扰动的能力，从而取得较好的控制质量。但是，在设计和应用串级控制系统时要注意：副回路时间常数不宜过小，以防止包括的扰动太少；但也不宜过大，以防止产生共振。副变量要灵敏可靠，且有代表性。否则串级控制系统的特点得不到充分发挥，控制质量仍然不能满足要求。

（3）用于存在变化剧烈和较大幅值扰动的过程。在分析串级控制系统特点时已指出，串级控制系统对于进入副回路的扰动具有较强的抑制能力。所以，在工业应用中只要将变化剧烈而且幅值大的扰动包含在串级控制系统的副回路之中，就可以大大减小其对主变量的影响。

（4）用于具有非线性特性的过程。一般工业过程的静态特性都有一定的非线性，负荷的变化会引起工作点的移动，导致过程的静态放大系数发生变化。当负荷比较稳定时，这种变化不大，因此可以不考虑非线性的影响，可使用简单控制系统。但当负荷变化较大且频繁时，就要考虑它所造成的影响了。因负荷变化频繁，显然用重新整定控制器参数来保证系统的稳定性是行不通的。虽然可通过选择控制阀的特性来补偿，使整个广义过程具有线性特性，但常常受到控制阀品种等各种条件的限制，这种补偿也是很不完全的，此时简单控制系统往往不能满足生产工艺要求。有效的办法是利用串级控制系统对操作条件和负荷变化具有一定自适应能力的特点，将被控对象中具有较大非线性的部分包括在副回路之中，当负荷变化而引起工作点移动时，由主控制器的输出自动地重新调整副控制器的设定值，继而由副控制器的控制作用来改变控制阀的开度，使系统运行在新的工作点上。虽然这样会使副回路的衰减比有所改变，但它的变化对整个控制系统的稳定性影响较小。

第四节　前馈控制系统和比值控制系统

一、前馈控制系统

1. 原理

前面所讨论的控制系统中，控制器都是按照被控变量与设定值的偏差来进行控制的，这就是所谓的反馈控制，是闭环的控制系统。反馈控制的特点在于控制器总是在被控变量出现偏差后，控制器才开始动作，以补偿扰动对被控变量的影响。如果扰动虽已发生，但被控变量还未变化时，控制器则不会有任何控制作用，因此，反馈控制作用总是落后于扰动作用，控制很难达到及时。即便是采用微分控制，虽可用来克服对象及环节的惯性滞后（时间常数）和容量滞后，但是此方法不能克服纯滞后时间。

考虑到产生偏差的直接原因是扰动，因此，如果直接按扰动实施控制，而不是按偏差进行控制，从理论上说，就可以把偏差完全消除。即在这样的一种控制系统中，一旦出现扰动，控制器将直接根据所测得的扰动大小和方向，按一定规律实施控制作用，补偿扰动对被控变量的影响。由于扰动发生后，在被控变量还未出现变化时，控制器就已经进行控制，所以称此种控制为前馈控制，或称为扰动补偿控制。这种前馈控制作用如能恰到好处，可以使被控变量不再因扰动作用而产生偏差，因此它比反馈控制及时。

2. 前馈控制的特点

① 前馈控制是一种开环控制；

② 前馈控制是一种按扰动大小进行补偿的控制；

③ 前馈控制使用的是视对象特性而定的“专用”控制器；

④ 一种前馈控制作用只能克服一种扰动；

⑤ 前馈控制只能抑制可测不可控的扰动对被控变量的影响。

二、比值控制系统

1. 概述

工业生产过程中，经常需要两种或两种以上的物料按一定比例混合或进行反应。一旦比例失调，就会影响生产的正常进行，影响产品质量，浪费原料，消耗动力，造成环境污染，甚至造成生产事故。最常见的是燃烧过程，燃料与空气要保持一定的比例关系，才能满足生产和环保的要求；造纸过程中，浓纸浆与水要以一定的比例混合，才能制造出合格的纸浆；许多化学反应的诸个进料要保持一定的比例。因此，凡是用来实现两种或两种以上的物料量自动地保持一定比例关系以达到某种控制目的的控制系统，称为比值控制系统。

流量比值控制系统是控制两种物料流量比值的控制系统，一种物料需要跟随另一物料流量变化。在需要保持比例关系的两种物料中，必有一种物料处于主导地位，称此物料为主动量（或主物料），用 F_1 表示；而另一种物料以一定的比例随 F_1 的变化而变化，称为从动量（或从物料），用 F_2 表示。由于主、从物料均为流量参数，故又称为主流量和副流量。例如，在燃烧过程的比值控制系统中，当燃料量增加或减少时，空气流量也要随之增加或减少，因此，燃料量应为主动量，而空气量则为从动量。比值控制系统就是要实现从动量 F_2 与主动量 F_1 的对应比值关系，即满足关系式

$$\frac{F_2}{F_1}=K$$

式中，K 为从动量与主动量的比值。

由此可见，在比值控制系统中，从动量是跟随主动量变化的物料流量，因此，比值控制系统实际上是一种随动控制系统。

2. 比值控制系统的类型

比值控制系统包括单闭环比值控制系统、双闭环比值控制系统、变比值控制系统等。

第五节　仪表自动化装置技能实训

一、实验目的

(1) 培养学生对不同过程对象有初步的了解。

(2) 培养学生能够认识多种调节手段，以及在实现这些调节手段过程中掌握仪器或设备的特性、运行原理及常见故障的排除方法。

(3) 熟悉各种控制系统及组成部分。

二、实验原理

(一) 过程控制工程预备知识

过程控制系统一般包括：常规过程控制系统、复杂过程控制系统、计算机控制系统。

1. 常规过程控制系统

常规过程控制系统主要是指简单控制系统，又叫单回路控制系统，如图 11-13。简单控制系统是由被控对象，一个测量元件及变送器，一个控制器和一个执行器所组成的单回路负反馈控制系统，其特点是结构简单，易于实现，适应性强，应用广泛，约占实际控制回路中的 85%以上。在工业过程计算机控制系统中，也往往把它作为最底层的控制回路。

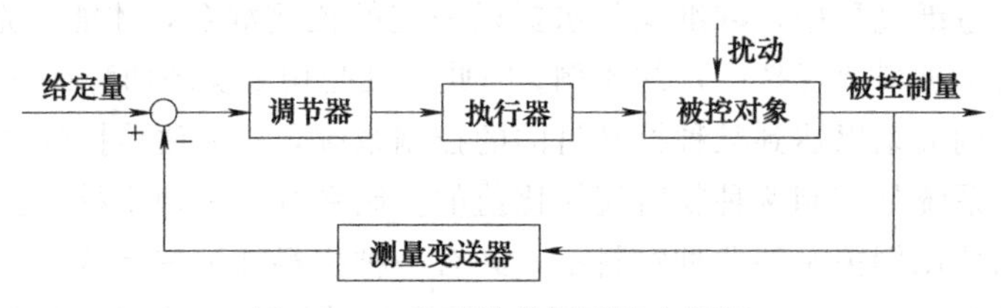

图 11-13　单回路控制系统方框图

简单控制系统一般由下列基本单元组成：

① 被控对象　指被控制的生产设备或装置。被控对象中需要控制的变量称为被控变量，如温度、压力、流量、液位等。

② 测量变送器　用来测量被控变量，并按一定的规律将其转换为标准信号的输出，作为测量值。常用的标准信号有 0～10mA、4～20mA 等。

③ 执行器　最常用的是调节阀。接收控制器的信号去直接改变操纵变量。操纵变量是被控对象的某输入变量，操作这个变量可克服扰动对被控变量的影响，通常是执行器控制某工艺流量。

④ 控制器　也称调节器。将被控变量的设定值与测量值进行比较得出偏差信号，按一

定控制规律作用后给出控制信号。

2. 复杂过程控制系统

① 串级控制系统

单回路控制系统一般情况下能满足绝大多数生产对象的控制要求，但当对象的容量滞后较大，负荷或者干扰变化比较剧烈，或是工艺对产品质量要求较高时，单单采用单回路控制系统的方法就不能获得满意的控制效果，此时可考虑采用串级控制系统。

由图 11-14 中可以看出，主控制器的输出即副控制器的给定，而副控制器的输出直接送往控制阀。一般来说，主控制器的给定值是由工艺给定的，是一个定值，因此，主环是一个定值控制系统。而副控制器的给定值是由主控制器的输出提供的，他随主控制器输出变化而变化，因此，副回路是一个随动系统。

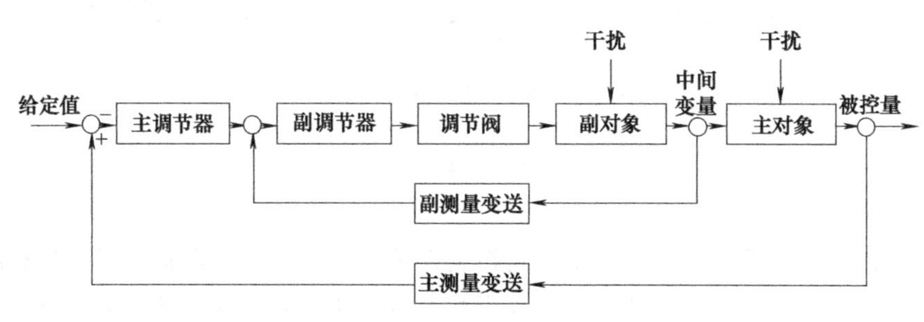

图 11-14　串级控制系统方框图

② 比值控制系统

在化工、石油及其他工业生产过程中，工艺上常需要将两种或两种以上的物料保持一定比例关系。实现两个或两个以上参数符合一定比例关系的控制系统，称为比值控制系统。通常以保持两种或几种物料的流量为一定比例关系的系统，称为流量比值控制系统。

比值控制系统包括开环比值控制系统、单闭环比值控制系统、双闭环比值控制系统等。

③ 前馈控制系统

前馈控制是根据干扰的变化产生控制作用的。它是基于这样的一个想法：如果能使干扰作用对于被控变量的影响和控制作用对被控变量的影响在数值上大小相等、方向相反的话，就能完全克服干扰对被控变量的影响。前馈控制根据干扰的变化，检测的信号是干扰量的大小。控制作用是发生在干扰作用的瞬间而不是偏差出现之后。

3. 计算机控制系统

从本质上来讲，计算机控制系统的控制过程主要包括：数据实时采集、实时决策、实时控制。实时是指信号的输入、计算、处理都要在一定的时间范围内完成，亦指计算机对输入的信息，能以足够快的速度进行处理，并在一定时间内做出反应和进行控制。

常见的计算机控制系统有集散控制系统（DCS）、直接数字控制系统（DDC）、数据采集与监控系统（SCADA）、现场总线控制系统（FCS）。

（二）不同控制系统的实验原理

① 单容水箱特性测试　阶跃响应测试法是系统在开环运行条件下，待系统稳定后，通过调节器或其他操作器，手动改变对象的输入信号（阶跃信号），同时记录对象的输出数据或阶跃响应曲线。然后根据已给定对象模型的结构形式，对实验数据进行处理，确定模型中

各参数。

② 双容水箱特性测试　被控对象由 2 个水箱串联连接，因有两个注水的容器，故称为双容对象。双容水箱是两个一阶非周期性环节串联，被调量是下水槽的水位。由于多了一个容器，就使调节对象的飞升特性在时间上更加落后一步。

③ 单容水箱液位定值控制系统　本实验属于单回路控制系统，首先由差压变送器检测出水箱的液位，水位的给定值与实际测量值进行比较，PID 调节器给出输出值，输出值去控制变频器（或者调节阀），从而形成一个闭环控制系统，实现液位的自动控制。

④ 双容水箱液位定值控制系统 如图 11-15 所示

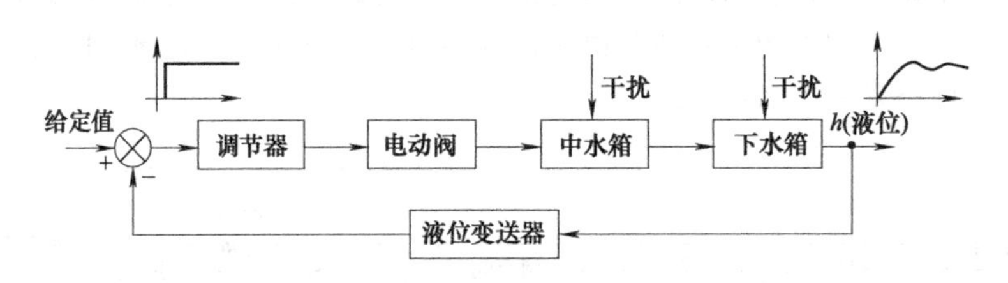

图 11-15　双容水箱液位定值控制系统

双容水箱液位控制系统也是一个单回路控制系统，它与上一个实验不同的是有两个水箱串联，控制的目的是使下水箱的液位高度等于给定值所期望的高度，具有减少或消除来自系统内部或者外部的扰动的功能。

⑤ 反应釜内胆静态水温定值控制系统　该实验为单回路 PID 温度控制实验，目的是使水箱内的水温等于给定值。

⑥ 水箱液位串级控制系统　液位-流量串级控制系统，其中主变量为上水箱液位，副变量为流量，系统由主、副两个回路组成。主回路是一个定值控制系统，使系统的主变量等于设定值；副回路是一个随动系统，要求副回路的输出能快速地跟随调节器输出的变化规律，以达到对主变量的控制目的。具体来说，液位受流量影响，流量控制变频器，从而改变泵的输出。

⑦ 反应釜夹套与内胆水温串级控制系统　温度-流量串级控制系统，其中主变量为反应釜内温度，副变量为夹套中冷水流量，系统由主、副两个回路组成。主回路是一个定值控制系统，使系统的主变量等于设定值；副回路是一个随动系统，要求副回路的输出能快速地跟随调节器输出的变化规律，以达到对主变量的控制目的。具体来说，水温受夹套水流量影响，流量控制变频器，从而改变泵的输出。

⑧ 单闭环流量比值控制系统　本实验中，一路是由电动调节阀控制的主流量，另一路是由变送器控制的副流量，要求主流量跟随副流量的变化而变化，而且两者之间保持一定的比例关系。

⑨ 反应釜内胆水温的前馈-反馈控制系统　本实验中被控制量是反应釜内胆水温，主扰动量为变频器控制的支路。本实验由调节器、执行器、温度变送器构成反馈控制系统。

⑩ 下水箱液位的前馈-反馈控制系统　本实验的被控变量为下水箱液位，主扰动量为变频器之路的流量。实验要求下水箱的液位稳定在设定值，下水箱的液位信号作为反馈信号，与设定值比较后的偏差信号通过调节器控制电动阀的开度，以达到控制下水箱液位的目的。

三、实训设备

实训设备见表11-1。

表11-1　实训设备详情表

序号	位号	名称	规格
1	V101	储水箱	304不锈钢材质，600mm×500mm×600mm(长×宽×高)
2	V102	上位水箱	尺寸：500mm×500mm×500mm，自带液位刻度
3	V103	下位水箱	尺寸：500mm×500mm×500mm，自带液位刻度
4	V104	反应釜	内胆 φ219mm×400mm，夹套为 φ250mm×350mm
5	E101	换热器	φ159mm×600mm，内置12根 φ19mm×600mm的不锈钢管
6	P101	1#离心泵	型号：CHL2-10，功率370W，电压380V，额定流量 $1m^3/h$，配变频器
7	P102	2#离心泵	型号：CHL2-10，功率370W，电压380V，额定流量 $1m^3/h$
8	TT-101	反应釜内水温1	PT100，四分螺纹连接
9	TT-102	反应釜夹套水温	PT100，四分螺纹连接
10	TT-103	反应釜内水温2	PT100，四分螺纹连接
11	FT-101	涡轮流量计	DN15；一体化4～20mA信号输出及液晶显示，连接方式：法兰；量程范围0.6～$6m^3/h$
12	FT-102	电磁流量计	DN15；连接方式：法兰连接；带4～20mA标准信号变送及显示；流量范围0.2～$4m^3/h$
13	PT-101	上位水箱液位	扩散硅压力变送器，测量范围：0～10kPa，输出4～20mA
14	PT-102	下位水箱液位	扩散硅压力变送器，测量范围：0～10kPa，输出4～20mA
15	LIT-103	反应釜液位	磁翻板液位计，4～20mA信号输出，DN15，法兰连接
16	FV-101	电动调节阀	电动单座调节阀，法兰连接4～20mA输出

四、工艺流程

化工仪表自动化实训装置如图11-16所示。

五、实验操作步骤

1. 单容水箱特性的测试

操作步骤：

(1) 确认所有阀门处于关闭状态；

(2) 全开阀门HV101、HV104、HV106、HV108，HV107打开一定开度，一般在四分之一到二分之一之间；

(3) 在组态界面为V101水箱设定液位高度；

(4) 系统自动启动水泵P101，待液位测量值接近设定值时，系统自动调节变频器，控制泵的转速，改变流量，使液位达到稳定值；

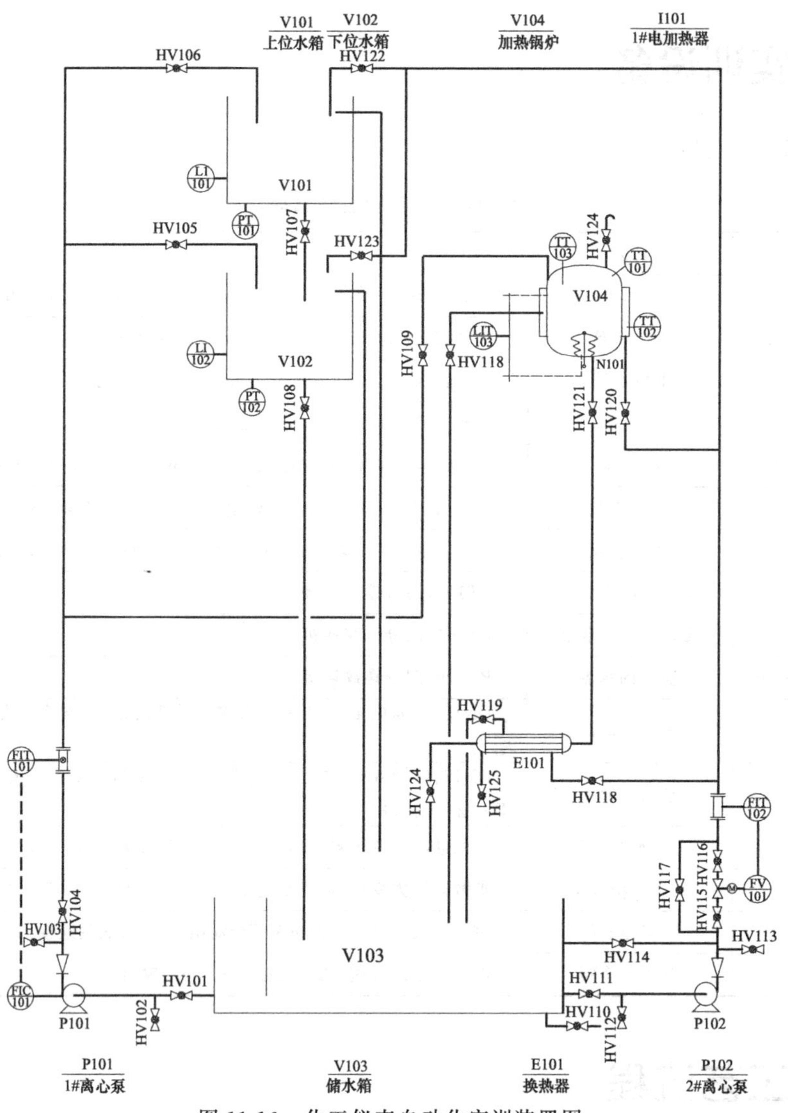

图 11-16　化工仪表自动化实训装置图

（5）组态界面实时显示 PID 参数、OP 值。

2. 双容水箱特性的测试

操作步骤：

（1）确认所有阀门处于关闭状态；

（2）全开阀门 HV101、HV104、HV107，HV108 打开一定开度，一般在四分之一到二分之一之间；

（3）在组态界面为 V102 水箱设定液位高度；

（4）系统自动启动水泵 P101，水从 V101 水箱自流到 V102 水箱，待液位测量值接近设定值时，系统自动调节变频器，控制泵的转速，改变流量，使液位达到稳定值；

（5）组态界面实时显示 PID 参数、OP 值。

3. 单容水箱液位定值控制系统

操作步骤：

（1）确认所有阀门处于关闭状态；

（2）全开阀门 HV101、HV104、HV106、HV108，HV107 打开一定开度，一般在四分之一到二分之一之间；

（3）在组态界面为 V101 水箱设定液位高度；

（4）系统自动启动水泵 P101，待液位测量值接近设定值时，系统自动调节变频器，控制泵的转速，改变流量，使液位达到稳定值；

（5）组态界面实时显示 PID 参数、OP 值。

4. 双容水箱液位定值控制系统

操作步骤：

（1）确认所有阀门处于关闭状态；

（2）全开阀门 HV101、HV104、HV107，HV108 打开一定开度，一般在四分之一到二分之一之间；

（3）在组态界面为 V102 水箱设定液位高度；

（4）系统自动启动水泵 P101，水从 V101 水箱自流到 V102 水箱，待液位测量值接近设定值时，系统自动调节变频器，控制泵的转速，改变流量，使液位达到稳定值；

（5）组态界面实时显示 PID 参数、OP 值。

5. 反应釜内胆静态水温定值控制系统

操作步骤：

（1）确认所有阀门处于关闭状态；

（2）全开阀门 HV101、HV104、HV109、HV124；

（3）在组态界面启动 P101，当液位 LIT103 到达 30cm 后，关闭 P101；

（4）在组态界面设定加热温度；

（5）系统自动开始加热，温度达到设定值。

6. 水箱液位串级控制系统（液位流量串级控制）

操作步骤：

（1）确认所有阀门处于关闭状态；

（2）全开阀门 HV101、HV104、HV106、HV108，HV107 打开一定开度，一般在四分之一到二分之一之间；

（3）在组态界面设定 V101 液位；

（4）系统根据液位改变流量，流量通过变频器控制泵来改变，液位上下震荡后趋于平稳，达到设定值。

7. 反应釜夹套与内胆水温串级控制系统

操作步骤：

（1）确认所有阀门处于关闭状态；

（2）打开 HV101、HV104、HV109、HV111、HV115、HV116、HV120、HV118；

（3）向 V104 中加水，在组态界面启动泵 P101，加水到液位 30cm 后，关闭 P101；

（4）设定加热功率为 40%，设定 V104 内胆水温为 50℃；

（5）当 V104 实际温度超过 50℃时，P102 启动，系统自动调节电动调节阀开度，调节夹套冷却水流量，使 V104 内胆温度保持恒定（加热功率不能过大，否则会出现加热速度比降温速度快的现象）。

8. 单闭环流量比值控制系统

操作步骤：

（1）确认所有阀门处于关闭状态；

（2）打开阀门 HV101、HV104、HV106、HV107、HV108、HV111、HV115、HV116、HV122；

（3）在组态界面设定 FT101 流量，设定 FT101 与 FT102 的比值，系统自动调节调节阀 FV101 开度，使 FT101 与 FT102 比值为设定值。

9. 反应釜内胆水温的前馈-反馈控制系统

操作步骤：

（1）确认所有阀门处于关闭状态；

（2）打开阀门 HV101、HV104、HV109，HV121 打开一定开度，一般在四分之一到二分之一之间；

（3）在组态界面设定 V104 的液位、V104 的温度；

（4）系统自动控制液位、温度，达到设定值。

10. 下水箱液位的前馈-反馈控制系统

操作步骤：

（1）确认所有阀门处于关闭状态；

（2）打开 HV101、HV104、HV105、HV111、HV115、HV116、HV123，HV108 打开一定开度，一般二分之一之间；

（3）在组态界面设定 V102 液位，设定 FT101 流量，系统调节调节阀 FV101 开度，使液位达到稳定值。

六、操作注意事项

（1）离心泵在首次使用时要灌泵，打开泵前阀门，用扳手拧开泵壳上部的螺丝，待有水流出后，拧紧螺丝。

（2）反应釜设定温度不宜太高。

（3）在加热过程中，不要随手触摸磁翻板液位计，防止烫伤。

（4）不得随意修改组态软件程序。

第六节　复杂（串级）控制系统装置技能实训

一、实验目的

（1）了解板式精馏塔的结构，熟悉筛板式连续精馏塔的工作原理、基本结构及物料流程。

(2) 可以完成全回流和部分回流条件下精馏操作实验。

(3) 了解精馏塔控制时需要检测及控制的参数、检测位置、检测传感器及控制方法。

(4) 以精馏工艺为背景掌握常见仪表和变送器的操作和维护。

(5) 了解过程参数的 PID 整定，单闭环控制料液预热温度、多闭环串级控制塔釜液位的设定和操作。

二、实验原理

精馏分离是根据溶液中各组分挥发度（或沸点）的差异，使各组分得以分离。其中较易挥发的称为易挥发组分（或轻组分），较难挥发的称为难挥发组分（或重组分）。它通过气、液两相的直接接触，使易挥发组分由液相向气相传递，难挥发组分由气相向液相传递，是气、液两相之间的传递过程。

现取第 n 板（如图 11-17）为例来分析精馏过程和原理。

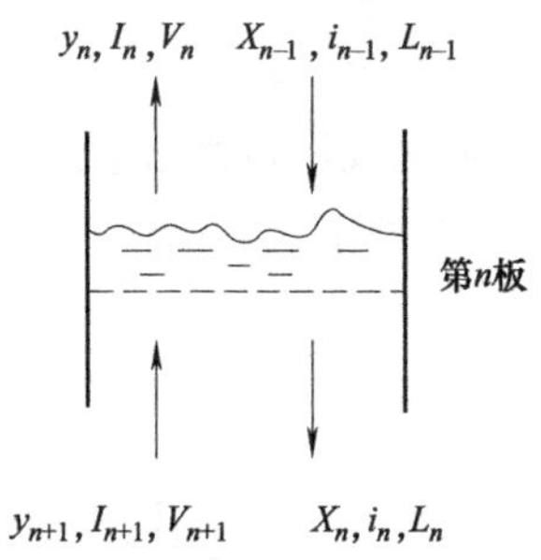

图 11-17　第 n 板的质量和热量衡算图

塔板的形式有多种，最简单的一种是板上有许多小孔（称筛板塔），每层板上都装有降液管，来自下一层（$n+1$ 层）的蒸汽通过板上的小孔上升，而上一层（$n-1$ 层）来的液体通过降液管流到第 n 板上，在第 n 板上气液两相密切接触，进行热量和质量的交换。进、出第 n 板的物流有四种：

(1) 由第 $n-1$ 板溢流下来的液体量为 L_{n-1}，其组成为 x_{n-1}，温度为 t_{n-1}；

(2) 由第 n 板上升的蒸汽量为 V_n，组成为 y_n，温度为 t_n；

(3) 从第 n 板溢流下去的液体量为 L_n，组成为 x_n，温度为 t_n；

(4) 由第 $n+1$ 板上升的蒸汽量为 V_{n+1}，组成为 y_{n+1}，温度为 t_{n+1}。

因此，当组成为 x_{n-1} 的液体及组成为 y_{n+1} 的蒸汽同时进入第 n 板，由于存在温度差和浓度差，气液两相在第 n 板上密切接触进行传质和传热的结果会使离开第 n 板的气液两相平衡（如果为理论板，则离开第 n 板的气液两相成平衡），若气液两相在板上的接触时间长，接触比较充分，那么离开该板的气液两相相互平衡，通常称这种板为理论板（y_n，x_n 成平衡）。精馏塔中每层板上都进行着与上述相似的过程，其结果是上升蒸汽中易挥发组分浓度逐渐增高，而下降的液体中难挥发组分越来越浓，只要塔内有足够多的塔板数，就可使混合物达到所要求的分离纯度（共沸情况除外）。

加料板把精馏塔分为二段，加料板以上的塔，即塔上半部完成了上升蒸汽的精制，即除去其中的难挥发组分，因而称为精馏段。加料板以下（包括加料板）的塔，即塔的下半部完成了下降液体中难挥发组分的提浓，除去了易挥发组分，因而称为提馏段。一个完整的精馏塔应包括精馏段和提馏段。

精馏段操作方程为：

$$y_{n+1}=\frac{R}{R+1}x_n+\frac{x_D}{R+1}$$

提馏段操作方程为：

$$y_{m+1}=\frac{L+qF}{L+qF-W}x_m-\frac{W}{L+qF-W}x_W$$

其中，R 为操作回流比，F 为进料摩尔流率，W 为釜液摩尔流率，L 为提馏段下降液体的摩尔流率，q 为进料的热状态参数。

精馏操作涉及气、液两相间的传热和传质过程。塔板上两相间的传热速率和传质速率不仅取决于物系的性质和操作条件，而且还与塔板结构有关，因此它们很难用简单方程加以描述。引入理论板的概念，可使问题简化。

所谓理论板，是指在其上气、液两相都充分混合，且传热和传质过程阻力为零的理想化塔板。因此不论进入理论板的气、液两相组成如何，离开该板时气、液两相达到平衡状态，即两温度相等，组成互相平衡。

实际上，由于板上气、液两相接触面积和接触时间是有限的，因此在任何形式的塔板上，气、液两相难以达到平衡状态，即理论板是不存在的。理论板仅用作衡量实际板分离效率的依据和标准。通常，在精馏计算中，先求得理论板数，然后利用塔板效率予以修正，即求得实际板数。引入理论板的概念，对精馏过程的分析和计算是十分有用的。

对于二元物系，如已知其气液平衡数据，则根据精馏塔的原料液组成，进料热状况，操作回流比及塔顶馏出液组成，塔底釜液组成可由图解法或逐板计算法求出该塔的理论板数 N_T。按照下式可以得到总板效率 E_T，其中 N_P 为实际塔板数。

$$E_T=\frac{N_T-1}{N_P}\times 100\%$$

三、实训设备

实训设备见表 11-2。

表 11-2 实训设备详情表

序号	位号	名称	规格
1	V101	原料罐	φ219mm×400mm 立罐
2	V102	塔釜再沸器	φ219mm×300mm
3	V103	原料预热器	φ57mm×150mm
4	V104	回流罐	φ89mm×200mm,有浮球液位变送器
5	V105	塔顶产品罐	φ159mm×300mm 立罐
6	V106	塔底产品罐	φ159mm×300mm 卧罐
7	E101	塔顶冷凝器	列管换热器,φ159mm×500mm,内置 16 根 φ19mm 管,水走管程,蒸汽走壳程
8	E102	塔底冷凝器	套管换热器,外管 φ57mm×200mm,内管 φ19mm,外管走冷却水,内管走物料
9	T101	精馏塔	φ76mm×1100mm,塔板数 10
10	LI101	进料流量	玻璃转子流量计,1.6～16L/h
11	LI102	回流流量	玻璃转子流量计,1～10L/h
12	LI103	塔顶采出流量	玻璃转子流量计,1～10L/h
13	LI104	塔底采出流量	玻璃转子流量计,1～10L/h

四、工艺流程

复杂（串级）控制系统装置工艺流程如图 11-18。

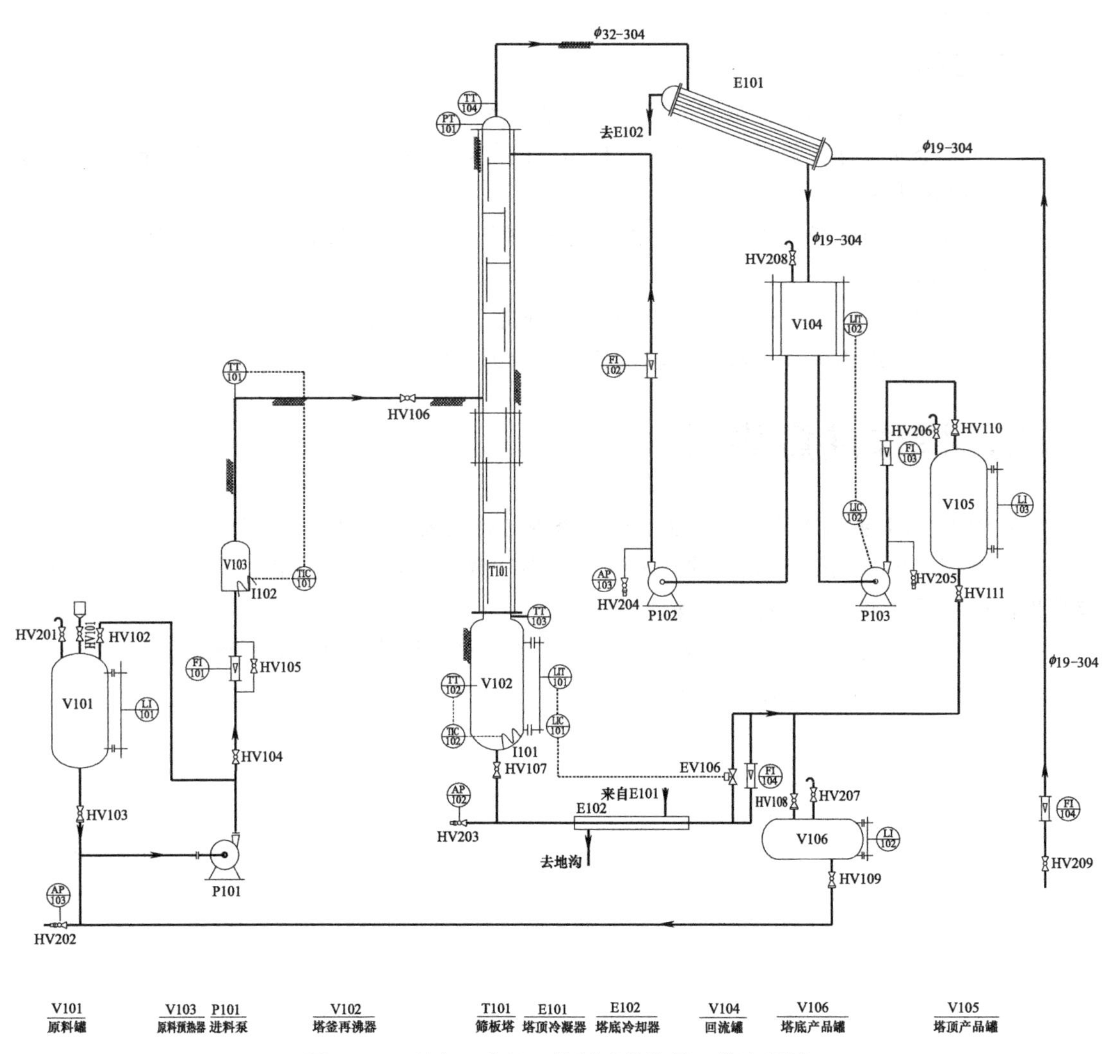

图 11-18　复杂（串级）控制系统装置工艺流程图

五、操作步骤

1. 全回流

（1）配制浓度 20%（体积百分比）左右的乙醇水溶液加入贮罐 V101 中，打开进料管路上的阀门，由进料泵 P101 将料液打入塔釜 V102，观察塔釜液位计高度，进料至液位高度 15cm 以上。

（2）关闭塔身进料管路上的阀门，在组态界面上启动塔釜加热，设定加热功率为 50%，使塔釜温度缓慢上升（因塔中部玻璃部分较为脆弱，若加热过快玻璃极易碎裂，使整个精馏塔报废，故升温过程应尽可能缓慢）。

（3）打开塔顶冷凝器的冷却水，调节合适冷却水量，冷凝液汇集在回流罐中，有一定液位时，在组态界面启动 P102，设定回流量为 80mL/min，使整塔处于全回流状态。

（4）当塔顶温度、回流量和塔釜温度稳定后，分别取塔顶浓度 X_D 和塔釜浓度 X_W，取样用酒精计分析。

2. 部分回流

（1）在储料罐中配制一定浓度的乙醇水溶液（约 20%）。

（2）待塔全回流操作稳定时，打开进料阀，调节转子流量计至适当的流量（推荐流量为 4L/min），加热功率调整为 35%左右。

（3）控制塔顶回流量和出料量，在组态界面设定 P102 流量为 50mL/min，P103 设定流量为 20mL/min。

（4）打开塔釜残液流量计，调节至 3L/h，维持全塔物料平衡。

（5）当塔顶、塔内温度读数以及流量都稳定后即可取样。

六、操作注意事项

（1）P101 属于磁力驱动泵，不能憋压，塔内旁路阀要始终保持一定开度。

（2）P102、P103 泵后管路上的转子流量计不读数、不调节，仅用于观察有液体在回流或采出，计量通过泵与变频器来实现。

（3）在加热过程中，不要随手触摸换热器外壁、磁翻板液位计，防止烫伤。

（4）不得随意修改组态软件程序。

第十二章

化工厂安全知识

第一节　安全生产责任制度

一、本企业安全机构设置

（1）本企业设安全生产领导小组，由总经理任组长，由副总经理、生产厂长、办公室主任、车间主任等人组成。

（2）总经理为本企业安全生产第一责任人，各部门领导为本部门安全生产第一责任人。

（3）本企业设专职安全员一名。

二、总经理安全职责

（1）全面负责安全生产工作；建立、健全安全生产责任制。

（2）督促、检查安全生产工作，及时消除生产安全事故隐患。

（3）组织制定并实施生产安全事故应急救援预案。

（4）及时、如实向上级主管部门报告生产安全事故。

三、副总经理安全职责

（1）主管安全生产工作，定期听取汇报，及时解决安全生产中的重大问题。

（2）组织制定《安全生产管理制度》和《安全生产操作规程》，并组织实施。

（3）进行安全生产检查，落实重大事故隐患的整改。

（4）组织各类重大事故和特大事故的调查处理。

（5）负责制定劳动防护用品的分配和发放工作。

四、生产厂长安全职责

（1）对本企业生产安全技术问题全面负责。

(2) 负责安全技术研究工作，积极采用先进技术和安全防护装置，并落实重大事故隐患的整改。

(3) 按照“三同时”原则在组织新、改、扩建项目时做到劳动、安全、卫生设施与主体工程同时设计、同时施工、同时投入生产和使用。

(4) 参加各类重大事故的调查处理，采取有效措施防止事故重演。

五、办公室安全职责

(1) 协助制定《安全生产管理制度》，并负责检查落实到位。

(2) 负责安全生产事故的统计、分析、存档等工作。

(3) 负责对临时来企业参观学习、办事人员进行入厂安全注意事项的宣传教育工作。

(4) 协助搞好安全生产方针、政策、法规、制度等的宣传教育，提高职工的安全意识。

六、生产科安全职责

(1) 负责本企业的机械、电气、动力设备、工艺管道、通排风装置及工业建筑物等的管理，使其符合安全技术要求。

(2) 组织对起重机械、施工机具、锅炉、压力容器及安全装置、热力管道、通排风等设备的定期检查、检测工作。

(3) 负责制定和审查有关设备制造、改造、维护、检修的各项管理制度。

(4) 组织落实《安全生产管理制度》。

七、财务部门安全职责

(1) 编制、平衡生产计划时，应保证安全技术措施资金的来源，确保“三同时”的顺利实施。

(2) 监督安全技术措施、劳保用品、保健费用的开支情况，保证安全教育费用的实际需要。

(3) 负责各类事故费用的支出，并纳入经济活动分析内容。

八、车间主任安全职责

(1) 坚持“安全第一、预防为主”方针，认真贯彻执行党和国家的安全生产法律、法规、标准。

(2) 对本部门员工（包括实习、代培人员）进行安全教育，并督促本部门员工在生产中穿戴劳动保护用品，并严格按照《安全生产操作规程》和《安全生产管理制度》生产。

(3) 发生事故时，立即组织抢救，保护好现场并立即报告有关部门，负责查明事故原因和采取防范措施。

(4) 负责本部门所有生产设备、设施、工具的安全检查和保证其安全运行。

(5) 对安全生产有贡献者及事故责任者提出奖惩意见。

九、专责安全员安全职责

（1）负责做好本职范围内的安全技术工作。

（2）经常深入现场，发现事故隐患及时采取整改措施，确保安全生产。

（3）经常深入各岗位检查安全生产情况，制止违章指挥和违章作业，遇到重大险情果断采取措施并报告领导。

（4）参加本企业各类事故的调查处理，协助车间主任落实各项安全措施。

十、班组长安全职责

（1）对本班组安全生产和员工人身安全、健康负责。

（2）认真贯彻执行《安全生产管理制度》，严格执行《安全生产操作规程》。

（3）发生事故立即报告，并采取积极有效措施，制止事故扩大，组织员工分析事故原因。

（4）发现事故苗头和事故隐患及时处理和上报，对从事有明显危险或严重违反操作规程的员工有权停止操作。

十一、员工安全职责

（1）认真学习上级有关安全生产的指示、规定和安全规程，熟练掌握本岗位操作规程。

（2）上岗操作时必须按规定穿戴好劳动保护用品，正确使用和妥善保管各种防护用品。

（3）上班要集中精力搞好安全生产，平稳操作，严格遵守劳动纪律和工艺规定，认真做好各种纪录，不得串岗、脱岗，严禁在岗位上睡觉、打闹和做其他违反纪律的事情，对他人违章操作加以劝阻和制止。

（4）认真执行岗位责任制度，有权拒绝一切违章作业指令，并立即越级向上级汇报。

（5）严格执行交接班制度，发生事故时要及时抢救处理保护好现场，及时如实向领导汇报。

（6）加强巡回检查及时发现和消除事故隐患，自己不能处理的应立即报告。

（7）积极参加安全活动，提出有关安全生产的合理化建议。

第二节　安全生产管理制度

一、本企业的安全生产指包括人身、设备、设施、原辅材料、半成品、成品等，以及一切相关生产活动的安全。

二、本企业各级管理人员及各生产员工必须坚持安全第一的思想，正确处理安全与生产的关系，保证安全生产。

三、建立各级安全组织机构，配备专职安全员，实行安全生产一票否决制，各单位、部门主要负责人为安全第一责任人。

四、凡新招员工、实习生、外来参观人员，再上岗员工，调换工种或调整工艺、采用新设备和新技术的生产人员，必须事先进行安全培训，未经培训或培训不合格不准进入生产作业区。

五、抓好特殊工种的专业教育和培训，对电焊、气焊、气割、压力容器、酸氨管理等工种的操作人员，要进行专业培训，经考核合格，持证上岗。

六、各工作场地应有固定的宣传标语和操作规程标牌，各种危险品存放必须有明显的警示标志。

七、对安全生产的检查主要采取自检、互检和专业检查的方式，采取相应措施，消除安全隐患。

八、专兼职安全员每天对自己管辖范围认真检查，发现问题及时上报并提出整改意见，紧急情况应事先采取措施再进行汇报，对违章作业有勒令整改权力。

九、班组长必须对当班生产现场进行全面安全检查、监督，发现有问题必须采取处理措施，对违章作业应坚决制止，本班未解决的安全问题应向下班做好交接班后方可离岗。

十、各车间主任除亲自检查本车间的安全生产外，还须督促安全员和各班长做好安全检查工作，及时处理安全隐患。

十一、各生产员工在生产过程中必须坚持安全生产，保证生产设备及人身安全，严禁酒后上班、野蛮施工、违章操作以及使用不符合安全要求的生产工具工作。

十二、各生产员工在工作时间严禁穿拖鞋、打赤脚以及穿戴不符合安全要求的服装配饰等上班，工作时间必须穿戴好劳动保护用品。

十三、对新建设施，必须经全面检查，并有一整套安全规程及验收合格后方可投入使用。

十四、严禁在禁火区生火、吸烟，有毒区吸烟、高压危险区戏闹等容易引发安全事故的情况发生。

十五、发生安全事故必须以“三不放过”的原则进行认真分析，并严肃处理，对于违章指挥和违章操作造成安全事故的，必须追究责任，触犯刑法的，送交司法机关依法惩处。

十六、发生事故必须按规定进行逐级上报，凡隐瞒不报，或虚报、假报，按照工厂有关管理规定进行严肃处理。

十七、本企业的安全事故分类：

(1) 一般事故：直接经济损失在1000元（含1000元）以下，且不影响生产正常。

(2) 重大事故：直接经济损失在1000～10000元（含10000元）或因此影响正常生产。

(3) 特大事故：直接经济损失在10000元以上，或因此造成停产或人员重大伤亡。

十八、发生重、特大事故时，各级领导应迅速组织人员进行抢险救护，防止事故扩大。如果玩忽职守，造成事故扩大或人员重大伤亡，将对安全责任人加重处罚，直至送交司法机关追究刑事责任。

十九、制定安全生产奖罚制度，采取各种形式大力宣传教育，严肃处理各种违反安全操作规程的行为。

第三节　危险化学物品管理制度

一、为了加强对危险化学物品的安全管理，保证我厂生产的顺利进行，保障员工生命、财产安全，保护环境，根据国务院《危险化学品安全管理条例》的规定，并结合我厂具体情况，特制定本制度。

二、危险化学物品的管理范围包括爆炸品、压缩气体和液化气体、易燃液体、易燃固体、自燃物品和遇湿易燃物品、氧化剂和有机过氧化物、有毒品和腐蚀品、放射性同位素物品等。

三、使用危险化学品和处置废弃危险化学品的部门，其主要负责人必须保证本部门危险化学品的安全管理符合有关法律、法规、规章的规定和国家标准的要求，并对本部门危险化学品的安全负责。

四、危险化学物品的管理

（1）各车间主任对本车间的危险化学物品的使用安全负直接责任。

（2）从事与危险化学物品有关操作的员工应接受安全技术培训，熟悉本岗位的操作规程，考核合格后才能上岗，在实验和生产场所使用危险化学物品的部门，应配备专职或兼职的安全员，安全员应熟悉危险化学物品的安全管理知识。

（3）危险化学物品，必须指定工作认真负责并具备一定保管知识的人负责管理，要有两人管理、两人使用、两人运输、两人保管和两把锁为核心的安全管理制度。

（4）危险化学物品必须由专人领用，并严格做好详细的领料、使用记录。要采取必要的劳动保护与安全措施，对危险化学物品及存放地点，要经常检查，及时排除安全隐患，防止因变质分解造成自燃、爆炸、泄漏等事故发生。

（5）压力气瓶的使用

① 使用部门必须有专人负责气瓶的安全工作，定期对使用人员进行技术安全教育。

② 使用部门不得擅自更改气瓶的钢印和颜色标记。

③ 气瓶的放置地点，不得靠近热源，应距明火10米以外。易燃气体气瓶和助燃气体气瓶不得放在一起，放置地点须由实验室与保卫处和设备处及有关部门审批。易燃气体及有毒气体气瓶，必须安放在室外规范安全的地方，盛装易起聚合反应或分解反应气体的气瓶，应避开放射性物品的放射源。

④ 气瓶竖直放置时，应采取防止倾倒措施。

⑤ 气瓶使用前应进行安全状况检查，对盛装气体进行确认。

⑥ 在可能造成回流的使用场合，使用设备上必须配置防止倒灌的装置，如单向阀、止回阀、缓冲罐等。

⑦ 严禁敲击、碰撞压力气瓶，严禁在气瓶上进行电弧焊引弧，不得进行挖补、焊接修理。

⑧ 压力气瓶夏季防止暴晒，严禁用温度超过40℃的热源对气瓶加热。

⑨ 气瓶内气体不得用尽，必须留有剩余压力，永久气体的剩余压力，应不小于0.05MPa，液化气体气瓶应留有不少于0.5%～1.0%规定充装量的剩余气体。

五、危险化学物品的仓库管理

（1）应当根据危险化学品的种类、特性，在库房等作业场所设置相应的监测、通风、防晒、调温、防火、灭火、防爆、泄压、防毒、消毒、中和、防潮、防雷、防静电、防腐、防渗漏、防护围堤或者隔离操作等安全设施、设备，并按照国家标准和国家有关规定进行维护、保养，保证符合安全运行要求。

（2）危险化学物品必须储存在专用仓库、专用场地或者专用储存室内，储存方式、方法与储存数量必须符合国家标准，并有专人管理。危险化学品出入库，必须进行核查登记，库存危险化学物品应当定期检查。

（3）危险化学物品专用仓库应当符合安全、消防的要求，设置明显标志，危险化学物品专用仓库的储存设备和安全设施应当定期监测。

六、废弃危险化学物品的处理

（1）各部门必须有专人负责废弃危险化学物品的处理工作。

（2）由厂部有关责任部门负责组织全厂废弃危险化学物品的集中处理工作，监督、检查各使用部门的管理情况。

（3）处置废弃危险化学品，一定要依照固体废物污染环境防治法和国家有关规定执行，不得随意排放，污染环境。

七、奖励与惩罚

（1）全厂设安全奖 30 元/月，对于严格遵守危险化学物品的管理规定、保障安全的单位和个人予以奖励和表彰。

（2）对于违反危险化学物品管理规定造成事故的，罚款 50～200 元，构成犯罪的移送司法机关依法追究其刑事责任。

第四节　化验室安全管理制度

一、化验员必须熟悉本化验室业务，工作态度严肃认真，严禁违章操作。

二、严禁闲杂人员进入化验室。

三、盛放药品的试剂瓶，应贴好标签。

四、进行加热或易爆操作时，操作者不得离开现场。

五、严禁药品入口，不在化验室煮、吃东西。

六、有毒和有强烈刺激性气体放出的操作应在通风橱内进行。

七、有毒废液应收集在一起，统一处理。

八、过期、废弃的药品、仪器、药品瓶等必须统一回收，统一处理，不得任意丢弃。

九、经常检查室内电器设备绝缘是否良好，仪器是否妥善接地，发现异常及时处理或汇报。

十、保管好所用设备、仪器、药品和化学试剂，防止私人擅自拿走或遗失。

十一、工作人员离开化验室时应关门、关水、拔下电源开关，灭火种及做好其他安全工作。

十二、处罚规定

（1）闲杂人员在化验室闲聊、取暖、逗留等，当班化验员罚款 10～50 元。

（2）在化验室煮、吃东西等，对当班化验员罚款 20～50 元。

（3）因管理不到位，造成化验室药品、仪器、设备等丢失、损坏，照价赔偿。

（4）违反以上其他规定，罚款 5～100 元，造成严重后果的另行从严处理。

第五节　二氧化硒管理制度

一、二氧化硒属危险化学物品，为保证安全生产，根据《危险化学物品安全管理条例》制定本管理制度。

二、二氧化硒必须存放在专门的仓库，仓库必须具备防盗、防潮、防渗漏、防腐蚀、通风等国家有关规定的条件。

三、二氧化硒存放处必须有明显的“剧毒，危险!”的警示牌。

四、二氧化硒仓库必须有两把钥匙，两人管理，只有在两个管理人员都在场的情况下才能发放二氧化硒，并由两人签字。

五、根据二氧化硒在本企业的用途，只能由专人领取，并立即使用。由安全员监督二氧化硒的使用。

六、二氧化硒的入库和出库都必须有明细账和台账。

七、二氧化硒包装桶必须回收，谁领用谁回收到仓库。

八、生产科应经常检查二氧化硒仓库的安全情况，以及二氧化硒的使用情况，发现事故隐患应立即处理。

九、二氧化硒属危险化学品，如出现事故，立即按《危险化学品事故应急救援预案》处理。

十、对违反本制度的人员按本企业有关规定处罚，造成严重后果的，将追究其刑事责任。

第六节　硫酸管理制度

一、理化性质

浓硫酸是一种无色无味的油状液体。常用的浓硫酸中 H_2SO_4 的质量分数为 98.3%，其密度为 1.84g/cm^3。水解时放出大量的热，因此浓硫酸稀释时应该“酸入水，沿器壁，慢慢倒，不断搅”。

二、操作与储存

密闭操作，注意通风。操作尽可能机械化、自动化。操作人员必须经过专门培训，严格遵守操作规程。操作人员应戴橡胶耐酸碱手套。远离火种、热源，工作场所严禁吸烟。远离易燃、可燃物。防止蒸气泄漏到工作场所空气中。避免与还原剂、碱类、碱金属接触。

搬运时要轻装轻卸，防止包装及容器损坏。配备相应品种和数量的消防器材及泄漏应急处理设备。倒空的容器可能残留有害物。稀释或制备溶液时，应把酸加入水中，避免沸腾和飞溅。

储存于阴凉、通风的库房。库温不超过35℃，相对湿度不超过85%。保持容器密封。应与易（可）燃物、还原剂、碱类、碱金属、食用化学品分开存放，切忌混储。储区应备有泄漏应急处理设备和合适的收容材料。

三、泄漏应急处理

应急处理人员戴自给正压式呼吸器，穿防酸碱工作服。不要直接接触泄漏物，尽可能切断泄漏源。防止流入下水道、排洪沟等限制性空间。小量泄漏用沙土、干燥石灰或苏打灰混合；也可以用大量水冲洗，洗水稀释后放入废水系统。大量泄漏时构筑围堤或挖坑收容；用泵转移至槽车或专用收集器内，回收或运至废物处理场所处置。

四、消防措施

遇水大量放热，可发生沸溅。与易燃物（如苯）和可燃物（如糖、纤维素等）接触会发生剧烈反应，甚至引起燃烧。遇电石、高氯酸盐、雷酸盐、硝酸盐、苦味酸盐、金属粉末等猛烈反应，发生爆炸或燃烧。有强烈的腐蚀性和吸水性。

五、急救措施

皮肤接触：立即脱去污染的衣着，用大量流动清水冲洗至少15分钟，然后涂抹碳酸氢钠。就医。

眼睛接触：立即提起眼睑，用大量流动清水或生理盐水彻底冲洗至少15分钟。就医。

吸入：迅速脱离现场至空气新鲜处。保持呼吸道通畅。如呼吸困难，给输氧。如呼吸停止，立即进行人工呼吸。就医。

食入：用水漱口，给饮牛奶或蛋清。就医。

第七节　液氨管理制度

一、理化特征

氨（NH_3）无色，常态下为刺激辛辣味的恶臭性气体。分子量17.03，1%水溶液pH值为11.7，沸点为−33.33℃，溶点−77.7℃。

液氨纯度≥99.8%，易燃、易爆、有毒、有腐蚀性、易溶于水。属高危（JV）化学品。可引起动植物、鱼类死亡。大气中最高允许含量为$30mg/m^3$。

二、操作与储存

操作中要做好设备的防跑、冒、滴、漏工作，严禁超温、超压。作业场所应通风良好，操作人员应在上岗前接受安全培训并取得有关合格证件。作业人员应佩戴护眼镜和防碱手套，操作过程必须严格按照操作规程进行。

液氨储存设施容器的安全附件（压力表、液位计、安全阀、紧急泄压装置）应齐全完好，储存容器应做好防晒、防火、防高温工作，液氨储存区应有明显标志及护栏。现场应配备应急用水设施及水源，附近应配备防毒面具等应急配件。

液氨储存压力≤1.6MPa，储存量≤85%（体积分数）。

三、泄漏应急处理

当发现有液氨泄漏时，应立即查明原因和部位。如果是阀门、法兰处少量泄漏时，可关死阀门或拧紧法兰；如大量泄漏又不能及时将泄漏问题解决时，应立即向当地公安消防部门报警（报警电话：119）。如果是槽车应将槽车立即开离人口密集地及重要设施场所。在有条件的情况下，应向泄漏点（处）喷射雾状水，以减少大气中氨的含量。应急救援人员和民众应位于污染区上风方向或向污染区侧上风方向转移。

四、消防措施

危险特征：与空气混合能形成爆炸性气体，易燃烧。

灭火介质：雾状水、干粉灭火器、二氧化碳灭火器、酸碱灭火器、卤代烷灭火器。

灭火方法：首先应切断氨的来源，再用灭火剂进行灭火。

五、急救措施

皮肤接触后，应立即用大量清水冲洗。眼睛接触应将眼睑拉开，用大量清水冲洗眼内。吸进氨气后，应立即离开氨气污染区，到空气新鲜的地带进行自然呼吸。严重者要进行医治诊疗。中毒休克人员，严禁对其施行人工呼吸。

第八节　液氨卸车操作规程

一、装有液氨车来厂后开至卸车位置熄火。

二、装好接地线。

三、接好液相线、气相线。

四、开启储罐液相线有关阀门（两罐并联卸车）。

五、关闭储氨罐气相线与制备氨水吸收槽气相线相连。

六、开启气相线有关阀门，氨水制备装置运行。

七、卸车时必须两人进行，押运员负责汽车方的安全，本厂安全员负责储氨罐方安全。

八、缓慢开启槽车液相阀门并检查有无泄漏情况，液氨靠罐与槽车气相压差，将液氨卸至储罐。

九、卸车过程中，不断检查各管线阀门有无泄漏情况，发现有泄漏及时关闭车液相阀。

十、待槽车液相卸净后，先关闭液相阀，再关闭罐液相阀。开槽车气相阀同时制备氨水，将槽车气相压力降至0.5MPa，关闭气相阀。而后解开槽车液相、气相相连接管线。

十一、解开槽车接地线，车开出卸车位。

十二、观察罐液位，核对槽车卸车量与罐位是否相符，并填好记录。

十三、操作人员填好卸车记录并签字。

第九节　起重机操作规程

一、起重机操作、维修、指挥作业人员必须经过培训考试，取得特种设备质量技术监督部门颁发的资格证才能上岗作业；起重机须报特种设备质量安全检验部门检验合格，取得安全检验合格证到州锅特科注册登记后，才能投入正式使用。

二、工作前应对起重机的主要部件及各个安全装置进行仔细检查，确认安全可靠方可进行工作。

三、开车前，必须鸣铃或报警，操作中吊钩或重物接近其他人员时，也应给以继续铃声或报警。

四、操作应按指挥信号进行，对紧急停车信号，不论何人发出，都应立即执行。

五、闭合主电源前或工作中突然断电时，应使所有的控制器手柄置于零位。

六、在起重机运行过程中有不正常现象时应将货物安全降落，并且立即停车检查，排除故障。

七、司机进行维修保养时，应切断主电源并挂上标志牌或加锁采取安全措施。

八、在起重机停止工作时，应将重物卸下，不得将重物悬在空中。

九、在露天工作的有轨起重机，当工作结束时，应将起重机锚定；旋转类起重机，臂杆的最大仰角不得超过规定值；露天作业和升降机，应在安全可靠的位置操作。

十、严格遵守交接班制度。

第十节　防汛抢险应急预案

一、应急指挥体系及职责

(1) 化工厂防汛指挥部由总经理任防汛应急指挥部总指挥长，副总经理、办公室主任、生产厂长，各车间、班组负责人为成员。

(2) 指挥部负责决策、领导和指挥防汛的应急准备和响应，生产恢复、灾后处置工作以及总结表彰和责任追究。

(3) 各车间、班组组织各单位的防汛指挥应急处理，负责各区域的防汛工作具体事务。

二、值班人员职责

(1) 值班期间对全厂开展防汛检查工作，坚守工作岗位，不得擅离职守。

(2) 当班人员要做好防汛值班记录，内容包括：检查情况、气候变化、防汛抢险情况等。

(3) 认真对厂区内的厂房、仓库、宿舍、门窗、下水道、堡坎，水、电、气设备和通信设施及其他生产、生活设施进行全面检查，对隐患及时整改和报告。

(4) 遇险情出现，必须立即逐级报告相关人员、部门，并迅速组织实施防汛抢险工作。

三、防汛重点

(1) 各区重点防雷击、防突发性停电、厂房屋顶防漏、下水管道防堵；厂房周围明、暗排水沟防堵。

(2) 生产车间处于低洼地带，要注意山洪下来后的泄洪能力，观察山上泥石流下滑情况。

(3) 特别注意场址周围的雨污分流沟渠是否畅通。

(4) 各单位注意雷暴雨来临前的大风危害，做好相关物资的收储工作。

四、应急措施

(1) 相关单位防汛第一责任人进入生产区域，现场指挥救灾、控制险情。

(2) 在抗洪救灾过程中始终坚持“以人为本，财物次之”的原则，对可能出现的危险及时告之相关职工和群众，现场指挥过程中应尽量将损失减少到最小。

(3) 当出现泄洪不畅在保证人身安全的前提下，采取各种办法疏通沟渠。

(4) 当灾害危及设备安全时，下达停产通知。做好设备的断电、转移、防损毁等措施。

(5) 出现威胁人员安全的情况时应及时组织群众疏散，保证人身安全。

(6) 出现受伤人员应积极抢救。必要时向120、119求救。

五、汛后处理

(1) 汛情过后，各区域要组织人员对所辖区域的生产、生活设备设施进行全面检查，并将受损物资整理存放在现场。

(2) 全面清查受灾损失情况，并做好书面记录。

(3) 积极进行灾后重建工作，尽快恢复生产。

第十一节　危险化学品事故应急救援预案

一、预防措施

（1）保障库房内通风良好，室内温度控制在15～40℃以内。

（2）容器接地。

（3）远离热源、火花及明火。

（4）做好防潮措施。

（5）做好隔离措施，悬挂警示牌。

二、应急措施

（1）如发现危险化学品被盗，应立即报案（电话：110），并保护好案发现场，然后报告相关部门及领导。

（2）如发生火灾，应第一时间向消防队求救（电话：119），然后报告相关部门和领导。

（3）用雾化水喷洒现场，降低温度。

（4）救灾人员必须佩戴正压式全面型自挡式呼吸防护具，不得穿着化纤面料服装。

（5）发生燃烧时，只能采用干粉灭火器、干沙土或抗溶性泡沫进行灭火作业。

（6）明火熄灭后及时清理现场泄漏物，防止复燃。

（7）有人员受伤应立即采取现场救助。

三、泄漏处理

（1）小量泄漏时可采用大量的水对泄漏物进行稀释后放入废水系统。

（2）大量泄漏时必须采用沙土或混凝土对泄漏物进行围堵，将泄漏物集中收集后统一进行处理。

（3）如人员身体沾染泄漏物时，应采用大量水进行冲洗，防止引起人员皮肤烧伤。

四、化学中毒救治

（1）将患者移离中毒现场，至空气新鲜的场所给予吸氧，脱除污染的衣物，用流动清水及时冲洗皮肤，对于可能引起化学性烧伤或能经皮肤吸收中毒的毒物更要充分冲洗，时间一般不少于20分钟，并考虑选择适当的中和剂中和处理；眼睛有毒物溅入或引起灼伤时要优先迅速冲洗。

（2）保持呼吸道畅通，防止梗阻。密切观察患者的意识、瞳孔、血压、呼吸、脉搏等生命体征，发现异常立即处理。

（3）中止毒物的继续吸收。皮肤污染冲洗不够时要继续冲洗或中和。经口中毒，毒物为非腐蚀性，立即用催吐或洗胃以及导泻的办法使毒物尽快排出体外。但腐蚀性毒物中毒时，一般不提倡用催吐与洗胃的方法。

(4) 尽快排出或中和已吸收入体内的毒物，解除或对抗毒物毒性。通过输液、利尿、加快代谢，用排毒剂和解毒剂清除已吸入人体内的毒物。

(5) 对症治疗，支持治疗。保护重要器官功能，维持酸碱平衡，防止水电解质紊乱，防止继发感染以及并发症和后遗症。

(6) 及时拨打 120 求救。

第十二节　液氨泄漏应急预案

一、液氨泄漏的现象

液氨泄漏时，从泄漏处冒出大量的烟雾，周围环境有强烈的刺激性气味；泄漏处的设备、管线发冷，严重结冻。

二、液氨泄漏的原因

(1) 液氨储罐破损。
(2) 液氨储罐的出口阀门密封不严泄漏。
(3) 连接管道破损泄漏。
(4) 各接头及压力表的安装处密封不严泄漏。
(5) 卸车时连接软管破裂或密封不严泄漏。

三、液氨泄漏的处置措施

(1) 疏散人员至上风口处，并隔离至气体散尽或将泄漏控制住。
(2) 切断火源，必要时切断污染区内的电源。
(3) 开启水管并进行喷淋。
(4) 应急人员佩戴好液氨专用防毒面具及手套进入现场检查原因。
(5) 采取对策以切断气源，或将管路中的残余部分经稀释后由泄放管路排尽。
(6) 在泄漏区严禁使用产生火花的工具和机动车辆，严重时还应禁止使用通信工具。
(7) 参与抢救的人员应戴防护手套和液氨专用防毒面具。
(8) 逃生人员应逆风逃生，并用湿毛巾、口罩或衣物置于口鼻处。
(9) 中毒人员应立即送往通风处，进行紧急抢救。

四、液氨储罐泄漏处理

(1) 液氨储罐的处理：液氨储罐的出口阀门泄漏可能的原因为阀门处的填料阀门泄漏。

处理方法是戴好防护面具及手套用消防水进行掩护将出口处的阀门关死，如果仍然泄漏就需一直保持喷水，直到泄漏完毕。

（2）连接管路泄漏处理：对从液氨储罐之后的泄漏，必须先关死液氨储罐的出口阀门，再进行连接处泄漏的处理，如果仍然泄漏就需用消防水进行长期喷水。

五、急救措施

（1）将患者移到新鲜空气处。

（2）呼叫 120 或者其他急救医疗服务中心。

（3）如果停止呼吸应施行人工呼吸。

（4）如果出现呼吸困难要进行吸氧。

（5）移去并隔离被污染的衣服和鞋子。

（6）皮肤或眼睛不慎接触到该物质要立即用清水进行冲洗至少 20 分钟。

（7）保持患者温暖和安静。

（8）密切观察患者病情。

（9）接触或吸入本品可能发生迟发性反应。

（10）如果患者吸入或食入本类物质，请不要施行口对口人工呼吸。如果需做人工呼吸，要戴单向阀袖珍式面罩或使用其他合适的医用呼吸进行。

（11）确保医护人员知道事故的隐患中涉及的有关物质，并采取自我防护措施。

第十三节　伤害类事故应急救援预案

一、止血

当一个人受伤时，尤其是动脉血管受到伤害时，会造成大量的出血，大出血使伤员迅速丧失了有效的血容量，出现失血性休克，危及伤员的生命。因此，在事故发生时要学会识别出血的类型，及时阻止血液外流。

1. 出血的特征

（1）动脉出血的特征：出血量大而快，常见到鲜红色的血液从伤口喷射而出，并随脉搏跳动频率而不断射出。

（2）静脉出血的特征：出血量比较小，多为暗红色的血液从伤口处涌出。

2. 止血的方法

（1）伤口较小时，应用压迫止血法止血，如是四肢出血应尽量抬高出血部位，以减少局部组织的血流量。

（2）直接压迫法，出血量较大时，应用干净毛巾等柔软物用力地按压在出血部位；不要经常移开观察止血效果，以免影响血小板的凝血止血效果。

（3）指压法，发现伤员大量出血时，立即果断地用手指沿着出血血管的走向，在近心端以手指压到此部位的骨骼上。如手指出血，则在手指的两侧压迫动脉即可止血；如手掌出血，则用拇指和食指分别压迫手腕横纹稍上的内侧（此处各有一搏动点，即尺动脉和桡动脉）即可。

（4）加压包扎法，此法对小血管和毛细血管的出血最有效，适用于四肢和头皮出血的急救。用干净的纱布或衣料盖住伤口，再用绷带或领带压包扎，如果身边没有消毒布，可撕下衬衣的一只袖子，并用火（如打火机或火柴的火）进行简单的火焰消毒，在准备贴附伤口的那一面迅速移动烘烤30秒左右，迅速将衬衣布敷在伤口上，并加压包扎好。此法不易造成并发症，颈部大血管出血，可用对侧上肢做支架加压包扎止血。

（5）止血带法，此法仅适用于四肢大动脉出血，常用充气止血带和橡皮管止血带，也可用橡皮管、布带、绳索、三角巾或毛巾等代替止血带，其宽幅最好超过5cm，在患肢伤口近心端绑扎，绑前先包一层布或单衣，以免皮肤、肌肉及神经被勒伤。如伤口仍在出血未止说明血带太松；但止血带也不可过紧，以免局部组织缺血而发生坏死，松紧程度以最松而又能止血为好。放松止血带时，应慢慢地松开，并用手指紧压伤口，以减少出血；如果上止血带时间过长（超过5小时）会引起肌肉坏死，发生“止血带休克”等现象，切不可用各种电线或铁丝来代替止血带。

（6）药物止血法，可用凝血酶、云南白药或止血粉进行外敷止血；或适量口服三七片、云南白药及白茅根煎剂等。

（7）如伤员有明确的外伤（如坠落或遇车祸等），而无明显体表流血现象，应考虑有体内脏器破裂出血的可能，要迅速将受伤人送到附近医院进行全面检查，及早地进行手术止血。

二、伤口包扎

受外伤的伤员经过止血后，要立即用纱布、绷带或干净的毛巾等对伤员的局部伤口迅速进行覆盖和包扎。现场的包扎可以起到压迫止血、减少感染、保护伤口、减轻疼痛等作用，防止进一步损害和避免伤口污染。

（一）伤口包扎的原则

（1）洁：尽可能地注意无菌操作原则，减少伤口感染的机会。

（2）快：包扎动作迅速敏捷，尽量减少出血。

（3）轻：包扎动作轻巧，打结要避开伤口和关节部位，以减少疼痛。

（4）准：包扎部位要准确，伤口要全部覆盖，范围要超过伤口边缘5～10cm。

（5）牢：包扎要牢靠，既要松紧合适，又要避免绷带滑脱。

（二）伤口包扎的方法

包扎的材料是纱布绷带和三角巾，可用一块正方形棉布，对角折叠成三角形，剪开即成为两块三角巾；如果紧急情况下也可以用干净的衣服、床单、毛巾或头巾等来代替。绷带包扎的基本方法如下。

（1）环绕法：适用于额部、腕部及腰部受伤。

（2）螺旋法：适用于四肢和躯干伤。

(3)“8”字法：适用于关节伤。

(4)蛇形法：适用于固定敷料和夹板等，虽与螺旋法相似，但每圈互不覆盖。包扎时，如遇内脏器官和骨折断端的外露，不要随便还纳，应将露出的组织包好或用搪瓷碗盖好后再包扎。

三、骨折固定

骨折是一种比较多见的创伤，如果伤员的受伤部位出现剧烈的疼痛、肿胀、变形以及不能活动等现象时，就有可能是发生了骨折。这时候，必须利用一切可以利用的条件，迅速、及时而准确地给伤员进行临时固定。发生骨折时如果骨折不固定就可能出现两种危害：一是剧烈疼痛引起疼痛性休克，二是可能进一步加重伤害。因此，在发现伤员有骨折时，应作简易、可靠的固定。骨折伤肢的固定可以减少伤员的疼痛，避免由于骨折端的活动损伤血管和神经，减少出血和感染的机会，便于伤员的运输。

（一）骨折固定的基本原则

(1)伴有出血和伤口的伤员，固定前要先止血、包扎好伤口防止继续出血，如果受伤人员已休克，应先处理休克。

(2)夹板与肢体之间要用纱布或衣服垫好，空隙地方要填紧，夹板长度要合适，长度须超过骨折部位的上下二个关节。

(3)露出伤口的骨片，不要放回伤口，以免把污染带入伤口深部。也不要任意拨出或拿掉，留待医院处理。

(4)固定时，先固定伤口或骨折处的两边，再固定上下两关节部位。

(5)四肢固定要露出手指头（脚指头），以便观察，如发现手指头（脚指头）麻木、疼痛、发冷、苍白或紫绀等，说明包扎过紧，应松开一点，再重新固定。

(6)固定后伤肢要注意保暖（可用暖水袋、棉被等），禁止乱搬动。

（二）骨折固定的方法

(1)锁骨骨折固定：以“8”字形绷带包扎法固定最好。固定时双肩尽量向后，两侧腋窝处垫一些棉垫或其他代用品。用宽绷带或布巾从患肩前经背到对侧腋下，再从肩经背返回患侧腋下，然后再绕过患侧肩部经背部到对侧腋下。如此反复5～7次，最后拉紧，结牢绷带。

(2)肱骨骨折固定：用合适的夹板或代替品，置于伤肢外侧，如有条件内侧同时放一块更好。用折叠或带状的三角巾固定骨折的上、下两端，再用三角巾将手臂吊起，最后用三角巾把伤肢绑在躯干上加以固定。

(3)前臂骨折固定：将伤员前臂的掌侧和背侧各放一块夹板，用三角巾绑扎固定，然后用三角巾将伤肢悬吊在胸前。

(4)股骨骨折固定：要求夹板长度从腋下、腰部直到足跟。将其置于伤腿外侧（如外侧不便也可放在下面），分别于骨折上下端、腰部、臀部、膝下、足跟等处用布带或三角巾绑扎固定。

(5)小腿骨折固定：要求夹板长度从大腿中部直到足跟。将其置于伤腿外侧（也可下面)，分别于骨折上下端、膝上、膝下、足跟等处用布带或三角巾固定。注意足跟部用“8”字形包扎固定。

(6) 骨盆骨折固定：伤员仰卧于硬板床上，用宽布或三角巾兜住臀部，围绕下腹部、会阴部扎紧固定。再在伤员膝下垫枕或衣物使膝半屈，并将两大腿用布带扎住以防外旋。初步固定后即可转送医院。

(7) 肋骨骨折固定：让伤员端坐或侧卧，先做深呼气后屏住气，而后用宽 7～8 厘米的胶布条，从未受伤的一侧背部（肩胛骨线）贴起，经过伤侧，由后至前，边拉紧边粘贴至未受伤一侧胸部（锁骨中线）；再用同样方法依次自下而上粘贴，上、下胶布重叠 2～3 厘米。如无胶布也可用较大的膏药粘贴骨折局部，也可用绷带、三角巾等加压包扎固定。

(8) 脊柱骨折固定：脊柱骨折一般伤势都较严重，关键是要安全转送，防止脊柱弯曲，加重椎骨和脊髓损伤，造成伤员截瘫或死亡等。

(9) 断肢处理：在事故中因不慎被机器或设备碾压或切割造成断肢（手指或足趾）时，应用干净的止血布等包好受伤部位，将伤员和断肢（手指或足趾）立即送到医院。注意：断肢不能涂各种药物，不能浸泡在任何溶液里保存。

四、伤员转送

（一）伤员转送的原则

(1) 对危及伤员生命的紧急情况，如心跳呼吸停止、大出血等，必须进行有效的现场抢救后才能转送，否则就有可能在转送过程中造成死亡，或加重伤害程度。

(2) 对其他紧急情况，如开放性伤口、严重骨折等，也应视情况采取必要的救护措施后再转送。

(3) 在转送中不能停止对伤员的抢救，如在救护车中继续进行心脏按压、人工呼吸、止血和静脉输液等。

(4) 在转送中要密切注意伤员情况，如出现危及伤员生命的紧急情况应立即采取措施进行抢救。

(5) 转送过程既要快速又要平稳，尽量避免加重伤员的痛苦和损伤。

(6) 转送时应随带伤员伤情及其处理情况的简要纪录。

(7) 对伤员的离体组织（如手、脚趾、头皮等）不要轻易抛弃，要妥善保管，随伤员一道转送医院。

（二）伤员转送方法

(1) 徒手搬运法。如果受伤人伤势不重，可采用背、抱、扶的方法将伤员运走。

① 用双人拉车靠背椅作临时担架转送伤员。救护人员一人在前，反手紧抱伤员的腋窝，另一人在后，分别用手托起伤员的腋窝，进行转送。

② 单人背法徒手转送伤员。背法：救护人员把伤员放置于背上的转送方法。

③ 单人抱法徒手转送伤员。抱法：救护人员一手放置于伤员腋下，另一手放置于双腿下，把伤员抱起的转送方法。

（2）担架转送法。如果受伤人伤势较重，有大腿或脊柱骨折、大出血或休克等情况时，就不能用以上方法进行转送伤员，一定要把伤员小心地放在担架或木板上抬送。把伤员放置在担架上转送，动作要平稳。上下坡或楼梯时，担架要保持平衡，不能一头高，一头低。伤员应头在后，这样便于观察伤员情况。在事故现场没有担架时，可用椅子、长凳、衣服、竹子、绳子、被单、门板等制成简易担架使用。对于脊柱骨折的伤员，一定要用硬木板做的担架抬送，伤员放在担架上以后，要让他平卧，腰部垫一个衣服垫，然后用东西把伤员固定在木板上，以免在转送中滚动或跌落，否则极易造成脊柱移位或扭转，刺激血管和神经，使下肢瘫痪。

五、头部机械性伤害

（一）头皮裂伤

由尖锐物体直接作用于头皮所致。如机械加工、高空坠物等事故易造成头皮伤害。

（1）较小的头皮裂伤：可剪去伤口周围毛发，再用碘酒或酒精等消毒伤口及周围组织，再用无菌纱布或干净手帕包扎即可。

（2）较大的头皮裂伤：由于头皮血液循环丰富，因此，出血比较多，处理原则是先止血、包扎，然后迅速送往医院。止血的方法如下。

① 环形加压包扎法：由于头皮血供方向是从周围向顶部，故用绷带围绕前额、枕后，作环形加压包扎即可止血。

② 局部加压包扎法：对出血伤口局部，可用干净的纱布、手帕等加压包扎，也可直接用手指压迫伤口两侧止血。

（二）头皮血肿

多由头皮挫伤和颅骨骨折引起。较大血肿需要送医院处理，较小的血肿可按下列方法处理。

（1）头部受伤后出现时，应局部加压包扎处理，以防血肿继续扩大。

（2）头皮血肿刚出现时也可用冰袋或冷毛巾冷敷，以减少局部血液供应。

（3）头部血肿禁止按揉，以免加重出血。

（三）头皮撕脱

多见于女工长发卷入正在转动的机器里所致。一般伤害都比较重，应作紧急抢救后，迅速送医院。事故现场抢救方法如下。

（1）加压包扎止血

① 用无菌的纱布或干净的布料、毛巾覆盖创面；②用绷带从前额到枕后，加压围绕两圈固定，起到环形加压止血的作用；③从中线开始向左右两侧，做前后返折包扎。最后再从前额绕枕后包扎两圈固定。

（2）止痛：由于头皮撕脱后，疼痛剧烈，出血较多，伤员高度紧张，极易发生休克。所以应根据事故现场的条件尽快想办法止痛，如服用止痛药，打止痛针等。

（3）处理并发伤：如面部还有其他损伤时，应采取相应的救护方法。

（4）妥善处理撕脱头皮：将头皮用无菌或干净的布巾包好，放入密封的塑料袋内，再放入盛有冰块的保温瓶内，将伤员迅速送医院。

六、眼部伤害

（一）眼结膜及角膜异物

当砂轮机打磨，机械铁屑、煤屑等异物入眼内时，不要用手或手绢揉擦眼睛，应让旁人用两个指头捏住上眼皮，轻轻向前提起同时向眼内轻吹，刺激眼睛流泪将异物冲出。如果进入的异物较多，可用清水冲洗。如经上述处理，异物不能排出，尤其角膜异物，应送医院作进一步治疗。

（二）眼部创伤

眼部组织脆弱，结构复杂，受伤后一般伤情较重，需专科医生作特殊处理。即使较轻的损伤，由于组织特殊又在面部，也最好到医院请专科医生处理为妥。现场包扎方法：

（1）用无菌纱布或干净手巾、布料等覆盖伤眼。

（2）将三角巾折叠成约四指宽的带条。先斜盖在一侧伤眼上，下部从同侧耳下绕过枕后，经对侧耳上回到前额，压住另一头。

（3）将压住的一头翻下，盖住另一侧伤眼，再绕到耳旁或枕后打结。

（4）若仅一只眼睛受伤，则只覆盖伤眼。

（5）可以用三角巾面部包扎。

七、耳部伤害

（一）外耳道异物

主要常见的外耳道异物是水、小昆虫、豆粒、钢珠以及耳塞等。自救方法主要有：

（1）如外耳进水较多，可用双手抓住一固定物，然后快速来回转头，利用离心力将水甩出来，也可抓住一固定物，头偏向进水一侧，单脚起跳将水震抖出来。

（2）对残留在耳内的少量水滴或本身进水较少者，可滴少许酒精使其挥发。

（3）在翻曲现场作业时，如果耳朵里有曲药虫或小飞虫进入耳内，可用灯光照射外耳引其出来，也可向耳内吹入香烟的烟雾驱赶小虫爬出。

（4）若是自然落入耳内的非动物性异物，可将患耳向下，使异物掉下。

（5）对圆形、光滑、较硬的异物，切勿用镊子夹取，以免将异物推入更深处。

（6）经上述方法仍然不能取出异物时，应及时送医院处理。

（二）鼓膜破裂

鼓膜较薄，如耳部受外部物体打击或气压剧变（如震动）时发生破裂。破裂后的鼓膜往往出现剧烈耳痛、耳鸣、耳聋，并有少量的血液从外耳流出。救护的原则是保持干燥，防止感染。

(1) 用酒精棉签擦洗外耳道，然后用消毒干棉球轻塞外耳道口，注意不要塞紧。

(2) 禁止滴耳和洗耳，以免将病菌带入中耳。

(3) 不要擤鼻，以免病菌从咽鼓管污染鼓室。并可用麻黄素液等滴鼻，使鼻腔通畅。

(4) 可口服消炎药，预防感染。

(5) 如外耳道流血较多或流水，应警惕颅脑损伤，立即送医院治疗。

(三) 耳廓创伤

耳廓外伤伤口用无菌纱布或干净布巾覆盖并包扎，然后送医院作进一步治疗。

严重耳部创伤，多有骨折、耳内损伤，并常合并颅脑损伤。此时颅脑损伤已成为主要问题，因此应立即送医院治疗。

应注意保护耳廓，如损伤应妥善包扎，如耳廓脱落应按要求收集保存，随同伤员一同送往医院。

八、鼻部伤害

(一) 鼻出血

鼻出血是鼻腔内血管破裂所致。鼻出血在日常工作和生活中常见，引起的原因较多。发生鼻出血时，不要紧张、慌乱，以免加重出血，应按以下方法处置。

(1) 伤员坐在椅子上，用拇指和食指紧捏两侧鼻翼，压迫止血 5～10 分钟。

(2) 同时可用冰袋或冷湿毛巾冷敷伤者额部和后颈部。

(3) 如上述方法不能止血或出血量较大时，则可用鼻腔填塞方法止血。即将卷紧的纱布条（棉花条、软纸条等），轻轻塞入出血的鼻孔填紧，以求压迫止血。如还不能止血，则可加长纱条再次填塞，如能在纱条上滴几滴麻黄素液，则效果更好。

(4) 出血止住后，填塞物应在 4～12 小时后取出。

(5) 不要吞下流入口腔的鼻血，应吐在碗内或盆里，以便观察出血量。

(6) 如经上述处理仍然不能止血，或出血量过大，则应迅速送往医院作进一步治疗。

(二) 鼻腔异物

当异物初进入鼻腔内，主要表现是鼻塞、打喷嚏、流鼻涕等。当异物存留较久时，其主要表现是鼻塞、流脓涕、恶臭、头痛、头晕等。其按以下方法处理：

(1) 用麻黄素液或滴鼻净滴鼻，使鼻腔黏膜收缩。

(2) 吸一大口气，然后闭嘴并用手指堵住没有异物的鼻孔，再用力呼气，可将异物喷出。

(3) 如不能喷出，可用镊子夹取，此法对于质地柔软的异物（如纸卷、纱条等）最为适宜。

(4) 如较硬的圆形光滑的异物，则宜用弯钩自鼻前孔伸入，经异物上方伸至异物后面，然后向前钩出。

(5) 经以上方法还不能取出，则应送往医院处理。

（三）鼻部创伤

鼻部位于面部中央，紧邻颅底，系呼吸道上口，血液循环极为丰富。因此，鼻部创伤常伴有严重出血、窒息、骨折和颅脑损伤。其抢救的基本方法如下：

（1）较重的鼻部创伤，有大量的血液、凝血块、异物、碎骨片等流入咽喉部。极易阻塞呼吸道，引起窒息，尤其是伴有颅脑损伤昏迷的伤员，此时除按颅脑伤采取侧卧外，还应特别注意清除口咽部的血块等异物，保持呼吸通畅。如出血量大，可采取侧俯卧位，使口腔尽量处于低位，以利于血液顺利流出，如果伤员出现窒息，又不能缓解时，应立即送医院进行气管插管吸出血液等异物。

（2）对鼻部创伤后出血，现场可按上述鼻出血方法处置，但对较大出血往往效果不佳。因多为鼻后部出血，需专科医生处理，此时可按压颈动脉减少出血，并迅速送医院。

（3）鼻部创伤情况较危急，应迅速送医院，如有离体鼻或其他组织应一道送医院。

（4）对鼻部伤口，不论轻重，均用无菌纱布或干净布巾覆盖包扎，送医院作进一步处理。注意不要在伤口涂擦任何药品，伤口对合要整齐，以免以后影响面部美观。

九、心肺复苏

当人体受到严重的机械外伤时，伤员可能会出现心跳呼吸停止，伤员的脑细胞会受到伤害，使伤员丧失抢救存活的机会，抢救人员必须在心跳停止后5～6分钟内，进行有效的心脏按压和人工呼吸，这是抢救伤员成败的关键，因此在发现伤员出现心跳呼吸停止时，应毫不犹豫地立即采取措施进行心脏复苏。

（一）胸前叩击法

当伤员心跳停止时，首先采用胸前叩击法复苏。方法是伤员仰卧，抢救者右手握拳，拳心向上，从距胸壁上方20～30厘米高处落拳，用中等力量快速猛击胸骨中下1/3交界处。立即触摸颈动脉，听心音，如无颈动脉搏动及心音出现，则应立即进行胸外心脏按压。

注意：切忌反复进行叩击，以免延误了抢救时机。

（二）胸外心脏按压法

（1）伤员仰卧位，背后须是平整的硬地或木板以保证挤压效果。

注意：伤员不能卧于帆布担架或软床上，此时应移出或在背上垫一块木板。

（2）救护人员立于或蹲于伤员的右侧，将一手掌根放在伤员胸骨下1/3处，手指稍微抬起不与胸臂接触，另一只手掌叠加于该手背上。

（3）两臂伸直，上身前倾，依靠抢救者的体重、肘及臂有节奏地垂直按压胸骨。

注意：用力要适中，过轻按压无效，过重易造成肋骨骨折，以使胸骨下陷3～5厘米为宜。

（4）按压后迅速放松，使胸骨恢复原位，但掌根不要离开胸骨。

（5）每次按压时间与放松时间大致相等。每分钟按压60～100次。

（三）口对口人工呼吸

（1）伤员仰卧，首先清除口中的污物，取出假牙，解开衣领、腰带等。

（2）救护人员用手托起伤员的后颈，使其头部后仰打开呼吸道，使呼吸道开放。

（3）救护人员用另一只手捏住伤员的鼻孔，先深吸一口气，然后紧贴伤员口部用力吹入，使其胸部上抬。

（4）然后将捏鼻孔的手放松，脸偏向一侧，让伤员胸部及肺部自然回缩将气排出。

（5）每5秒吹气一次，即五次心脏按压后进行一次口对口人工呼吸。

（四）胸外心脏按压与口对口人工呼吸同时进行

（1）抢救时最好是两个人，一人做胸外心脏按压，另一人做口对口人工呼吸。两人可记数配合，每按压五次，人工呼吸一次。

注意：要在停止按压的瞬间立即吹气。

（2）如果现场只有一人，则可按压十五次心脏后，连续做两次口对口人工呼吸。

注意：两次吹气应在5～6秒内完成，以免心脏按压停止过久。

（五）心肺复苏有效的指标

可用下列指标来判断心肺复苏是否有效，如有效则应继续进行抢救，直到伤员出现较稳定的自主心跳呼吸为止，如无效则应寻找原因，并坚持抢救直到医务人员赶到或伤者确实死亡。心肺复苏的有效表现：

（1）口唇、指甲渐渐转红。

（2）可摸到颈动脉或股动脉搏跳动。

（3）可测到血压。

（4）瞳孔由大逐渐缩小。

（5）逐渐恢复自主呼吸。

（6）出现自主心跳。

（7）神志逐渐恢复。

十、机械伤害

（一）机械伤害的常见原因

机械伤害又称机械性损伤或机械性创伤。机械性伤害是机械操作或加工过程中，各种以机械力的方式直接对人体造成的伤害。在生产过程中机械性伤害占有相当大的比例，机械伤害包括以下内容：

（1）机器工具伤害。辗压、碰撞、切割、戳伤等。

（2）起重伤害。包括行车设备、电梯设备、叉车、提升机、电动葫芦运行过程中所造成的伤害。

（3）车辆伤害。包括挤、压、撞、倾翻等。

（4）物体打击伤害。包括落物、锤击、碎裂、砸伤、崩块等。

（5）刺割伤害。机器工具、尖刀物划破、扎破、刀切等。

（6）倒塌伤害。堆置物、建筑物倒塌、高空坠落等。

（二）机械伤害的主要症状

机械性伤害常常是意外的、突出性的，可对人体造成各种不同程度的伤害，甚至生命安全。主要表现有以下几个方面：

(1) 伤口，局部组织的完整性被破坏，包括局部组织器官的毁损脱离。

(2) 出血，包括内出血、外出血。

(3) 骨折，包括脱位，其中有闭合性和开放性。

(4) 休克，由于失血或疼痛等原因造成。

(5) 心跳、呼吸停止，由于严重损伤引起，如不及时抢救则可能造成死亡。

(6) 其他严重的损害，如内脏破裂、气胸、脑及脊髓损伤等。

（三）机械伤害的现场急救

发生机械伤害时，首先应关停机器。如果发生断手、断指等严重情况时，对伤者伤口要进行包扎止血、止痛，进行半握拳状的功能固定。对断手、断指应用消毒或清洁敷料包好，将包好的断手、断指放在无泄漏的塑料袋内，扎紧袋口，在袋周围放上冰块或用冰棍代替，速将伤者送医院进行抢救。

注意：忌将断指浸入酒精等消毒液中，以防细胞变质。

十一、触电伤害

触电事故是由电流的能量造成的，是电流对人体的伤害。电流对人体的伤害可分为电击和电伤。电击是电流通过人体内部，破坏心脏、神经系统、肺部的正常功能而造成的伤害。由于人体触及带电的导线、漏电设备的外壳或其他带电体，以及由于雷击或电容器放电，都可能导致电击。触及正常带电体的电击称为直接电击，触及故障带电体的电击称为间接接触电击。电伤是电流的热效应、化学效应或机械效应对人体造成的局部伤害。通常所说的触电事故基本上是指电击。

（一）触电的原因

造成触电的原因有很多种，大致可分为以下几类：

(1) 因为带电设备的绝缘性能下降或是绝缘层受到破坏，人体一旦接触到就会触电；

(2) 带电作业，未采取应有的保护措施导致触电；

(3) 停电检修，未验电就开始检修或未在停电线路上悬挂警示牌导致触电；

(4) 人体和导电设备之间的安全距离不够导致触电。

（二）电击伤害的主要症状

触电伤害是人体在操作、使用电器设备时接触电流或接近高压电被击中所引起的伤害。大体分为电流伤害事故、电磁伤害事故、雷击事故、静电事故、电器设备事故。电击伤害在生产中较为常见，严重时危及生命。人体触电后主要症状表现如下。

(1) 局部症状：当身体局部接触电流时，由于高热和电火花的作用，可出现局部电灼伤。一般有两个以上的创面，一个为进口，一个为出口。创面一般较小，但较深，呈黄褐色焦痂。如果接触高压电（1000V 以上）时最明显。

（2）全身症状

① 如电流小、电压低、接触时间短，触电者会出现头晕、心悸、恶心等症状。

② 如电流强、电压高（交流电 65V 以上，直流电 300V 以上）、接触时间长，即可能造成电休克（又称假死现象），出现触电者失去知觉、面色苍白、瞳孔放大、脉搏停止和呼吸停止。如不及时采取正确的措施抢救，则会造成死亡，这是电击伤害的主要症状。

③ 值得注意的是，上述症状可能在触电当时表现轻微，而过一个小时后突然加重，出现昏迷、呼吸心跳停止等症状。

（三）电击伤害的现场抢救

（1）关闭电源开关：一旦发现有人触电，特别是在潮湿环境、水中作业时，救护人员应立即关闭开关、拉下电闸、拔出插头或取下保险，立即将触电者尽快脱离电源。

（2）切断电线：若开关距离较远，救护人员则可采用各种方法，立即切断电线。如用电工钳剪断电线，或用木柄刀、斧、锄、铲等斩断电源线，也可搭通火线、零线造成短路，使总电源跳闸等方法来切断电源。

（3）挑开电源线：如果无法采用上述方法时，应该迅速寻找干燥的木棒、竹竿等，将触电者身上的电源线挑开，禁止使用金属材料或潮湿的物体挑电源线，注意不要使电线弹到自己身上。

（4）拉开触电者：如上述方法都不能救出触电者，触电者又伏在带电物体上时，则可用干绳子、布单等套在触电者身上，将其拉出。也可戴上绝缘手套将其拉出。此时救护人员要特别注意自身保护，如站在厚木板或棉被等绝缘物体上。严禁用手直接去拉电线或触电者，以防引起连锁触电。

（5）抢救要点：

① 对触电者的抢救要尽量创造条件就地实施抢救，不要搬动触电者，要最大限度地争取抢救时间。

② 触电者如出现心跳停止，救护人员应首先进行心前区叩击数次，若无效时则进行胸外心脏按压。

③ 触电者如呼吸停止，立即进行口对口人工呼吸。

④ 如触电者伤势严重，心跳、呼吸均停止，应同时进行人工呼吸和心脏按压进行抢救。

⑤ 对触电受伤症状较轻或经抢救好转时，应让其安静地休息，在送往医院的途中要注意观察，防止病情突然加重。

⑥ 对局部灼伤的伤口给予覆盖包扎。

（四）预防措施

（1）电气绝缘：保持电气设备和供配电线路的绝缘良好状态是保证用电安全的基本要素。电气绝缘性能可通过测定其绝缘电阻、耐压强度、泄漏电流和介质损耗等参数加以衡量。

（2）安全距离：是指人体、物体等接近带电体而不发生危险的安全可靠距离。在配电线路和变配电装置附近工作时，经常需要考虑：线路安全距离，变配装置安全距离，检修安全距离和操作安全距离等。

（3）安全载流量：导体的安全载流量是指导体内通过持续电流的安全数量。导体中通过的持续电流超过安全载流量，导体发热将超过允许值，绝缘会被破坏，甚至引起漏电和火灾，因此，根据导体的安全载流量确定导体的截面和选择设备是十分重要的。

（4）标志：明显、准确、统一的标志是保证用电安全的重要因素。标志一般有颜色标志、标示牌标志和型号标志等。颜色标志用于区分各种不同性质、不同用途的导线；标示牌标志一般作为危险场所的标志；型号标志作为设备特殊结构的标志。

十二、烫伤

（一）烫伤的主要症状

（1）小面积或轻度烫伤：烫伤害可根据伤及皮肤深度分为三度。

Ⅰ度：仅为表皮烫伤，表现为局部干燥、微红肿、无水泡、有灼痛和感觉过敏。

Ⅱ度：伤及表皮和真皮层，局部红肿，且有大小不等的水泡形成浅2度。深者皮肤发白或棕色，感觉迟钝，温度降低，为深2度。

Ⅲ度：为全皮层皮肤烫伤，有的深达皮下脂肪、肌层甚至骨骼。

小面积烫伤一般面积约占人身表面积的1%，深度为浅2度。

（2）大面积或重度烫伤：大面积或重度烫伤关键是通过烧伤的深度和面积判断烧伤程度，如果是大面积或重度烫伤，则应尽快送医院诊治。

（二）烫伤的现场急救

（1）首先把被沸液浸渍的衣服迅速脱下，若一时难以脱下时，就地慢滚到水龙头下或水池边，立即将肢体用冷水冲淋或浸泡水中，以减轻疼痛和肿胀，降低温度，浸泡时间至少在20分钟以上，如果是身体躯干烫伤，无法用冷水浸泡时，则用冷毛巾冷敷患处。

（2）如果局部烫伤较脏和被污染时，可用肥皂水冲洗，但不能用力擦洗。

（3）患处冷却后，用灭菌纱布或干净的布巾覆盖包扎。包扎时要稍加压力，紧贴创面，不留空腔。

（4）烫伤后出现水泡破裂，又有脏物时，可用生理盐水或冷开水冲洗，并保护创面，包扎时范围要大些，防止污染伤口。

注意：烫伤后不要用紫药水、红药水、消炎粉等药物。

（三）局部烫伤的应急救援

（1）腰部以下灼伤急救：立即脱下被溶液浸过的裤子，将腰部以下灼伤的部位在自来水管下冲淋或用冷湿毛巾冷敷患处，患处冷却后用净布巾或灭菌纱布覆盖包扎。

（2）上肢肘关节上、下烫伤的急救：立即将伤肢肘关节上、下在自来水管下冲淋或浸泡在冷水中，冲淋或浸泡患处冷却后用净布巾或灭菌纱布覆盖包扎。

注意：脱衣服（裤子）时要轻柔。

（3）腰部、臀部烫伤急救：立即将腰部、臀部在自来水管下冲淋或用冷湿毛巾冷敷患处，患处冷却后用净布巾或灭菌纱布覆盖包扎。

（4）呼吸道烫伤的抢救：立即用冰袋冷敷，口中也可含冰块，以收缩局部血管，减轻呼吸道梗阻，并迅速送医院做进一步抢救。

(5) 眼睛烫伤的急救：如果是眼睛被烫伤，则立即将面部浸入冷水中，并做睁眼、闭眼活动，浸泡时间至少在10分钟以上。

十三、烧伤

（一）烧伤的主要症状

(1) 小面积或轻度烫伤：烧伤可根据伤及皮肤深度分为三度。

Ⅰ度烧伤：表皮仅有轻度的发红和轻度的肿痛，无水泡，2～3天后痊愈，无瘢痕。

Ⅱ度烧伤：患处疼痛较剧，有水泡，创面潮湿，水肿，2周左右痊愈，不遗留瘢痕。

Ⅲ度烧伤：皮肤痛觉消失，干燥、无水泡，有焦痂，愈合缓慢，大面积需植皮才能愈合，痊愈后遗留瘢痕。

(2) 全身症状：小面积烧伤一般无明显症状，大面积的烧伤早期可出现休克，随后出现严重感染表现和其他并发症。

（二）烧伤的现场救援

(1) 火灾的扑救

① 立即报警：发生火灾时不要惊慌，应立即报警。报警时应向消防队员讲清火情和地点，必要时应派人到路口迎接。

注意：火警电话是“119”。

② 立即组织扑救：现场人员应立即行动起来，利用现有条件灭火。

用水灭火：此为最简单、最常用的方法。

注意：如果是油类燃烧不宜用水扑救，以免火势蔓延。

用各类灭火器灭火：使用灭火器方便有效，尤其是刚起火时。

注意：不要同时喷水，以免降低灭火效果。

防止火势蔓延：根据情况采取各种阻隔方法，防止火势蔓延扩大。尤其是要防止火势向易燃易爆物质蔓延。

搬走可能被燃烧的物质：及时搬走火场周围的易燃易爆品，及时拆除作为火势蔓延媒介的易燃物质，及时搬走可能被烧毁的贵重物品。

保护火灾现场：火灾扑灭后，应注意保护火灾现场，以便有关部门分析原因，总结经验教训。

(2) 人员的救护

① 迅速脱离火场：身上着火时，应首先设法迅速脱离火场。

注意：不要大声呼叫，以免烧伤呼吸道。

② 衣服着火时，应立即脱去，或就地躺下滚压灭火。自救时切忌乱跑以免风助火势，加重烧伤，也不能用手扑打火焰，以免引起面部、呼吸道和双手烧伤。

③ 若衣服难以脱下时，应就地滚到水龙头或水池边，立即将肢体用冷水冲淋或浸泡水中，以减轻疼痛和肿胀，降低温度，浸泡时间至少在20分钟以上，如果是身体躯干烧伤，无法用冷水浸泡时，则用冷毛巾冷敷患处。

④ 周围无水源时，应用手边的材料覆盖着火处，防止火势扩散。

⑤ 如果局部烧伤较脏和被污染时，可用肥皂水冲洗，但不能用力擦洗。如出现水泡破裂，又有脏物时，可用生理盐水或冷开水冲洗，并保护创面，包扎时范围要大些，防止污染伤口。

⑥ 患处冷却后，用灭菌纱布或干净的布巾覆盖包扎。包扎时要稍加压力，紧贴创面，不留空腔。

注意：烧伤后不要用紫药水、红药水、消炎粉等药物。

十四、中毒

中毒的症状取决于各种毒物的毒理作用和机体的反应性，可表现为各系统的器质性或功能性异常，也可以某一种系统的异常为突出表现。慢性中毒可产生神经衰弱等。

（一）毒物进入的途径

有毒物质主要以气体和粉尘，即有毒气体、蒸汽和气溶胶（雾、烟、尘）等形式进入人体。

（1）呼吸道：凡是呈气体、蒸汽和气溶胶和粉尘的毒物，均可经呼吸道进入人体。

（2）皮肤：皮肤对一般毒物具有屏障作用。但有些脂溶性毒物，如苯胺、有机磷等，能通过无损伤皮肤进入人体。另外在皮肤受损伤后，一般毒物也易经过破损部位进入机体。

（3）消化道：因误服或混入食物，绝大多数毒物均可经消化道进入人体。

（二）急性中毒的常见原因

（1）意外事故：如容器破裂、管道严重泄漏，化学品爆炸、燃烧等。

（2）违反安全操作规程：如违章、违规野蛮操作，防护装置失灵，不正确穿戴防护服，不戴面罩，不戴手套等。

（3）试制新产品：因可能出现一些难以预料的情况。

（三）中毒的处理

中毒发病急剧，症状严重，变化迅速，若不及时采取措施，可能会危及生命。因此，在生产过程中，如果发生中毒事故，及时确定中毒性质，分秒必争，进行抢救，尽可能挽救损失和人员伤亡。中毒处理原则是维护生命及时避免毒物对人体造成进一步伤害。具体处理步骤如下：

（1）终止接触毒物

① 吸入性毒物，应立即脱离现场，呼吸新鲜空气，解开衣服，静卧，保暖。保持呼吸道畅通，及时吸出呼吸道分泌物。

② 接触性中毒，应除去污染的衣服，一般用清水清洗体表、毛发及指甲缝内的毒物。皮肤接触腐蚀性毒物者，冲洗时间要求达到 15～30 分钟，并选择适当的中和液或解毒液冲洗。如系水溶性刺激物，现场无中和剂或解毒剂，即用大量的清水冲洗剂，需要用无毒或低毒物质，注意防止中和剂促进刺激物的吸收及中和剂本身所致的吸收中毒。毒物如遇水能产生反应的，应首先用干布或其他能吸收液体的材料抹去沾染物，再用水冲洗。

(2) 清除进入体内已被吸收或尚未吸收的毒物。

(3) 如有可能，使用特殊解毒剂。

(4) 对症治疗。

十五、窒息

窒息性气体是指能使血液的运氧能力或组织的利用氧能力发生障碍，造成组织缺氧的有害气体。

(一) 窒息的主要症状

(1) 轻度中毒：中毒出现头晕、头痛、恶心、呕吐、心悸、无力等症状，有时可能出现短暂性晕厥。

(2) 中度中毒：除上述症状加重外，皮肤、黏膜呈现樱桃红色，可有多汗、烦躁，并很快进入昏迷状态。

(3) 重度中毒：吸入高浓度的二氧化碳，中毒者突然昏倒，迅速进入昏迷状态，可出现阵发性或强直性痉挛，死亡率较高。

(二) 强酸类中毒的现场急救

皮肤灼伤后，立即用大量的流动水冲洗，然后局部给予2%～5%碳酸氢钠或1%氨水或肥皂水中和酸，然后再用水冲洗。误服中毒者，严禁洗胃，可给予2.5%氧化镁溶液、牛乳、豆浆、蛋清、花生油等口服。禁用碳酸氢钠溶液洗胃（或口服），以免产生二氧化碳促发胃穿孔。

(三) 强碱类中毒的现场急救

强碱类包括氢氧化钠、氢氧化钾、氧化钠、氧化钾等。碳酸钠、碳酸钾、氢氧化钙、氧化钙、氢氧化铵也属碱。碱灼伤皮肤后立即用大量的流动水冲洗，然后涂以1%醋酸以中和剩余碱。切忌在冲洗前应用中和剂，否则会产生中和热加重灼伤。误服强碱时，应迅速口服食用醋或3%～5%醋酸。

第十四节　安全知识问答

1. 什么是燃烧的三要素？

可燃物、助燃物、点火源。

2. 燃烧的类型有哪些？

闪燃、自燃、着火。

3. 按照物质燃烧的特征，火灾分为哪几类？

A类火灾：固体物质火灾；

B类火灾：液体火灾和可融化的固体物质火灾；

C类火灾：气体火灾；

D类火灾：金属火灾；

E类火灾：电器火灾。

4. 按照《火灾分类》火灾可以分为五类，他们分别使用哪些灭火剂？

A类火灾：水型、泡沫、ABC干粉；

B类火灾：干粉、二氧化碳、泡沫；

C类火灾：干粉、二氧化碳；

D类火灾：金属专用灭火剂、干泥沙掩盖；

E类火灾：干粉、二氧化碳。

5. 火灾过程一般分为哪几个过程？

起初、发展、猛烈、下降、熄灭。

6. 消防安全宣传教育和培训内容应包括哪些？

(1) 有关消防法规、消防安全制度和保障消防安全的操作规程。

(2) 本单位、本岗位的火灾危险性和防火措施。

(3) 有关消防设施的性能、灭火器材的使用方法。

(4) 报火警、扑救起初火灾以及自救逃生的知识和技能。

7. 扑救火灾的一般原则：

早报警，损失小；边报警，边扑救；先控制，后灭火；先救人，后救物；防中毒，防窒息；听指挥，莫惊慌。

8. 报警时应注意的事项。

(1) 报警时要沉着冷静，及时准确，要说清楚起火的部门和位置，燃烧的物质，火势大小。

(2) 讲清楚起火单位名称、详细地址、报警电话。

(3) 指派人员到消防车可能来到的路口接应。

(4) 主动及时介绍燃烧的性质和火场内部情况，一边迅速组织扑救。

9. 灭火的基本方法。

根据灭火的原理，灭火的基本方法有四种，即冷却灭火法、窒息灭火法、隔离灭火法、化学抑制灭火法。

10. 什么是闪点？

规定条件下，液体挥发的蒸气与火源能够闪燃的液体最低温度。闪点是衡量物质火灾危险性的重要参数。

11. 什么是燃点？

规定条件下，可燃物发生自燃的最低温度。

12. 说出几种常用灭火剂及其使用范围。

(1) 水，起到冷却的作用。

(2) 泡沫灭火剂，起到隔离的作用。

(3) 干粉灭火剂，起到化学抑制的作用。

(4) 二氧化碳灭火剂，起到窒息的作用。

13. 危险化学品的分类。

第一类：爆炸品；第二类：压缩气体和液化气体；第三类：易燃液体；第四类：易燃固体、自然物品和遇湿易燃物品；第五类：氧化剂、有机过氧化物；第六类：有毒品；第七类：

放射性物品；第八类：腐蚀品。

14. 什么是职业病?

职业病是指企业、事业单位和个体经济组织的劳动者在职业活动中，因接触粉尘、放射性物质和其他有毒、有害物质等因素而引起的疾病。

15. 职业健康检查有哪些?

上岗前、在岗期间、离岗时、应急的健康检查。

16. 什么是职业病危害?

职业病危害是指对从事职业活动的劳动者可能导致职业病的各种危害。

17. 什么是职业危害因素?

职业活动中存在的各种有害的化学、物理、生物因素以及在作业过程中产生的其他职业有害因素。

18. 我国法定职业病分几类几种?

10 大类，115 种。

19. 工业毒物分几类?

按化学性质和用途相结合的方法分类，共有如下 8 类：

(1) 金属、类金属及其化合物，是工业毒物中最多的一类。

(2) 卤族及其无机化合物。

(3) 强酸和强碱性物质。

(4) 氧、氮、碳的无机化合物。

(5) 窒息性惰性气体。

(6) 有机毒物。

(7) 农药类。

(8) 燃料及其中间体。

20. 工业毒物进入人体的途径。

呼吸道、皮肤、消化道。

21. 生产粉尘对人体的危害。

生产粉尘的种类和性质不同，对人体的危害也不同。

尘肺、中毒、上呼吸道慢性炎症、皮肤疾病、眼疾病、变态反应、致癌作用等。

22. 噪声超过多少会影响人的健康?

80dB。

23. 噪声有哪些危害?

(1) 对听觉的危害。

(2) 引起各种疾病：神经衰弱、心血管疾病、消化系统功能紊乱、内分泌系统失调等。

(3) 对作业人员行为的影响。

(4) 对作业人员信息交流的影响。

24. 控制噪声的基本方法哪些?

吸声技术、隔声技术、消声技术。

25. 噪声环境中个人防护用品有哪些?

耳塞、护耳器、防噪声头盔、防噪声服等。

26. 在危险化学品企业的生产经营中，主要的职业危害因素有哪些?

工业毒物、生产性粉尘、噪声、震动、辐射、异常气候条件等危害因素。

27. 说出气体防护措施的种类及其使用范围。

（1）空气呼吸器：适用于毒性气体浓度过高，毒性不明或者缺氧的可移动作业场所。

（2）过滤式防毒面具：适用于有毒气体浓度小于2%，氧含量大于18%的作业场所。

（3）长管式（通风式）防毒面具：适用于毒性气体浓度不明或者缺氧的固定作业场所。

28. 空气呼吸器的使用注意事项。

（1）使用者经专业培训，实际操作考试合格。

（2）使用中必须设有专人监护，应保证呼吸器处于完好状态。

（3）使用中应按照规定开启空气阀，压力不应过大，防止憋气致死，当呼吸气瓶内空气压力降到5MPa时，应立即撤离毒区。

（4）高温和明火区内严禁使用。

（5）严禁在毒气区或窒息气体作业环境中摘到面罩。

29. 过滤式防毒面具使用的注意事项。

（1）使用前必须对有毒作业环境进行有毒气体浓度和氧含量分析和检测。

（2）使用环境氧含量应大于18%，毒气含量小于2%，其中一项不符合要求时，严禁使用过滤式防毒面具。

（3）使用时应注意各种型号滤毒罐的使用范围和有效保护时间。

（4）使用中感到不适，防毒面具不能摘下，应该马上撤离毒区。

（5）严禁进入密闭容器、管道及缺氧环境内使用过滤式防毒面具。

30. 长管式防毒面具使用注意事项。

（1）使用前应做气密性实验。

（2）供气处空气应保证质量，供应量要适当。

（3）使用时必须设专人监护设备，供气管要固定，并不得扭结或被物品压住，防止产生气闭。

31. 什么是气体防护监护？

气体防护监护是指对直接从事有毒气体直接接触作业过程的监控和救护措施。

32. 什么是气体检测？

气体检测是使用便携式检测仪器或实验室分析手段对作业环境存在的有毒有害气体浓度进行分析，确认有毒有害气体含量，确定能否安全作业或者为应急救援提供参考依据的过程。

33. 生产厂区常见有毒有害气体有哪些？

氮气、一氧化碳、液氨、甲醇、硫化氢。

34. 硫化氢的危害。

剧毒。极易燃，燃烧时会产生二氧化硫有毒气体。和空气混合达到一定比利时，遇明火或受热即发生爆炸。呈酸性，对铁等金属有极强的腐蚀性。与氧化剂反应很强烈，易起火爆炸。

35. 硫化氢对人体的危害。

硫化氢可导致组织缺氧，主要损害中枢神经，对黏膜有强烈的刺激作用。

36. 硫化氢的个体防护措施。

作业人员必须佩戴有灰色标滤毒罐的防毒面具或空气呼吸器，戴化学安全防护眼镜，穿工作服，工作室不得进食、饮水或吸烟，工作后淋浴更衣。

37. 硫化氢的泄漏处置措施。

迅速撤离现场人员，切断火源，戴空气呼吸器，穿防护服，切断气源，喷雾状水稀释、溶解；强力通风。

38. 发生硫化氢中毒，怎样现场急救？

迅速将中毒者撤至空气新鲜处，立即给氧，并送医院抢救，在转送途中要坚持继续输氧。如患者呼吸、心跳停止，应立即进行人工呼吸，以压胸法为宜，不宜进行口对口人工呼吸。对黏膜损伤者应及时用生理盐水冲洗。有条件时对中、重度中毒者可采用高压氧治疗。

注意：急救人员不能盲目地直接去救中毒者，首先应进行个人防护，佩戴正压自给式呼吸器，尽可能切断气源，以防止事态扩大。

39. 对从事接触硫化氢岗位的人员应避免哪些职业禁忌？

凡是患有神经衰弱、眼疾、慢性鼻炎、咽炎、气管炎、肝病、肾炎等疾病者，均不宜从事硫化氢作业。

40. 一氧化碳有哪些危险性？

易燃易爆，与空气混合有燃烧爆炸危险，能与某些物质发生强烈反应，与硫、氯、铁、镍等反应能生产各种有毒有害或危险的化合物。剧毒害性，吸入可致缺氧，与氢气混合具有高毒。

41. 一氧化碳对人体的危害。

在血液中与血红蛋白结合造成组织缺氧，损害肝、心及肾脏，影响血液循环系统。短期内吸入高浓度一氧化碳可发生头痛、头晕、心悸、四肢无力、恶心、呕吐，意识模糊，重者昏迷甚至死亡。长期轻度反复吸入，可致神经衰弱综合征及心肌损伤。

42. 一氧化碳中毒的现场急救措施。

立即将患者转移至空气新鲜处，解开衣领保持呼吸道畅通，及时给予吸氧，必要时做人工呼吸，迅速送往医院救治。

43. 氨气有哪些危险性？

有毒、强烈刺激性。易燃易爆，与空气混合有燃烧爆炸危险，与氟、氯发生剧烈反应，引起爆炸，有脂和其他可燃物存在时增加燃烧危险，受热后容器压力增大，有爆炸危险，氨水有腐蚀性。

44. 氨气对人体有哪些危害？

对皮肤和黏膜有碱性刺激和腐蚀作用。短期内大量吸入可导致上呼吸道黏膜损伤，严重者可发生肺水肿，液氨可导致眼和皮肤灼伤。

45. 氨中毒现场急救措施。

迅速将患者撤离污染环境到空气新鲜处，维持呼吸、循环功能，必要时输氧和人工呼吸，脱去污染衣着，用流动清水冲洗污染的皮肤。液氨溅入眼内，立即拉眼睑，使液氨流出，避免因眼睑闭合而导致角膜全部受害，接着用流动清水彻底冲洗。现场抢救后及时送医院救治。

46. 干粉灭火器的使用步骤。

一看：压力表是否在正常区域（红色区低，绿色区正常，黄色区高），红区禁用，绿色和黄色区正常使用，铅封是否完整，软管有无破损。

二摇：将瓶底上下晃动，长时间不使用干粉会结块。

三拔：扒开保险销，一手将压力柄扶起、一手扒开，防止上下咬合保险销难以拔出。
四射：一手持软管，一手将压力柄下压，在适当的距离对准火焰根部来回扫射。

47. 干粉灭火器的使用注意事项。

(1) 灭火时须站在燃烧点的上风向或者侧风向。
(2) 对准火焰根部来回扫射。
(3) 干粉灭火器的粉剂会污染高精密仪器设备，难以清洗，导致设备报废。
(4) 粉剂对人体伤口和眼睛都会造成严重的损伤，使用时要特别注意。

48. 说出进入化工厂的十四个不准。

(1) 加强明火管理，厂区内不准吸烟。
(2) 生产区内，不准未成年人进入。
(3) 上班时间不准睡觉、干私活、离岗、干与生产无关的事情。
(4) 班前、班上不准喝酒。
(5) 不准使用汽油等易燃液体擦洗设备、用具和衣物。
(6) 不按规定穿戴劳动保护用品，不准进入生产岗位。
(7) 安全装置不齐全的设备不准使用。
(8) 不是自己分管的设备、工具不准动用。
(9) 检修设备室安全措施不落实不准开始检修。
(10) 停机检修后的设备，未经彻底检查不准启动。
(11) 未办高处作业证，不系安全带，脚手架、跳板不牢，不准登高作业。
(12) 石棉瓦上不固定好跳板，不准作业。
(13) 未安装触电保安器的移动式电动工具，不准使用。
(14) 未取得安全作业证的职工，不准独立作业，特殊工种职工，未取得证不准作业。

49. 进入容器设备的八个必须。

(1) 必须申请、办证并得到批准。
(2) 必须进行安全隔离。
(3) 必须切断动力电，并使用安全灯具。
(4) 必须进行置换通风。
(5) 必须按时间要求进行安全分析。
(6) 必须佩戴规定的防护用具。
(7) 必须有人在容器外监护，并坚守岗位。
(8) 必须有抢救后备措施。

50. 动火作业六大禁令。

(1) 动火证未经批准，禁止动火。
(2) 不与生产系统可靠隔绝，禁止动火。
(3) 不清洗、置换合格，禁止动火。
(4) 不消除周围易燃物，禁止动火。
(5) 不按时做动火分析，禁止动火。
(6) 没有消防措施，禁止动火。

51. 什么是四不伤害？

不伤害自己、不伤害他人、不被他人伤害、保护他人不被伤害。

52. 什么是三违？

违反劳动纪律、违章作业、违章指挥。

53. 安全教育的内容主要包括哪三方面？

安全技术教育、安全知识教育、安全思想教育。

54. 甲醇有哪些危险性？

高挥发性、易燃易爆、有麻醉作用、致眼睛失明等危害，遇明火爆炸。

55. 甲醇的急救措施。

眼：提起眼睑，用流动清水或生理盐水冲洗。

吸入：迅速脱离现场至空气新鲜处，保持呼吸通畅。如呼吸困难，输氧；如停止呼吸，立即进行人工呼吸。就医。

皮肤：立即脱去被污染的衣物，用肥皂水或清水彻底清洗。就医。

56. 现场发生甲醇泄漏着火，应采取哪些消防措施？

消防人员必须穿戴防护服和防毒面具，小火用二氧化碳、干粉、1211、抗溶泡沫、雾状水灭火，以使用大量灭火效果较好，用雾状水冷却现场中的容器并保护堵漏人员。

57. 现场发生甲醇泄漏着火事故，怎样处理？

首先切断所有火源，佩戴好防毒面具与手套，用水冲洗，对污染地面进行通风处理，采用褐色滤毒罐。

58. 过滤式防毒面具的使用范围。

过滤式防毒面具适用于空气中氧含量不低于18%，环境温度在−30～45℃之间，环境空气中的毒物浓度符合规定。过滤式防毒面具一般不能在罐槽等高密闭容器中使用。

59. 过滤式防毒面具的使用方法。

(1) 按面罩、导气管、过滤罐的顺序将面具戴好。

(2) 检查面具是否气密性完好，然后打开底塞。

(3) 将过滤管放入面具袋内，扣上带盖，然后将面具左肋右肩背好，系上腰带。

(4) 按戴面罩方法戴上面罩，呼吸几次证明面罩确无问题后方可进入毒区工作。

60. 戴防护面罩的方法。

两手四指与拇指分开，四指在内，拇指在外将面罩分开，将下颚伸出套入面具，在两手同时用力向上、向后拉。

61. 使用过滤式防毒面具的注意事项。

(1) 严禁用于各种窒息性气体中。

(2) 过滤式防毒面具的过滤罐只能用来预防与其相适应的一种或几种有毒气体，因此使用必须严格选择相应牌号的滤毒罐。

(3) 禁止用于高浓度的有毒气体中作业。

(4) 滤毒罐的失效判断方法是闻到有毒气体本身的特殊气味来决定的，当使用中闻到有毒气体味应及时离开毒区更换过滤罐。

(5) 防CO过滤罐上标有质量，罐超过原重30g，中型罐超过20g为失效。或连续使用两小时应检查更换。

(6) 使用前正确选取面罩，并做气密检查。

(7) 滤毒罐使用后应将罐上、下盖盖严，防止毒气侵入或受潮失效。

(8) 如发现滤毒罐有腐蚀孔和沙沙声，应停止使用。

62. 长管式防毒面具的使用范围。

适用于在任何种类、浓度以及窒息性大气，毒区范围较小，工作地点固定的作业场合中，槽车、地井、贮罐、抽加盲板等进行检修、抢救、事故处理等工作。

63. 长管式防毒面具的使用方法。

(1) 按头部大小选择好面罩，并与导气管连接好。

(2) 做气密检查。

(3) 将导气管拉开，将导气入口放在毒区以外新鲜空气的上风向。

(4) 按戴面罩方法戴上面罩，呼吸几次证明面具确无问题后方可进入毒区工作。

64. 长管式防毒面具的使用注意事项。

(1) 使用长管式防毒面具必须有专人监护。

(2) 入气口应放在新鲜空气处及上风向，并注意有无别的毒气来源，时刻注意风向。

(3) 使用前要进行气密检查，尤其是呼吸活门是否好用。

(4) 监护人员应坚守岗位，经常与作业人员联系，并随时做好抢救准备。

(5) 工作人员应先戴上面罩再进入毒区，出毒区才能取下面罩。

65. 说出甲醇、一氧化碳、氨气、硫化氢的爆炸极限和在空气中最大允许浓度。

	爆炸极限	空气中最高允许浓度
甲醇：	5.5%～44.0%；	50mg/m^3；
硫化氢：	4.0%～46.0%；	10mg/m^3；
一氧化碳：	12.5%～74.2%；	30mg/m^3；
氨气：	15.7%～27.4%；	20mg/m^3。

66. 职业病防治工作的方针。

预防为主，防治结合。

67. 《安全生产法》明确从业人员的哪些权利？

八项权利：知情权、建议权、批评权、紧急避险权、拒绝权、赔偿权、职业病维护权、安全教育培训权。

68. 《安全生产法》明确从业人员的哪些义务？

遵章守纪、服从管理的义务，正确佩戴和使用劳动用品的义务，接受安全培训、掌握安全生产技能的义务，发现事故隐患或其他不安全因素及时报告的义务。

69. 厂区动火作业时指什么？

能直接或间接产生明火的工艺设置以外的非常规作业，如使用电焊、气焊、喷灯、电钻、砂轮等进行可能产生火焰、火花和炽热表面的非常规作业。

70. 厂区动火作业分哪几级？

分为特殊动火作业、一级动火作业和二级动火作业。

71. 什么情况下动火按特殊动火管理？

在生产运行状态下的易燃易爆生产装置、输送管道、储罐、容器等部位上及其他特殊危险场所进行的动火作业，及带压不置换动火作业均按特殊动火作业管理。

72. 生产厂区受限空间作业中受限空间是指什么？

受限空间是指化学品生产单位的各类塔、球、釜、槽、罐、炉膛、锅筒、管道、容器以及地下室、窨井、坑池、下水道或其他封闭、半封闭场所。

73. 为什么烟头能引起火灾？

因为烟头的表面温度在200～300℃，中心温度高达700～800℃，而木材的燃点一般在200～300℃。烟头扔到木材或其他易燃物上就会起火或慢慢引燃，如不及时发现，就会引起火灾。

74. 国家规定的安全色有哪些，分别代表什么含义？

红、蓝、黄、绿。

红表示危险、禁止、紧急停止；

蓝色代表指令、必须遵守的规定；

黄色表示警告、注意；

绿色表示安全提示。

75. 安全用具是如何分类的？

分为一般安全用具和电气安全用具两种。

一般安全用具：安全带、安全帽、安全照明灯具、防毒面具、护目眼镜、标识牌。

电气安全用具：绝缘杆、绝缘夹钳、绝缘挡板、绝缘手套、绝缘靴、验电笔、携带型接地线、绝缘绳。

76. 什么是盲板抽堵作业？

在设备抢修或检修过程中，设备、管道内存在有物料及一定温度、压力情况时的盲板堵板，或设备、管道、内物料经吹扫、置换、清洗后的盲板抽板。

77. 化工厂区进入受限空间作业前必须进行清洗置换，清洗置换需要达到什么要求？

(1) 氧含量一般为18%～21%，在富氧环境下不得大于23.5%。

(2) 有毒气体浓度应符合GBZ 2.1—2019《工作场所有害因素职业接触限值　第1部分：化学有害因素》。

(3) 可燃气体浓度，当被测气体或蒸汽的爆炸极限大于等于4%时，其被测浓度不大于0.5%；当被测气体或蒸汽的爆炸下限小于4%时，其被测浓度不大于0.2%。

78. 进入受限空间作业前、作业过程中需要进行监测，监测是注意哪些安全事项？

(1) 作业前30分钟内应对受限空间进行气体采样分析，分析合格后方可进入。

(2) 分析仪器应在校验有效期内，使用前应保证其处于正常工作状态。

(3) 采样点应有代表性，容积较大的受限空间，应采取上、中、下各部位取样。

(4) 作业中应定时监测，至少2小时监测一次，如果分析结果有明显变化，则应加大监测频率，作业中断超过30分钟应重新进行监测分析，对可能释放有害物质的空间，应连续监测，情况异常时，应立即停止作业，撤离人员，经现场处理，并取样分析合格后方可恢复作业。

(5) 涂刷具有挥发性溶剂的涂料时，频做连续分析，并采取强制通风措施。

(6) 采样人员深入或探入受限空间采样时应采取个体防护措施。

79. 特殊情况和重大项目、危险项目的检修，其安全票证由所在车间办理，车间主任和有关部门审查，报公司主管副总经理和总工程师审批，问具体有哪些票证需要副总经理和总工程师审批？

特殊动火安全作业证、动土安全作业证，重大或危险项目检修安全作业证，盲板抽堵安全作业证，一级以上高处安全作业证、受限空间安全作业证，二十吨以上物件或不足二十吨但环境恶劣、危险性大的吊装安全作业证，断路安全作业证。

80. 基准面多少米以上为登高作业，登高作业的级别是如何划分的？

基准面两米以上属于登高作业。

登高作业分四级，一级高处作业：2～5m；二级高处作业：5～15m；三级高处作业：15～30m；特级高处作业：30m 以上。

第十五节 技能实训

一、容器爆炸技能实训

（一）设备

所需设备及其参数见表 12-1 和图 12-1。

表 12-1 容器爆炸技能实训设备配置表

主要设备	主要参数	单位	数量	备注
六角柜体	白色烤漆	个	1	
六角玻璃柜	钢化玻璃开门	个	1	
爆破筒	φ89 视盅	个	1	
点火器	24V,30W	个	1	
设备箱体灯	T5、LED 灯、220V、4W	个	1	

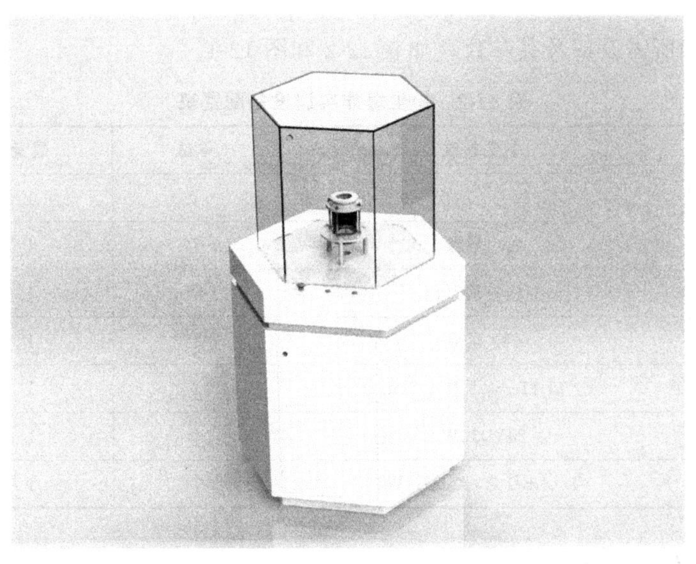

图 12-1 容器爆炸设备示意图

（二）操作步骤

1. 开车前准备

（1）检查实验用电是否处于正常供应状态（电压、指示灯是否正常）；

(2) 检查总电源的电压情况是否良好；
(3) 检查控制柜及现场仪表显示是否正常；
(4) 将实验所需物料（酒精、铝箔纸等）准备好。

2. 开车

(1) 打开爆破筒上方块卡，取下顶盖，向爆破筒中喷两下酒精；
(2) 在爆破筒顶部加上一块铝箔纸，后盖上顶盖，拧紧块卡；
(3) 关闭玻璃柜门（不关上设备无法供电，起到保护作用）；
(4) 在绿色的刷卡点使用刷卡器触摸，打开设备内箱体灯；
(5) 旋转拧开急停按钮；
(6) 按住急停按钮右边第二个按钮，此时点火器工作，注意观察实验现象。

3. 停车

(1) 按下急停按钮；
(2) 在绿色的刷卡点使用刷卡器触摸，关闭设备内箱体灯；
(3) 打开玻璃柜门；
(4) 打开爆破筒上方块卡，取下顶盖；
(5) 清理设备，恢复原样。

二、粉尘爆炸技能实训

（一）设备

粉尘爆炸实训所需设备及其参数，如表 12-2 和图 12-1。

表 12-2　粉尘爆炸实训设备配置表

主要设备	主要参数	单位	数量	备注
鼓风机	220V,1kW	个	1	
六角柜体	白色烤漆	个	1	
六角玻璃柜	钢化玻璃开门	个	1	
爆破筒	φ89 视盅	个	1	
漏斗	上口 11cm,下管 1.5cm	个	1	
点火器	24V,30W	个	1	
设备箱体灯	T5、LED 灯、220V、4W	个	1	

（二）操作步骤

1. 开车前准备

(1) 检查实验用电是否处于正常供应状态（电压、指示灯是否正常）；
(2) 检查总电源的电压情况是否良好；
(3) 检查控制柜及现场仪表显示是否正常；

(4) 将实验所需物料（面粉、铝箔纸等）准备好。

2. 开车

(1) 打开爆破筒上方块卡，取下顶盖，向爆破筒中加入一勺面粉；
(2) 在爆破筒顶部加上一块铝箔纸，后盖上顶盖，拧紧块卡；
(3) 关闭玻璃柜门（不关上设备无法供电，起到保护作用）；
(4) 在绿色的刷卡点使用刷卡器触摸，打开设备内箱体灯；
(5) 旋转拧开急停按钮；
(6) 按住急停按钮右边第二个按钮，此时风机和点火器同时工作，注意观察实验现象。

3. 停车

(1) 按下急停按钮；
(2) 在绿色的刷卡点使用刷卡器触摸，关闭设备内箱体灯；
(3) 打开玻璃柜门；
(4) 打开爆破筒上方块卡，取下顶盖，使用毛刷将爆破筒内清理干净；
(5) 清理设备，恢复原样。

第十三章

事故应急演练

第一节　应急演练和事故应急救援

一、应急演练

应急演练指来自多个机构、组织或群体的人员针对模拟的紧急情况，执行实际紧急事件发生时各自所承担任务的排练活动。应急演练目的：

(1) 检验预案。通过开展应急演练，查找应急预案中存在的问题，进而完善应急预案，提高应急预案的实用性和可操作性。

(2) 完善准备。通过开展应急演练，检查对应突发事件所需应急队伍、物资、装备、技术等方面的准备情况，发现不足及时予以调整补充，做好应急准备工作。

(3) 锻炼队伍。通过开展应急演练，增强演练组织单位、参与单位和人员等对应急预案的熟悉程度，提高其应急处置能力。

(4) 磨合机制。通过开展应急演练，进一步明确相关单位和人员的职责任务，理顺工作关系，完善应急机制。

(5) 科普宣教。通过开展应急演练，普及应急知识，提高公众风险防范意识和自救互救等灾害应对能力。

通过演练，检验预案的实用性、可用性、可靠性；检验员工是否明确自己的职责和应急行动程序，以及反应队伍的协同反应水平和实战能力；提高员工避免事故、防止事故、抵抗事故的能力，提高对事故的警惕性；取得经验以改进所制定的行动方案。每一次演练后，应核对该计划是否被全面执行，并发现不足和缺陷。应急救援预案随着条件的变化而调整，以适应新条件的要求。

二、常见事故应急救援措施

（一）事故应急救援的基本任务

事故应急救援的总目标是通过有效的应急救援行动，尽可能地降低事故的后果，包括人员伤亡、财产损失和环境破坏等。事故应急救援的基本任务包括下述四个方面：

（1）立即组织营救受害人员，组织撤防或者采取其他措施保护危害区域内的其他人员。抢救受害人员是应急救援的首要任务，在应急救援行动中，快速、有序、有效地实施现场急救与安全转送伤员是降低伤亡率，减少事故损失的关键。由于重大事故发生突然、扩散迅速、涉及范围广、危害大，应及时指导和组织员工采取各种措施进行自身防护，必要时迅速撤离危险区或可能受到危害的区域。在撤离过程中，应积极组织员工开展自救和互救工作。

（2）迅速控制事态，并对事故造成的危害进行检测、监测，测定事故的危害区域、危害性质及危害程度。及时控制住造成事故的危险源是应急救援工作的重要任务，只有及时地控制住危险源，防止事故的继续扩展，才能及时有效进行救援。应尽快组织工程抢险队与事故单位技术人员一起及时控制事故继续扩展。

（3）消除危害后果，做好现场恢复。针对事故对人体、动植物、土壤、空气等造成的现实危害和可能的危害，迅速采取封闭、隔离、洗消、监测等措施，防止对人的继续危害和对环境的污染，及时清理废墟和恢复基本设施，将事故现场恢复至相对稳定的基本状态。

（4）查清事故原因，评估危害程度，事故发生后应及时调查事故发生原因和事故性质，评估出事故的危害范围和危害程度，查明人员伤亡情况，做好事故调查。

（二）作业现场事故急救

现场急救，就是应用急救知识和最简单的急救技术进行现场初级救生，最大程度上稳定伤病员的伤、病情，减少并发症，维持伤病员的最基本的生命体征，例如呼吸、脉搏、血压等。现场急救是否及时和正确，关系到伤病员生命和伤害的结果。

1. 急救步骤

急救是对伤病员提供紧急的监护和救治，给伤病员以最大的生存机会，急救一定要遵循下述四个急救步骤：

（1）调查事故现场，调查时要确保对伤病员或其他人无任何危险，迅速使伤病员脱离危险场所，尤其在工地、工厂事故现场，更是如此。

（2）初步检查伤病员，判断其神志、气管、呼吸循环是否有问题，必要时立即进行现场急救和监护，使伤病员保持呼吸道通畅，视情况采取有效的止血、防止休克、包扎伤口、固定、保存好断离的器官和组织、预防感染、止痛等措施。

（3）呼救或请人去呼叫救护车。同时可继续施救，一直要坚持到救护人员或其他施救者到达现场接替为止。此时还应反映伤病员的伤病情和简单的救治过程。

（4）如果没有发现危及伤病员生命的体征，可做第二次检查，以免遗漏其他的损伤、骨折和病变，这样有利于现场施行必要的急救和稳定病情，降低并发症和伤残率。

2. 报警方式

报警电话主要是：119、110、120。

（1）火警电话：119。发生火灾或火情后，要迅速拨打火警电话，报警时拨打119，讲清着火单位、着火部位、着火地址、着火物资、火情状况、报警人姓名及报警电话或手机号码。

（2）匪警电话：110。遭遇坏人伤害、滋扰或发生盗窃时，要迅速拨打匪警电话110。拨通电话后，讲清报警人姓名、发生地点、报警人电话或手机号码，然后简要报告案情，包括犯罪嫌疑人的面貌、衣着特征、人数、逃跑方向等，尽量多提供现场线索，以便公安机关查处。

（3）急救电话：120。无论在什么时候或什么地方发现危重病人或意外事故，都可拨打急救电话120，拨通电话后，要讲清伤员的姓名、年龄、状况；若神志不清、昏迷、大出血、呼吸困难，要讲清其创出现的时间、过程、过去病史；讲清电话号码、详细地址以及等待救护车的确切地点，意外灾害事故还要讲清灾害性质、受伤人数、伤害原因等情况。

（三）作业现场事故应急处理

1. 施工现场的火灾急救

（1）火灾急救：施工现场发生火灾事故时，应立即了解起火部位、燃烧的物质等基本情况，拨打“119”向消防部门报警，同时组织撤离和扑救。在消防部门到达前，对易引燃、易爆的物质采取正确有效的隔离，如切断电源，撤离火场内的人员和周围易燃、易爆物及一切贵重物品，根据火场情况，机动灵活地选择灭火器具。

在扑救现场，应行动统一，如火势扩大，一般扑救不可能时，应及时组织撤退扑救人员，避免不必要的伤亡。

扑灭火情可单独采用，也可同时采用几种灭火方法，如冷却法、窒息法、隔离法、化学中断法，进行扑救。灭火的基本原理是破坏燃烧三条件，即可燃物、助燃物、火源中的任一条件。在扑救的同时要注意周围情况，防止中毒、坍塌、坠落、触电、物体打击等第二次事故的发生。

在灭火后，应保护火灾现场，以便事后调查起火原因。

（2）火灾现场自救注意事项

① 救火应注意自我保护，使用灭火器材救火时应站在上风位置，以防因烈火、浓烟熏烤而受到伤害。

② 火灾袭来时要迅速疏散逃生，不要贪恋财物。

③ 必须穿越浓烟逃走时，应尽量用浸湿的衣物披裹身体，用湿毛巾或湿布捂住口鼻，或贴近地面爬行。

④ 身上着火时，可就地打滚，或用厚重衣物覆盖压灭火苗。

⑤ 大火封门无法逃生时，可用浸湿的被褥衣物等堵塞门缝，泼水降温，呼救待援。

（3）烧伤人员现场救治：在出事现场，立即采取急救措施，使伤员尽快与致伤因素脱离接触，以免继续伤害深层组织。

① 伤员身上燃烧着的衣服一时难以脱下时，可让伤员躺在地上滚动，或用水洒扑灭火焰。切勿奔跑或用手拍打，以免助长火势，防止手的烧伤。如附近有河沟或水池，可让伤员跳入水中。如为肢体烧伤，则可把肢体直接浸入冷水中灭火和降温，以保护身体组织免受灼烧的伤害。

② 用清洁包布覆盖伤面做简单包扎，避免创面污染。自己不要随便把水疱弄破，更不要在创面上涂任何有刺激性的液体或不清洁的粉和油剂。因为这样既不能减轻疼痛，相反增加了感染机会，并为下一步创面处理增加了困难。

③ 伤员口渴时可给适量饮水或含盐饮料。

④ 经现场处理后的伤员要迅速转送医院救治，转送过程中要注意观察呼吸、脉搏、血压等的变化。

2. 严重创伤出血伤员的现场救治

创伤性出血现场急救是根据现场现实条件及时地、正确地采取暂时性地止血、清洁包扎、固定和运送等方面措施。

（1）止血

① 压迫止血法。先抬高伤肢，然后用消毒纱布或棉垫覆盖在伤口表面，在现场可用清洁的手帕、毛巾或其他棉织品代替，再用绷带或布条加压包扎止血。

② 指压动脉出血近心端止血法。按出血部分分别采用指压面动脉、颈总动脉、锁骨下动脉、颞动脉、股动脉、胫前后动脉止血法。该方法简便、迅速有效，但不持久。

③ 弹性止血带止血法。当肢体动脉创伤出血时，一般的止血包扎达不到理想的止血效果，而采用此法。如当肱骨上 1/3 段或股骨中段严重创伤骨折时，常伴有动脉出血，伤情紧急，这时就先抬高肢体，使静脉血充分回流，然后在创伤部位的近心端放上弹性止血带，在止血带与皮肤间垫上消毒纱布棉垫，以免扎紧止血带时损伤局部皮肤。止血带必须扎紧，要加压扎紧到切实将该处动脉压闭。同时记录上止血带的具体时间，争取在上止血带后 2h 以内尽快将伤员转送到医院救治，若途中时间过长，则应暂时松开止血带数分钟，同时观察伤口出血情况。若伤口出血已停止，可暂勿再扎止血带；若伤口仍继续出血，则再重新扎紧止血带加压止血，但要注意如过长时间地使用止血带，肢体会因严重缺血而坏死。

（2）清洁包扎、固定。创伤处用消毒的敷料或清洁的医用纱布覆盖，再用绷带或布条包扎，既可以保护创口预防感染，又可减少出血帮助止血。在肢体骨折时，又可借助绷带包扎夹板来固定受伤部位上下两个关节，减少损伤，减少疼痛，预防休克。

（3）搬运。经现场止血、包扎、固定后的伤员，应尽快正确地搬运转送医院抢救。不正确的搬运，可导致继发性的创伤，加重病情甚至威胁生命，搬运伤员要点如下：

① 在肢体受伤后局部出现疼痛、肿胀、功能障碍、畸形变化，就提示有骨折存在。宜在止血包扎固定后再搬运，防止骨折断端因搬运震动而移位，加重疼痛，再继发损伤附近的血管神经，使创伤加重。

② 在搬运严重创伤伴有大出血或已休克的伤员时，要平卧送伤员，头部可放置冰袋或戴冰帽，路途中要尽量避免震荡。

③ 在搬运高处坠落伤员时，若疑有脊椎受伤可能的，一定要使伤员平卧在硬板上搬运，切忌只抬伤员的两肩与两腿或单肩背运伤员。因为这样会使伤员的躯干过分屈曲或过分伸展，致使已受伤了的脊椎移位甚至断裂造成截瘫，导致死亡。

（4）创伤救护的注意事项

① 护送伤员的人员，应向医院详细介绍受伤经过，如受伤时间、地点，受伤时所受暴力的大小，现场场地情况。凡属高处坠落致伤时还要介绍坠落高度，伤员最先着落地部位及间接击伤的部位，坠落过程中是否有其他阻挡或转折。

② 高处坠落的伤员，在已确诊有颅骨骨折时，即使当时神志清楚，但若伴有头痛、头晕、恶心、呕吐等症状，仍应劝其留住医院严密观察。因为从以往事故后，有相当一部分伤者往往忽视这些症状，有的伤者自我感觉较好，但不久就因抢救不及时导致死亡。

③ 在房屋倒塌、土方陷落、交通事故中，肢体受到严重挤压后，局部软组织因缺血而呈苍白，皮肤温度降低，感觉麻木，肌肉无力。一般在解除肢体压迫后，应马上用弹性绷带绕伤肢，以免发生组织肿胀，还要给以固定少动，以减少和延缓毒性分解产物的释放和吸收。这种情况下的伤肢就不应该抬高，不应该局部按摩，不应该施行热敷，不应该继续活动。

④ 胸部受损的伤员，实际损伤常较胸壁表面所显示的更为严重，有时甚至完全表里分

离。例如伤员胸壁皮肤完好无伤痕，但已有肋骨骨折存在，甚至还伴有外伤性气胸和血胸，要高度提高警惕，以免误诊，影响救治。在下胸部受伤时，要想到腹腔内脏受击伤引起内出血的可能。例如左侧常可招致脾脏破裂出血，右侧又可以能招致肝脏破裂出血，后背力量致伤可能引起肾脏损伤出血。

⑤ 人体创伤时，尤其在严重创伤时，常常有多种性质外伤复合存在。例如软组织外伤出血时，可伴有神经、肌腱或骨的损伤。肋骨骨折同时可伴有内脏损伤以致休克等，应提醒医院全面考虑，综合分析诊断。反之，往往会造成误诊、漏诊而错失抢救时机，断送伤员生命，造成终生内疚和遗憾。如有的伤员因年轻力壮，耐受性强，即使遭受严重创伤休克时，也较安静或低声呻吟，并且能正确回答问题，甚至在血压已降到零时，还一直神志清楚而被断生命。

⑥ 引起创伤性休克的主要原因是创伤后的剧烈疼痛、失血以及软组织坏死后的分解产物被吸收而中毒。处于休克状态的伤员要让其安静、保暖、平卧、少动，并将下肢抬高 20°左右，及时止血、包扎、固定伤肢以减少创伤疼痛，尽快送医院进行抢救治疗。

3. 苯中毒人员的急救

（1）诊断

① 有苯、二甲苯接触史；

② 急性中毒有头晕、头痛、恶心、呕吐、步态蹒跚，严重中毒可出现昏迷、抽搐、呼吸和循环衰竭，甲苯中毒有明显的眼、鼻、咽、呼吸道黏膜的刺激症状；

③ 慢性苯中毒可发生白细胞减少、全血细胞减少、再生障碍性贫血，少数患者发生白血病；

④ 苯中毒患者尿中尿酚增高。

（2）治疗

① 急性中毒应立即脱离现场，换去污衣，移到通风、空气新鲜处；

② 必要时吸氧，保持呼吸道通畅；

③ 肝泰乐 500～1000mg；加入 5%葡萄糖静脉滴注；

④ 维生素 C 1g 静脉滴注，维生素 B 族保肝；

⑤ 慢性苯中毒所致造血系统损害，处理参照有关血液病；

⑥ 对症处理，密切观察呼吸、心跳、瞳孔、眼底变化及液体出入量、肝肾功能、心电图、X 射线胸片等，及时根据病情变化给予处理。

第二节　事故应急演练技能实训

一、演练目的

（1）以简单化工装置为背景，利用自动化技术模拟危化工艺事故场景，培训学员应急处置和救援实操能力，实训科目符合原安监总局考试标准中应急处置的评分要求。

（2）模拟装置介质泄漏、着火、中毒事故工况下，训练操作人员协作配合处置的能力。

（3）培训人员安全防护用品的使用。

（4）考查学生全面分析系统、辨别正误和迅速决策等能力以及安全操作等各项理论功底的考察。

（5）培训多人协作配合演练。

二、演练场景介绍

1. 原料进吸收塔法兰泄漏着火

事故点位于一层吸收塔左侧，现场设置烟雾发生器、仿真火焰，事故发生时，有烟雾和火焰出现，模拟效果更逼真。

2. 换热器出口法兰泄漏有人中毒

事故点位于二层平台，换热器后方，现场设置烟雾发生器、假人，事故发生时，有烟雾出现，模拟效果更逼真。

3. 富液泵机械密封泄漏

事故点位于一层吸收塔右侧，离心泵组用于演练主泵故障泄漏，执行切泵操作。

三、场景实现方案

（1）泄漏着火。现场安装烟雾发生器，仿真火焰。

（2）泄漏有人中毒。现场安装烟雾发生器，现场有假人。

（3）泄漏。由外操巡视发现。

（4）角色种类。班长、外操、主操、安全员。

四、工艺流程

工艺流程见图 13-1。

五、操作步骤

1. 原料进吸收塔法兰泄漏着火

（1）外操巡检发现事故并向班长汇报（外操用对讲机向班长汇报情况，按对应的无线开关，完成得分）。

（2）班长接到报警后，启动应急预案（在对讲机频道通知所有班组成员，班长完成操作后按对应的无线开关，完成得分）。

（3）班长向调试室汇报（班长用对讲机汇报，完成操作后按对应的无线开关，完成得分）。

（4）安全员拉警戒绳（警戒绳上加装了感应开关，自动得分）。

（5）外操员佩戴防毒面罩，携带 F 型扳手（防毒面具挂在行程开关上，F 型扳手附近也加装接近开关，完成后自动得分）。

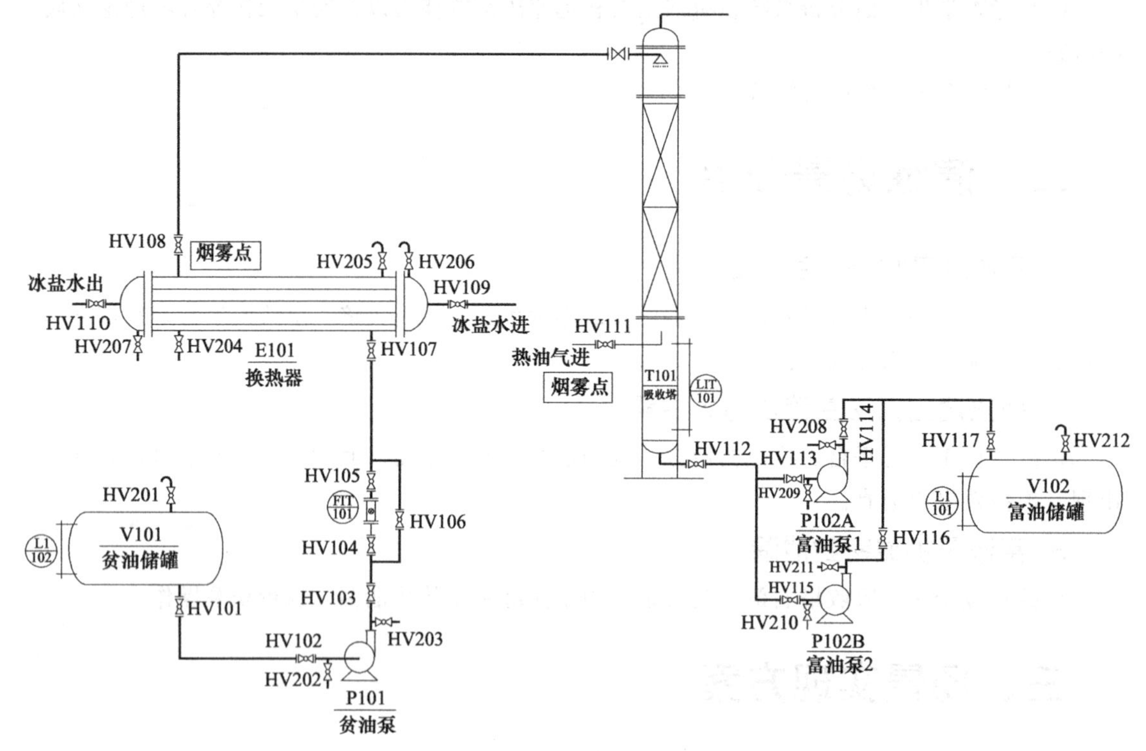

图 13-1 工艺流程图

（6）班长佩戴防毒面罩、携带 F 型扳手（同上）。

（7）外操用消防水炮给吸收塔喷淋（消防水炮加装开关，上下晃动几次，模拟灭火后，自动得分）。

（8）外操员报班长灭火失败（外操用对讲机向班长汇报情况，按对应的无线开关，完成得分）。

（9）主操给 119 打电话（主操用桌面的电话机，拿起后自动得分）。

（10）安全员引导消防车（安全员到达引导点，后按对应的无线开关，完成得分）（消防车到了，关闭烟雾和仿真火焰）。

（11）外操关闭原料罐进料阀后阀 HV108（外操操作完成自动得分）。

（12）外操关闭贫油供给泵后阀 HV103（外操操作完成自动得分）。

（13）外操停贫油供给泵 P101（外操操作完成自动得分）。

（14）外操关闭吸收塔原料进料阀 HV111（外操操作完成自动得分）。

（15）外操向班长汇报现场处理完毕（外操用对讲机向班长汇报情况，按对应的无线开关，完成得分）。

（16）主操打开吸收塔压力控制阀（主操在组态界面完成操作后，自动得分）。

（17）主操关闭吸收塔釜液位控制阀 HV112（主操在组态界面完成操作后，自动得分）。

（18）主操报班长室内操作完毕（主操用对讲机向班长汇报情况，按对应的无线开关，完成得分）。

（19）班长通知维修工对泄漏着火点进行维修（班长用对讲机向维修工下达指令后，按对应的无线开关，完成得分）。

(20) 班长向调试室汇报处理完毕（班长用对讲机向调试室汇报情况后，按对应的无线开关，完成得分）。

(21) 班长解除应急预案（班长用对讲机向全体成员宣布解除应急预案后，按对应的无线开关，完成得分）。

2. 换热器出口法兰泄漏有人中毒

(1) 外操巡检发现事故并向班长汇报（外操用对讲机向班长汇报情况，按对应的无线开关，完成得分）。

(2) 班长接到报警后启动应急预案（在对讲机频道通知所有班组成员，班长完成操作后按对应的无线开关，完成得分）。

(3) 安全员拉警戒绳（警戒绳上加装了感应开关，自动得分）。

(4) 班长向调试室汇报（班长用对讲机汇报，完成操作后按对应的无线开关，完成得分）。

(5) 外操佩戴防毒面罩，携带F型扳手（防毒面具挂在行程开关上，F扳手附近也加装接近开关，完成后自动得分）。

(6) 班长戴防毒面罩、携带F型扳手（防毒面具挂在行程开关上，F扳手附近也加装接近开关，完成后自动得分）。

(7) 主操拨打电话120（主操用桌面的电话机，拿起后自动得分）。

(8) 外操、安全员与班长将伤员搬到指定地点（安全员到达指定地点，后按对应的无线开关，完成得分）。

(9) 安全员引导救护车（安全员到达引导点后，按对应的无线开关，完成得分）。

(10) 外操修复泄漏点（外操完成操作后，按无线开关对应开关，完成得分）。

(11) 外操关闭热物料泵出口阀HV103（外操完成操作后，自动得分）。

(12) 外操停热物料泵P101（外操完成操作后，自动得分）。

(13) 外操关闭热物料泵进口阀HV102（外操完成操作后，自动得分）。

(14) 外操打开换热器壳程排气阀HV205（外操完成操作后，自动得分）。

(15) 外操打开壳程排液阀HV204（外操完成操作后，自动得分）。

(16) 外操关闭壳程排液阀HV204（外操完成操作后，自动得分）。

(17) 外操关闭壳程排气阀HV205（外操完成操作后，自动得分）。

(18) 外操关闭冷流体进换热器阀门HV109（外操完成操作后，自动得分）。

(19) 外操关闭冷流体出换热器阀门HV110（外操完成操作后，自动得分）。

(20) 外操打开管程排气阀HV206（外操完成操作后，自动得分）。

(21) 外操打开管程排液阀HV207（外操完成操作后，自动得分）。

(22) 外操关闭管程排气阀HV206（外操完成操作后，自动得分）。

(23) 外操关闭管程排液阀HV207（外操完成操作后，自动得分）。

(24) 外操向班长汇报现场操作完毕（外操用对讲机向班长汇报情况，按对应的无线开关，完成得分）。

(25) 主操向班长汇报室内操作完毕（主操用对讲机向班长汇报情况，按对应的无线开关，完成得分）。

(26) 班长向调试室汇报事故处理完毕（班长用对讲机向调试室汇报情况，按对应的无线开关，完成得分）。

(27）班长解除应急预案（对讲机通知班组成员，按对应的无线开关，完成得分）。

3. 富液泵机械密封泄漏

(1）外操巡检发现事故并向班长汇报（外操用对讲机向班长汇报情况，按对应的无线开关，完成得分）。

(2）班长接到报警后启动应急预案（在对讲机频道通知所有班组成员，班长完成操作后按对应的无线开关，完成得分）。

(3）安全员拉警戒绳（警戒绳上加装了感应开关，自动得分）。

(4）班长向调试室汇报（班长用对讲机汇报，完成操作后按对应的无线开关，完成得分）。

(5）外操携带扳手（F扳手附近加装接近开关，拿走后自动得分）。

(6）班长携带扳手（F扳手附近加装接近开关，完成后自动得分）。

(7）外操员打开富油泵2泵前阀HV115，启动备用泵P102B，打开富油泵2泵后阀HV116，关闭富油泵1泵前阀HV113、富油泵1泵后阀HV114（外操完成操作后，自动得分，每个操作单独得分）。

(8）班长停事故泵P102A（班长完成操作后，自动得分）。

(9）外操员倒空事故泵，打开富油泵1泵后排气阀HV208、富油泵1泵前排液阀HV209（外操完成操作后，自动得分，每个操作单独得分）。

(10）主操报班长室内处理完毕（主操用对讲机向班长汇报情况，按对应的无线开关，完成得分）。

(11）外操报班长现场处理完毕（外操用对讲机向班长汇报情况，按对应的无线开关，完成得分）。

(12）班长报调试室事故处理完毕（班长用对讲机向调试室汇报情况，按对应的无线开关，完成得分）。

(13）班长解除应急预案（班长用对讲机通知班组成员，按对应无线开关，完成得分）。

参考文献

[1] 王志魁. 化工原理. 5版. 北京：化学工业出版社，2018.

[2] 陈敏恒. 化工原理（上、下册）. 5版. 北京：化学工业出版社，2020.

[3] 柴诚敬，贾绍义，张国亮. 化工原理. 北京：高等教育出版社，2016.

[4] 管国锋，赵汝溥. 化工原理. 4版. 北京：化学工业出版社，2015.

[5] 张秀玲，刘爱珍，刘葵. 化工原理. 北京：化学工业出版社，2015.

[6] 王晓红. 化工原理. 2版. 北京：化学工业出版社，2019.

[7] 谭天恩. 化工原理（上、下册）. 4版. 北京：化学工业出版社，2018.

[8] 大连理工大学化工原理教研室. 化工原理（上、下册）. 3版. 北京：高等教育出版社，2015.

[9] 姚玉英，陈常贵，柴诚敬. 化工原理（上、下册）. 3版. 天津：天津大学出版社，2010.

[10] 叶世超，夏素兰，易美桂. 化工原理（上、下册）. 2版. 北京：科学出版社，2006.

[11] 吴晓艺. 化工原理及工艺仿真实训. 北京：化学工业出版社，2019.

[12] 何潮洪，伍钦，魏凤玉，等. 化工原理. 3版. 北京：科学出版社，2017.

[13] 冯霄，何潮洪. 化工原理. 2版. 北京：科学出版社，2017.

[14] 钟秦. 化工原理. 4版. 北京：国防工业出版社，2019.

[15] 赵秀琴，王要令. 化工原理. 北京：化学工业出版社，2016.

[16] 杨祖荣. 化工原理. 北京：高等教育出版社，2008.